普通高等教育电工学系列教材

电 子 技 术

主　编　肖　军　孟令军
参　编　李　丹　刘晓志　吴春俐
　　　　李世平　孙　静　佘黎煌
主　审　宋君烈

机械工业出版社

全书共分 9 章，主要内容有：半导体器件、基本放大电路、多级放大电路、运算放大器、信号产生电路、整流电路和直流稳压电源、晶闸管及其应用、门电路和组合逻辑电路、触发器和时序逻辑电路。各章后有相应的习题。

本书内容全面，涵盖了电子技术的基本知识和电子新技术的应用内容。本书适用面广，可作为高等工科院校非电类各专业本科生电子技术基础课程的教材，也可作为高职高专相关专业的教材，还可供有关工程技术人员学习和参考。

本书配有免费电子课件，欢迎选用本书作教材的老师登录 www.cmpedu.com 注册下载或发邮件到 xufan666@163.com 索取。

图书在版编目（CIP）数据

电子技术/肖军，孟令军主编．—北京：机械工业出版社，2011.11（2026.1 重印）

普通高等教育电工学系列教材

ISBN 978-7-111-36237-1

Ⅰ.①电… Ⅱ.①肖… ②孟… Ⅲ.①电子技术—高等学校—教材 Ⅳ.①TN

中国版本图书馆 CIP 数据核字（2011）第 215799 号

机械工业出版社（北京市百万庄大街 22 号　邮政编码 100037）
策划编辑：徐　凡　责任编辑：王玉鑫　徐　凡　韩　静
版式设计：霍永明　责任校对：张晓蓉
封面设计：张　静　责任印制：单爱军
中煤（北京）印务有限公司印刷
2026 年 1 月第 1 版第 11 次印刷
184mm×260mm · 13.25 印张 · 326 千字
标准书号：ISBN 978-7-111-36237-1
定价：25.00 元

电话服务	网络服务
客服电话：010-88361066	机 工 官 网：www.cmpbook.com
010-88379833	机 工 官 博：weibo.com/cmp1952
010-68326294	金 书 网：www.golden-book.com
封底无防伪标均为盗版	机工教育服务网：www.cmpedu.com

前　　言

电工学课程是高等学校非电类专业本科生必修的一门重要的专业技术基础课，是一门体系严谨、理论性和实践性都很强的课程。随着科学技术的发展，各专业对电工学课程提出了越来越高的要求。本书从适应教学改革的需要和市场经济对人才培养的要求出发，从体系结构及内容的安排上进行了科学规划和调整，体现了电子类教材要与国际接轨，要面向世界、面向未来的办学指导思想，使得教材内容更加丰富，安排更加合理，以帮助读者深入地理解和更好地掌握书中有关电子技术的基本概念、分析方法和设计方法，也有利于读者自学。

学生通过对本课程的学习，可以获得电子技术必要的基本知识、基本理论和基本技能，了解电子技术发展的概况，并为今后学习和从事与本课程相关的科学研究工作打下一定的理论基础与实践基础。

本书作者都是一线教师，有多年的电子技术课程教学经验。本书是依据教育部电子电气基础课程教学指导分委员会制定的电工学（电子技术）课程的基本要求，结合高等院校本科学生的实际情况而编写的。在编写过程中，我们力图把内容的重点放在培养学生分析问题、解决问题和创新能力上，对于基本概念、基本理论、工作原理、分析方法等都作了必要的阐述和解释，并通过实例及例题从理论上和实际应用上加以说明，使学生对所学理论能更好地理解和掌握。

参加本书编写工作的有肖军、孟令军、李丹、刘晓志、吴春俐、李世平、孙静、佘黎煌等。肖军、孟令军任主编。本书承蒙东北大学宋君烈教授仔细审阅，提出了许多宝贵意见和建议，在此表示衷心的感谢。

本书可与张石、刘晓志主编的《电工技术》一书配套使用，也可以单独使用。

由于水平有限，书中仍难免出现不妥之处，恳请读者批评指正。

编　者

目　录

第1章　半导体器件

半导体器件是用半导体材料制成的电子元器件。随着电子技术的飞速发展，各种新型半导体器件层出不穷。半导体器件是组成各种电子电路的核心器件，本章将主要介绍最常用的半导体器件——二极管、双极型晶体管和场效应晶体管的基本结构、工作原理、特性及主要参数。

1.1　半导体基础知识

所谓半导体，顾名思义，就是其导电能力介于导体和绝缘体之间，如硅、锗、硒以及大多数金属氧化物和硫化物都是半导体。半导体的导电能力在不同的条件下有很大的差别。有的半导体对温度很敏感，可以做成热敏元件；有的半导体对光照很敏感，可以做成光敏元件。而在纯净的半导体中掺入微量的某种杂质后，它的导电能力会大大增强，可增加几万、几十万甚至上百万倍。利用这一特性可以做成各种半导体器件，如二极管、双极型晶体管、场效应晶体管等。半导体的这些导电特性是由半导体材料的原子结构和原子之间的结合方式决定的。下面首先介绍半导体物质的内部结构和导电机理。

1.1.1　本征半导体

在制造半导体器件时应用最多的材料是硅和锗，它们的原子最外层有四个电子，是四价元素。最外层电子受原子核束缚力最小，称为价电子。物质的化学性质是由价电子数决定的，半导体的导电性质也与价电子有关。

将锗和硅材料提纯并形成单晶体后，锗和硅原子排列很整齐，每个原子的价电子受到相邻原子的影响而使价电子为两个原子所共有，每个原子与周围相邻的四个原子组成共价键结构，如图1-1所示。

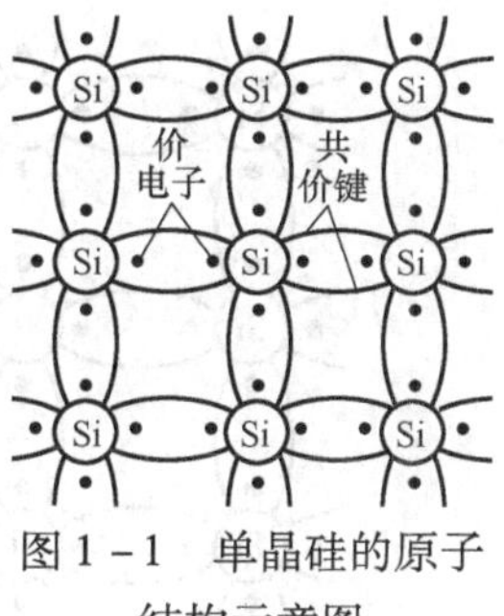

图1-1　单晶硅的原子结构示意图

这种完全纯净、具有晶体结构的半导体称为本征半导体。它是相对于杂质半导体而言的。

本征半导体共价键结构中的电子受到两个原子核的吸引而被束缚。他们不像导体中的价电子那么自由，但也不像绝缘体中的电子被束缚得那样紧。因此，在室温下，由于热激发，会使少量价电子获得足够能量而挣脱共价键的束缚成为自由电子，同时在原来的位置上留下一个空位，称为空穴，如图1-2所示。这种现象称为本征激发。本征半导体中，每有一个被束缚的电子变为自由电子，必然同时出现一个空穴，即自由电子和空穴总是成对出现的。

图1-2　热激励产生的电子空穴对

由于空穴是共价键失去电子之后出现的，因

此空穴带正电。一个共价键中出现了空穴，可以吸引附近共价键中的价电子来填补这个空穴。这时失去了价电子的邻近共价键中又出现空穴，它也可以再由其相邻共价键中的价电子来填充。如此进行下去，就相当于空穴在移动。因此，在半导体两端外加电压时，会出现两部分电流：一部分是带负电的自由电子定向移动形成的电子电流；另一部分是价电子填补空穴所形成的空穴电流。因此，电子和空穴统称为半导体中的载流子。在半导体中，电子与空穴同时参与导电，半导体中的电流是电子流与空穴流的总和，这就是半导体与金属在导电机理上的本质差别。

自由电子填补空穴的过程称为复合。在半导体中激发和复合总是不断地进行，在一定温度下，激发和复合达到动态平衡，电子空穴对的数目保持一定。温度越高，电子空穴对数量越多，半导体导电能力越强。所以，温度是影响半导体导电性能的一个很重要的外部因素。

1.1.2 N型半导体和P型半导体

室温下，本征半导体有自由电子和空穴两种载流子，但由于数量极少，导电能力很弱。如果在其中掺入微量有用的杂质（某种元素），就会使掺杂后的半导体（杂质半导体）的导电能力显著增强。因所掺入的杂质不同，杂质半导体可分为N型半导体和P型半导体。

（1）N型半导体

. 如果在四价的硅（或锗）晶体中掺入少量五价元素磷（P），晶体点阵中磷原子就会占据某些硅原子原来的位置，则在磷原子同周围四个硅（Si）原子组成的共价键结构中，只需外层四个价电子，多余的第五个价电子因不受共价键的束缚，很容易挣脱原子核的吸引而成为自由电子，如图1－3所示。于是自由电子数目大量增加，自由电子导电成为这种半导体的主要导电方式，因此称为电子型半导体，又称N型半导体。N型半导体中，由于自由电子数远大于空穴数，因此自由电子是多数载流子（简称多子），空穴是少数载流子（简称少子）。

在N型半导体中，由于磷原子是施放电子的，故称磷为施主杂质，如图1－4所示。

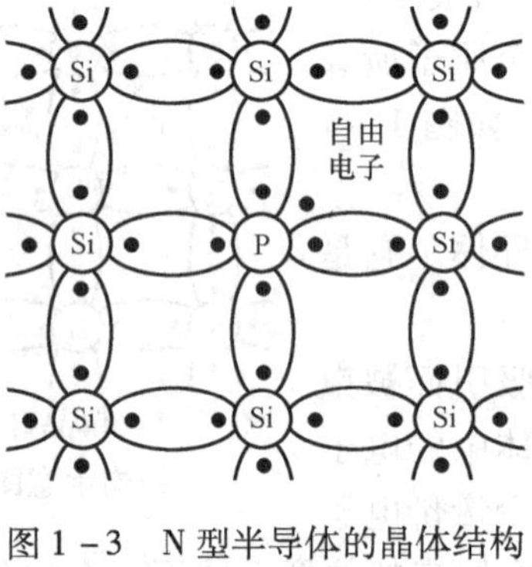

图1－3 N型半导体的晶体结构

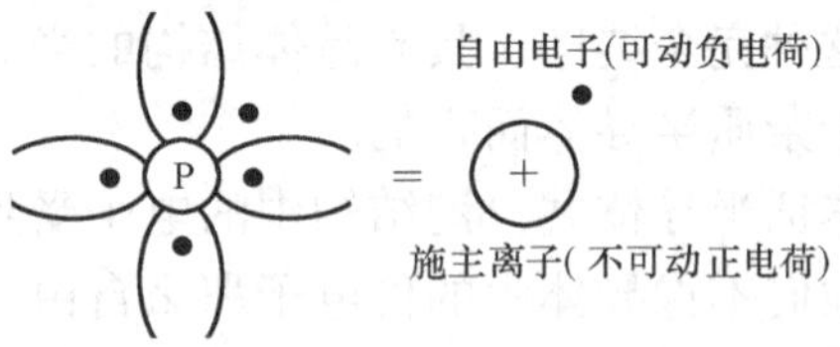

图1－4 杂质半导体中的施主原子

（2）P型半导体

若在硅（或锗）晶体中掺入微量三价元素硼（B），硼原子只有三个价电子，因而在组成共价键结构时，因缺少一个价电子而出现空穴，如图1－5所示。于是空穴数量大量增加，空穴导电成为这种半导体的主要导电方式，因此称为空穴型半导体，又称P型半导体。P型半导体中，空穴是多数载流子，自由电子是少数载流子。由于硼原子是接受电子的，故称为受主杂质，其结构如图1-6所示。

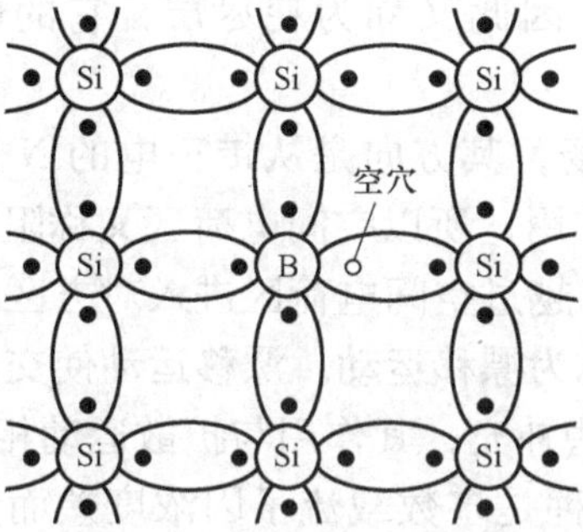

图1-5 P型半导体的晶体结构

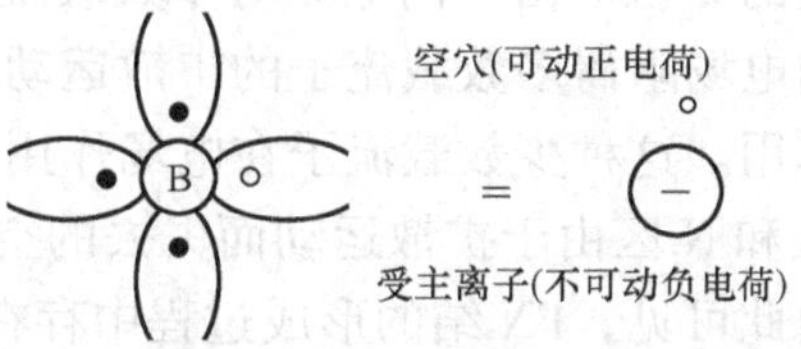

图1-6 杂质半导体中的受主原子

应当指出，无论是N型半导体还是P型半导体，虽然它们都有一种载流子占多数，但整个晶体仍然是中性的。

1.2 PN结的形成及其单向导电性

N型半导体和P型半导体导电能力比本征半导体增强了很多，但不能直接用来制造半导体器件。通常采用一定的掺杂工艺，在一块晶片的两边掺入不同的杂质，分别形成P型半导体和N型半导体，则在它们的交界面处就会形成一个PN结。PN结是构成各种半导体器件的基础。下面首先介绍PN结的形成及其导电特性。

1.2.1 PN结的形成

掺杂工艺完成后，晶片两边形成P型半导体和N型半导体。由于N型半导体多数载流子为自由电子，少数载流子为空穴，而P型半导体多数载流子为空穴，少数载流子为电子。多数载流子由于浓度的差异而产生扩散运动。空穴要从浓度高的P区向N区扩散，并与N区的电子复合；电子要从浓度高的N区向P区扩散，并与P区的空穴复合，如图1-7a所示。

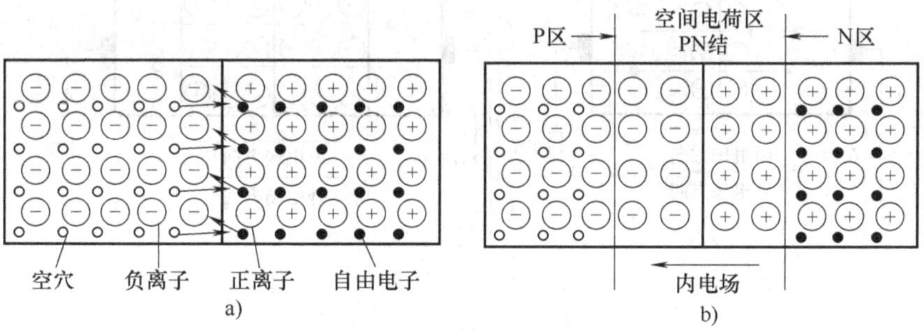

图1-7 PN结的形成

扩散使得P区和N区分别因失去空穴和电子而在交界面处P区一边留下了带负电的杂质离子（受主离子）和在N区一边留下了带正电的杂质离子（施主离子），如图1-7b所示。半导体中的杂质离子虽然也带电，但它们不能移动，因此并不参与导电。所以在交界面附近形成了一个很薄的空间电荷区，这个空间电荷区就是PN结。在这个区域内，多数载流子已扩散到对方区域并被复合掉了，或者说消耗尽了，因此又称为耗尽层，它的电阻率很高。

正、负离子在空间电荷区形成一个电场，称为内电场，其方向是从带正电的N区指向带负电的P区。由于内电场对多数载流子的扩散起阻碍作用，所以空间电荷区又称阻挡层。

内电场阻碍多数载流子的扩散运动，但对少数载流子越过空间电荷区进入对方区域起着推动作用。这种少数载流子在电场作用下有规则的运动称为漂移运动。漂移运动使交界面两侧P区和N区由于扩散运动而失去的空穴和电子得到一些补充，其作用与扩散运动相反。

由此可见，PN结的形成过程中存在着两种运动：一种是多数载流子因浓度差而产生的扩散运动，另一种是少数载流子在内电场作用下产生的漂移运动。这两种运动相互制约，在一定条件下，多数载流子的扩散运动减弱，而少数载流子的漂移运动加强，最后扩散运动和漂移运动达到动态平衡，形成了稳定的PN结。

1.2.2 PN结的单向导电性

PN结在没有外加电压时，其中的扩散运动和漂移运动处于动平衡状态。下面讨论在PN结上加外部电压时的情况。

（1）PN结外加正向电压

如果在PN结上加正向电压，即外电源正极接PN结P区，外电源负极接PN结N区，如图1-8a所示。PN结外加正向电压，又叫正向偏置。PN结外加正向电压时，外电场与内电场方向相反，从而削弱了内电场，多数载流子的扩散运动显著增强。扩散运动和漂移运动的动平衡状态被破坏，P区的空穴和N区的电子，在外加电压驱使下，可以越过PN结向对方区域扩散。从N区扩散到空间电荷区的电子和从P区扩散到空间电荷区的空穴，抵消一部分空间电荷的作用，于是空间电荷区变窄，形成较大的扩散电流。此电流通过PN结的方向是从电源的正极，经P区和N区回到电源负极，称为正向电流 I_F，PN结处于导通状态，此时的电阻称为正向电阻，它的数值比较小。

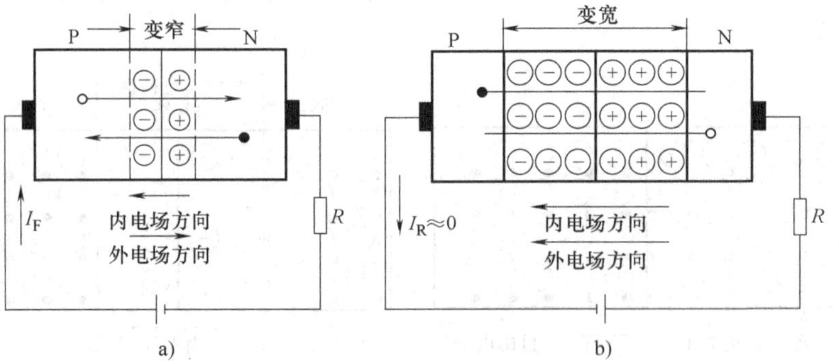

图1-8 PN结外加电压情况

a）PN结外加正向电压 b）PN结外加反向电压

（2）PN结外加反向电压

PN结外加反向电压的情况如图1-8b所示。PN结N区接电源正极，P区接电源负极。

PN 结外加反向电压，又称反向偏置。PN 结外加反向电压时，外电场与内电场方向相同，同样破坏了 PN 结原有的动态平衡。外电场驱使空间电荷区两侧的空穴和自由电子移走，使得空间电荷增加，空间电荷区加宽，内电场增强，使多数载流子的扩散运动难以进行，扩散电流趋近于零。同时内电场的增强也加强了少数载流子的漂移运动，更容易形成漂移电流。由于少数载流子浓度很低，反向电流很小，PN 结呈现很高的反向电阻。此外，反向电流受温度影响较大，温度不变时，少数载流子浓度基本不变，因而在一定的反向电压范围内，反向电流基本不变，又称反向饱和电流。

总之，当 PN 结加正向电压时，PN 结电阻很低，正向电流较大，PN 结呈导通状态；当 PN 结加反向电压时，结电阻很高，反向电流很小，PN 结处于截止状态。由此可见，PN 结具有单向导电特性。

1.3　半导体二极管

1.3.1　基本结构

在 PN 结两侧加上电极（阳极和阴极）引线和管壳，就构成了半导体二极管。由 P 区引出的电极称阳极，由 N 区引出的电极称阴极，二极管的符号如图 1－9a 所示。

二极管有很多类型。按所用材料分类，二极管有硅管和锗管；按结构形式的不同，二极管有点接触型、面接触型、平面型等。

（1）点接触型二极管

点接触型二极管结构如图 1－9b 所示，其特点是 PN 结的结面积小，因而结电容小，适于高频（可达几百兆赫）工作，但不能通过较大的电流，也不能承受高的反向电压。主要用于高频检波和开关电路。

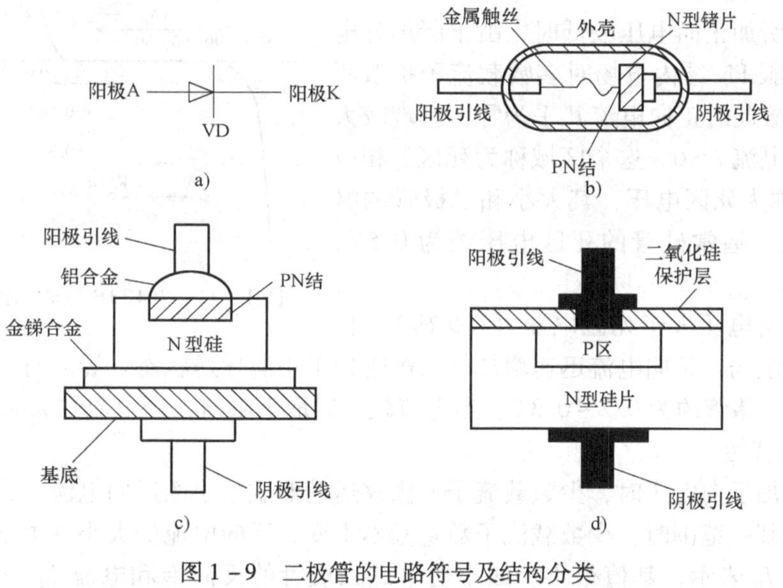

图 1－9　二极管的电路符号及结构分类

a）图形符号　b）点接触型二极管　c）面接触型二极管　d）平面型二极管

(2) 面接触型二极管

面接触型二极管结构如图 1－9c 所示，其特点是 PN 结的结面积大，能通过较大的电流，但结电容也大，适用于频率较低的整流电路。

(3) 平面型二极管

平面型二极管结构如图 1－9d 所示，其特点是结面积较大时，能通过较大的电流，适用于大功率整流电路。结面积较小时，结电容较小，工作频率较高，适用于开关电路。

按封装形式分类，二极管可分为塑封管、金封管和玻璃封装等，其封装外形主要分贴片式、直插式、螺栓式和平板式。图 1－10 所示为几种常见封装的二极管实物图例。

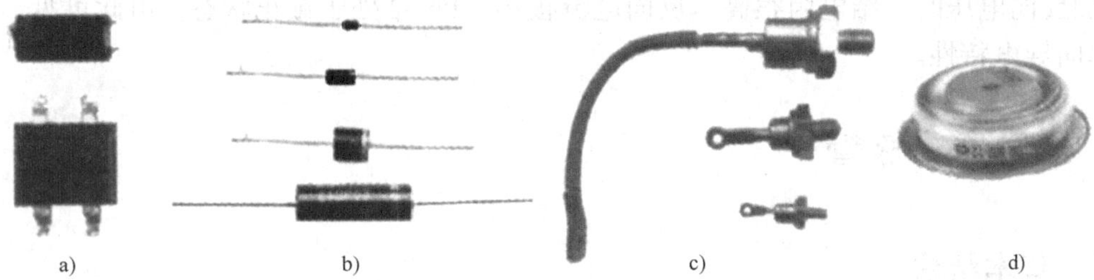

a)　　b)　　c)　　d)

图 1－10　几种常见封装的二极管实物图例

a) 贴片式　b) 直插式　c) 螺栓式　d) 平板式

1.3.2 伏安特性

二极管两端的电压与流过二极管的电流之间的关系曲线称为二极管的伏安特性曲线，图 1－11 给出了 2CP33B 型硅二极管的伏安特性，分为正向特性、反向特性和反向击穿特性三部分。

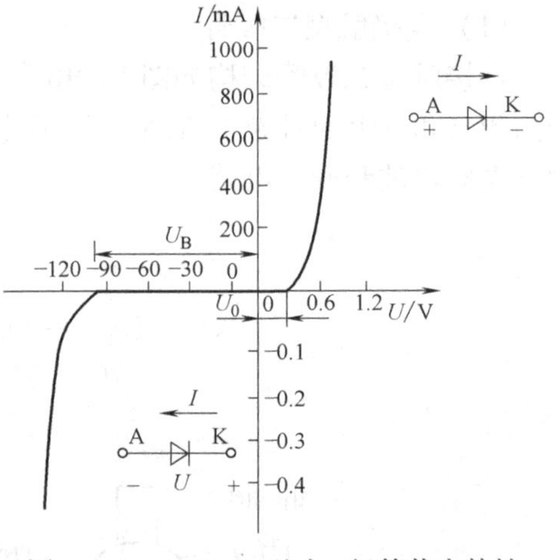

图 1－11　2CP33B 型硅二极管伏安特性

(1) 正向特性

当二极管所加正向电压较低时，由于所加外电场还不足以克服 PN 结内电场对多数载流子扩散所造成的阻力，故此时正向电流几乎为零，呈现较大的电阻。正向电流 $I \approx 0$，这个区域称为死区，相应的电压值 U_0 称为死区电压，其大小和二极管的材料及温度有关。通常硅管的死区电压约为 0.5V，锗管约为 0.1V。

当所加正向电压大于死区电压（$U > U_0$）时，内电场被大大削弱，正向电流迅速增加，二极管处于正向导通状态。导通时，硅管正向压降为 0.6～0.7V，锗管约为 0.2～0.3V。当电流较小时取下限值，当电流较大时取上限值。

(2) 反向特性

当二极管加反向电压时，少数载流子的漂移运动形成很小的反向电流。在温度一定、反向电压不超过某一范围时，少数载流子数量基本不变，反向电流的大小基本不变，称为饱和电流，用符号 I_R 表示，其值很小。如小功率硅二极管的反向饱和电流 I_R 一般在几微安以下。当温度增高时反向饱和电流 I_R 随之增大。

（3）反向击穿特性

当所加反向电压增大到某一数值 U_B 时，反向电流 I_R 突然增大，二极管失去单向导电性。这种现象称为 PN 结的反向击穿。产生击穿时的反向电压称为反向击穿电压。普通二极管被击穿后，一般不能恢复原有性能。

1.3.3 主要参数

1）最大整流电流 I_{OM}。它指二极管在长期使用时，允许流过二极管的最大正向平均电流。当电流超过该值时，将由于 PN 结过热而使二极管损坏。

2）最高反向工作电压 U_{RM}。保证二极管不被击穿所允许施加的最大反向电压，一般规定为反向击穿电压的一半或三分之二。

3）最大反向电流 I_{RM}。二极管加上最高反向工作电压时的反向电流。管子的反向电流愈小，则其单向导电性愈好。温度升高会使反向电流显著增加，使用时应该注意。

例 1-1 电路如图 1-12a 所示，二极管的正向压降忽略不计，已知输入电压 $u_i = 10\sin\omega t$V，恒压源 $U_S = 5$V，试画出输出电压 u_o 的波形。

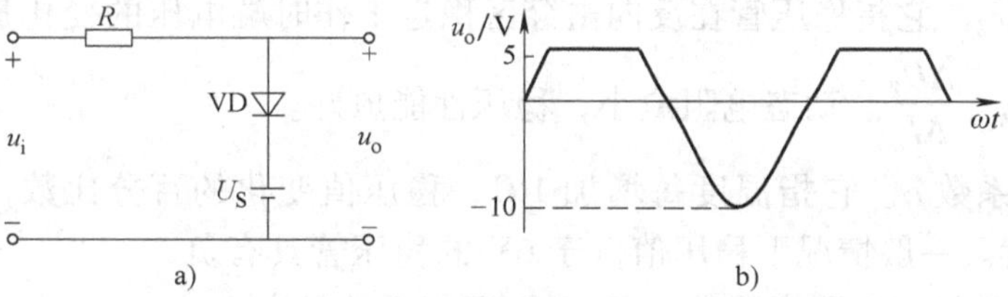

图 1-12 例 1-1 电路图及输出电压波形图

解： 当 $u_i \geqslant 5$V 时，二极管正向导通，$u_o = 5$V。

当 $u_i < 5$V 时，二极管承受反向电压关断，R 中无电流，$u_o = u_i$。

输出电压 u_o 的波形如图 1-12b 所示。

1.4 稳压二极管

稳压二极管是一种用特殊工艺制造的面接触型硅半导体二极管，具有稳压特性，通常称为稳压管。它在电路中与适当阻值的电阻配合能起到稳定电压的作用，其图形符号如图 1-13b所示。

1.4.1 伏安特性

图 1-13a 为稳压管的伏安特性。从图中可以看出，稳压二极管的伏安特性和普通二极管的伏安特性类似，只是它的反向特性比较陡。当反向电压在一定范围内变化时，反向电流很小；当反向电压增高到击穿电压时，反向电流突然剧增，此时稳压管被反向击穿。此时电流虽在较大的范围内变化，但稳压管

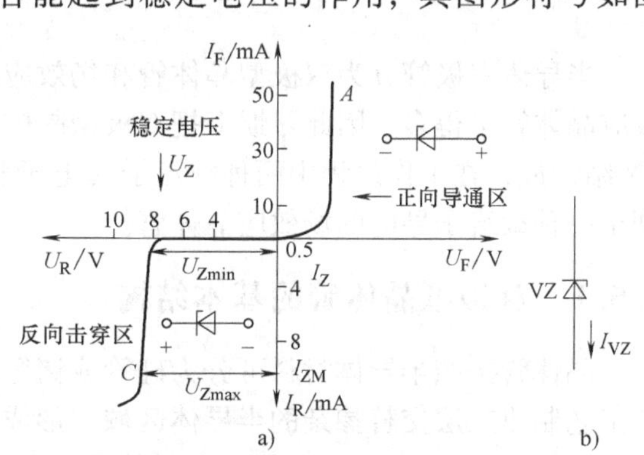

图 1-13 稳压管的伏安特性及符号

两端的电压却变化很小。正是利用这一特性，稳压管在电路中起到了稳定电压的作用。与一般二极管不同，只要流过它的反向电流不超过某一允许值，稳压管就不会损坏，它的反向击穿是可逆的。

1.4.2 主要参数

1）稳定电压 U_Z。它是稳压管的反向击穿电压。通常手册中给出的都是在一定电流及温度等条件下的数值。由于制造工艺上的分散性，即使对同一型号的管子，其稳压值也有一定的离散性，例如2DW7C 硅稳压管，$U_Z=6.1\sim6.5V$。

2）稳定电流 I_Z 和最大稳定电流 I_{ZM}。稳定电流是指工作电压等于稳定电压时的反向电流，是一个参考数值。最大稳定电流 I_{ZM}是稳压管允许通过的最大反向电流。稳压管的工作电流不能超过 I_{ZM}。当反向电流超过最大允许电流时，稳压管将过热而被烧坏。因此，稳压管必须串联一个适当的限流电阻后再接入电路中，以免损坏。

3）最大耗散功率 P_{ZM}。稳压管不发生热击穿时的最大耗散功率。稳压管允许流过的最大工作电流 $I_{ZM}=P_{ZM}/U_Z$。

4）动态电阻 r_Z。它指稳压管在反向击穿区稳定工作时端电压的变化量与相应的电流变化量的比值，即 $r_Z=\dfrac{\Delta U_Z}{\Delta I_Z}$。动态电阻愈小，稳压性能愈好。

5）电压温度系数 α。它指温度每增加 1℃，稳压值变化的百分比数，用以表示稳压值受温度影响的程度。一般情况下稳压值低于 6V 的稳压管具有负温度系数，高于 6V 具有正温度系数，6V 左右温度系数最小。

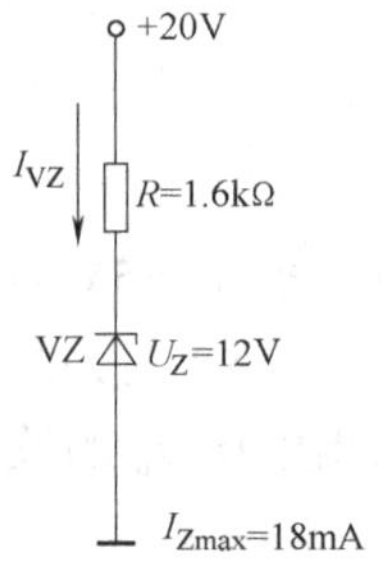

图 1－14 例 1－2 电路图

例 1－2 求图 1－14 中通过稳压管的电流 I_{VZ}。并判断限流电阻 R 的值是否合适？

解：

$$20=I_{VZ}R+U_Z$$

$$I_{VZ}=\frac{20-12}{1.6}=5\text{mA}$$

$I_{VZ}<I_{Zmax}$，所以电阻值合适。

1.5 双极型晶体管

半导体三极管分为双极型晶体管和场效应晶体管。由于双极型晶体管的发明和应用较场效应晶体管早得多，因此习惯上把双极型晶体管称为晶体管。双极型晶体管由两个背靠背的 PN 结构成，在工作过程中两种载流子（电子和空穴）都参与导电，故有双极型之称，以区别于一种载流子导电的场效应晶体管。

1.5.1 双极型晶体管的基本结构

晶体管按照半导体材料可分为硅管或锗管。在一块半导体晶片上用扩散法或合金法等制造工艺制成三层交替掺杂的半导体区域，形成 P－N－P 或 N－P－N 三层结构。因此晶体管可分为 PNP 型和 NPN 型两类，其结构示意图及表示符号如图 1－15 所示。

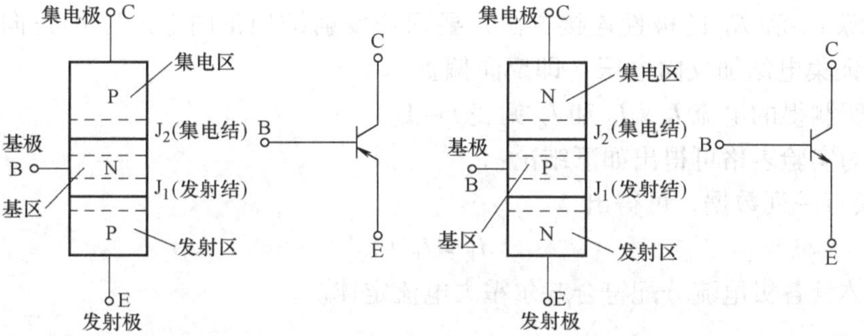

图1-15 半导体晶体管结构示意图及表示符号

a) PNP型 b) NPN型

由图可见，晶体管具有三个不同的掺杂区域：基区、发射区、集电区，并分别引出三个电极，称为基极B、发射极E和集电极C。晶体管具有两个PN结，J_1是发射结，J_2是集电结。NPN和PNP型符号的差别在于发射极的箭头方向。该箭头表示了发射结正向偏置时发射极电流的实际方向。图1-16是几种常见封装的晶体管实物图例。

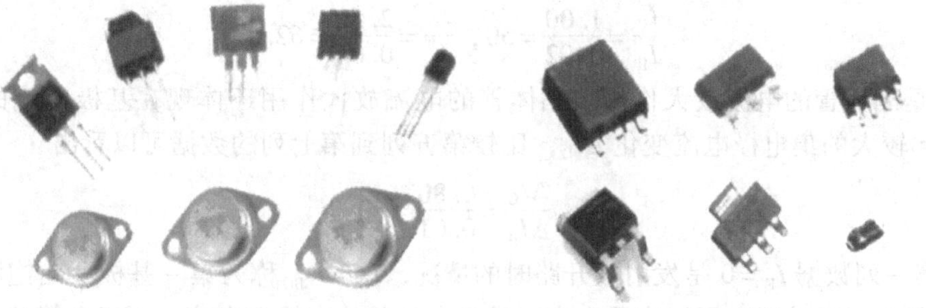

图1-16 几种常见封装的晶体管实物图例

a) 直插式 b) 贴片式

为了具有电流放大作用，通常基区很薄，只有几微米到几十微米。从掺杂浓度看，发射区浓度最高，集电区次之，而基区掺杂浓度最低。这些特点是它具有电流放大作用的内在条件。

尽管NPN型和PNP型的内部结构不同，但它们的工作原理是类似的，只是在使用时电源极性连接与电流方向不同而已。下面以NPN型管子为例分析其工作原理。

1.5.2 晶体管的电流放大原理

晶体管的电流放大作用有其内部条件和外部条件。内部条件是基区很薄且掺杂浓度远低于发射区，由制造工艺实现；外部条件是发射结正向偏置，集电结反向偏置，由外部电路提供。图1-17所示是晶体管电流分配实验电路。图中包括两个回路：基极、发射极回路和集电极、发射极回路，发射极是发射极回路和集电极回路的公共端，因此称之为共发射极电路。

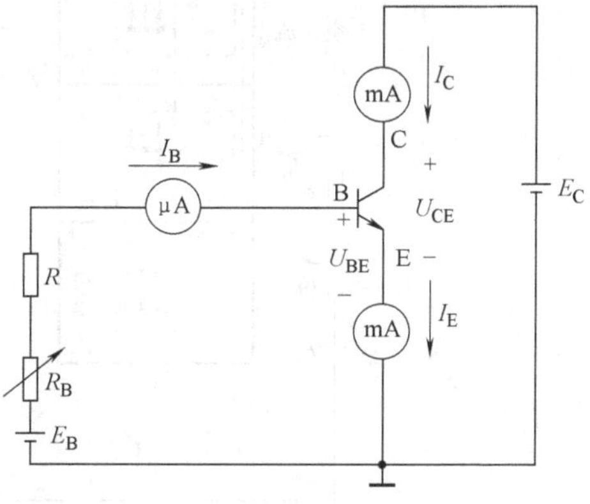

图1-17 晶体管电流分配实验电路

注意电源 E_B 和 E_C 的极性连接方法，要保证发射结加正向电压（即正向偏置），同时 $E_C > E_B$，保证集电结加反向电压（即反向偏置）。

该电路所测得的电流 I_B、I_C 和 I_E 见表 1－1。

由上面的实验表格可得出如下结论：

1）观察每一列数据，可得出

$$I_E = I_B + I_C \tag{1-1}$$

该式表明晶体管各极电流分配符合基尔霍夫电流定律。

表 1－1 晶体管实验数据

I_B/mA	−0.001	0	0.01	0.02	0.03	0.04	0.05
I_C/mA	0.001	0.01	0.50	1.00	1.70	2.50	3.30
I_E/mA	0	0.01	0.51	1.02	1.73	2.54	3.35

2）从第三列往后的数据均表明，I_C 的数据比 I_B 的数据大很多。如第四列和第六列的数据，I_C 与 I_B 的比值分别为

$$\frac{I_C}{I_B} = \frac{1.00}{0.02} = 50,\quad \frac{I_C}{I_B} = \frac{2.50}{0.04} = 62.5$$

这就是晶体管的电流放大作用。晶体管的电流放大作用还体现在基极电流的微小变化 ΔI_B 将引起较大的集电极电流变化 ΔI_C，比较第五列到第七列的数据可以看出

$$\frac{\Delta I_C}{\Delta I_B} = \frac{0.80}{0.01} = 80$$

3）第一列数据 $I_E = 0$ 是发射极开路时的情况，$I_C = I_{CBO}$ 称为集－基极反向饱和电流。此时集电结处于反向偏置，所以实质上它就是集电结的反向漂移电流。对于硅管此电流很小。

4）第二列数据 $I_B = 0$ 是基极开路的情况，$I_C = I_{CBO}$ 称为晶体管的穿透电流。此电流越小越好。

下面通过其内部载流子的运动情况分析载流子运动及各电极电流分配，如图 1－18 所示。

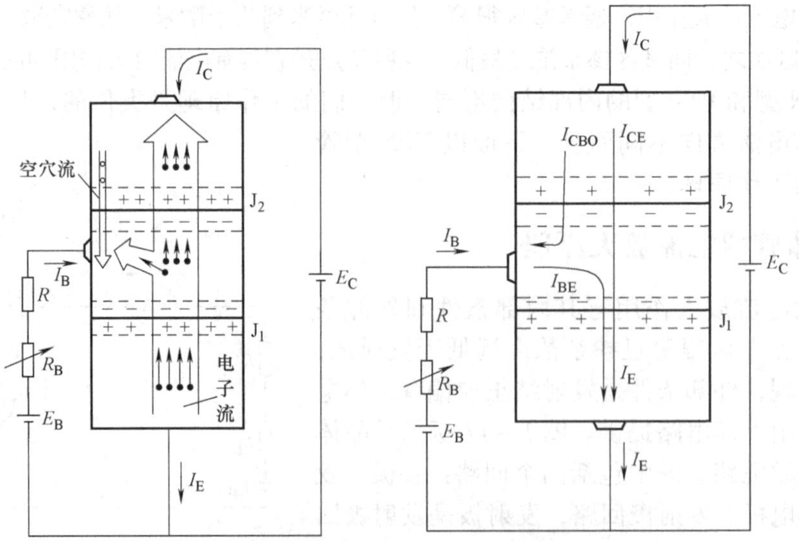

图 1－18 晶体管中载流子运动及电流分配

（1）发射区向基区扩散电子形成发射极电流

由于发射结处于正向偏置，发射区的多数载流子（自由电子）不断地扩散到基区，形成发射极电流 I_E。由于基区很薄且掺杂浓度很低，发射区进入基区的电子只有很少一部分与基区的空穴相遇而复合，而绝大部分自由电子扩散到集电结边缘，与此同时，基区的多数载流子（空穴）也会不断地扩散到发射区，但所形成的空穴电流很小，可以忽略不计（图中未画出空穴电流）。

（2）电子在基区的扩散和复合形成基极电流

从发射区扩散到基区的自由电子在发射结附近的浓度很高，而靠近集电结的自由电子浓度很低，形成浓度上的差异，于是自由电子不断从发射结向集电结扩散。

由于基区接电源的正极，因此基区的价电子不断被电源拉走，这就相当于不断补充基区中被复合掉的空穴，形成电流 I_{BE}，它基本上等于基极电流 I_B。

（3）集电极收集从发射区扩散过来的电子形成集电极电流

由于集电结处于反向偏置，于是内电场增强，它能阻止集电区的多数载流子自由电子和基区多数载流子空穴向对方区域扩散，而对从发射区扩散到集电结附近的自由电子却能够以漂移的方式越过集电结，被集电区收集，形成电流 I_{CE}。它基本上等于集电极电流 I_C。

此外，在集电结反偏状态下，集电区中的少数载流子（空穴）也会发生漂移运动，形成反向饱和电流 I_{CBO}。显然 I_{CBO} 是集电极电流 I_C 和基极电流 I_B 的组成部分，即

$$I_C = I_{CE} + I_{CBO} \tag{1-2}$$

$$I_B = I_{BE} - I_{CBO} \tag{1-3}$$

在常温下 I_{CBO} 很小，硅管 $I_{CBO} \leqslant 1\mu A$。它基本上与反偏电压大小无关，常可忽略不计。

综上所述，从发射区扩散到基区中的自由电子大部分能够到达集电区，只有很少一部分自由电子与基区中的空穴复合。通常把到达集电区的电子流 I_{CE} 和被基区复合的电子流 I_{BE} 之比定义为静态（或直流）电流放大系数 $\bar{\beta}$，即

$$\bar{\beta} = \frac{I_{CE}}{I_{BE}} = \frac{I_C - I_{CBO}}{I_B + I_{CBO}} \approx \frac{I_C}{I_B} \tag{1-4}$$

$\bar{\beta}$ 表征晶体管的电流放大作用。

1.5.3　晶体管的特性曲线

晶体管电极间电压和电极电流的对应关系曲线（伏安特性）能直观地描述晶体管的外部特性。晶体管的特性曲线是内部载流子运动的外部表现，它能反映出晶体管的工作性能。最常用的是共发射极接法的输入和输出特性曲线，其实验电路如图 1-19 所示。

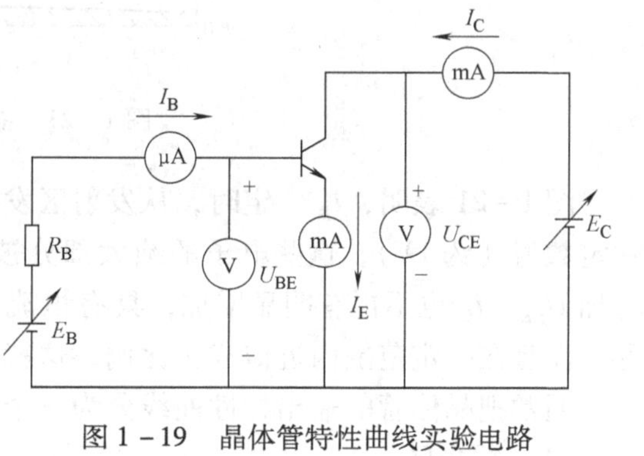

图 1-19　晶体管特性曲线实验电路

（1）输入特性曲线

输入特性曲线是指集-射极电压为常数时，所测得的基极电流 I_B 与基-射极电压 U_{BE} 之间的关系曲线，即

$$I_B = f(U_{BE})\big|_{U_{CE}=\text{常数}} \tag{1-5}$$

严格地说，对于不同的 U_{CE}，输入特性不是一条而是一组曲线。但对硅管而言，当

$U_{CE}\geqslant 1V$ 时，集电结已处于反向偏置，可以把从发射区扩散到基区的绝大多数自由电子拉入集电区。再增大 U_{CE}，只要 U_{BE} 保持不变，从发射区发射到基区的电子数就一定，I_B 也就基本不变。因此，$U_{CE}\geqslant 1V$ 后的输入特性曲线基本上是重合的。通常使用的是 $U_{CE}\geqslant 1V$ 输入特性曲线，NPN 型硅管输入特性曲线如图 1－20 所示。

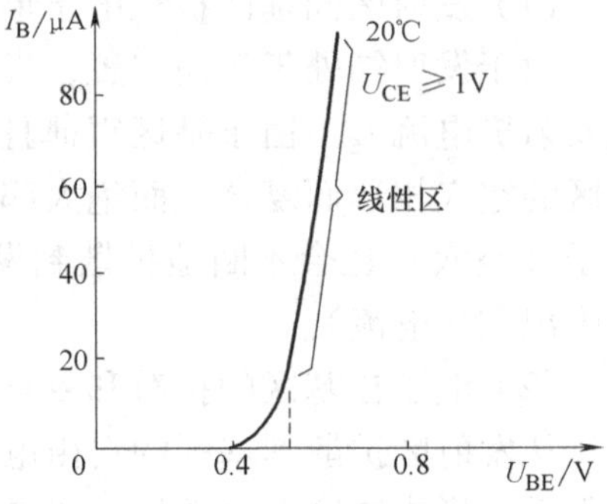

图 1－20　晶体管的输入特性

由输入特性曲线可见，晶体管的输入特性也有一段死区，只有在发射结外加电压大于死区电压时，才会有基极电流。通常硅管死区电压在 0.5V 以下，锗管死区电压在 0.1V 以下。晶体管在正常工作时，发射结正向压降 U_{BE} 变化范围很小，NPN 型硅管的发射结压降为 0.6～0.7V，PNP 型锗管的发射结压降为 －0.2～－0.3V。

（2）输出特性

输出特性曲线是指晶体管基极电流 I_B 为某一常数时，集电极电流 I_C 与集－射极电压 U_{CE} 的关系曲线，即

$$I_C=f(U_{CE})\mid_{I_B=\text{常数}} \tag{1-6}$$

取不同的基极电流 I_B，则可以得到一组不同的输出特性曲线，如图 1－21 所示。

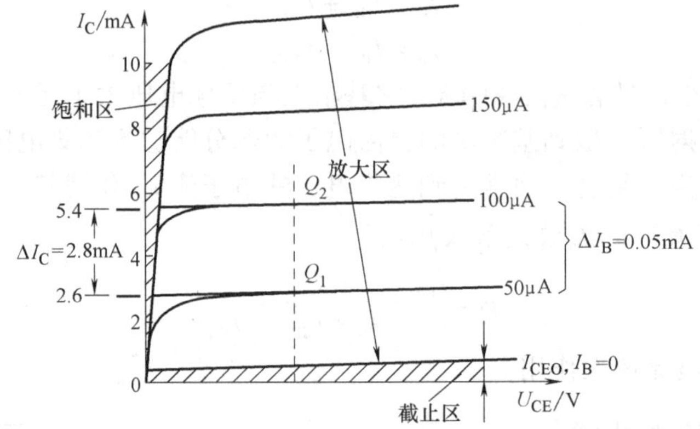

图 1－21　晶体管的输出特性

图 1－21 表明，I_B 一定时，从发射区发射到基区的电子数大致是一定的，只要 U_{CE} 超过一定数值（约 1V），这些电子的绝大部分被拉入集电区而形成集电极电流，以至于再继续增加 U_{CE}，I_C 也不再有明显增加，具有恒流特性。而当 I_B 增大时，I_C 也相应增大，曲线上移，而且在一定范围内近似成正比例，这就是晶体管的电流放大作用。

通常把晶体管的输出特性曲线分为三个工作区。

（1）截止区

一般称输出特性曲线中 $I_B\leqslant 0$ 的区域为截止区。

当 $I_B=0$ 时，$I_C=I_{CEO}\approx 0$，晶体管处于截止工作状态。对于 NPN 型硅管，$U_{BE}<0.5V$ 就进入截止状态，为使管子可靠截止，常使 $U_{BE}\leqslant 0$。

晶体管的截止工作状态相当于一个开关的断开状态。

（2）放大区

发射结处于正向偏置，集电结处于反向偏置时，晶体管就工作在放大状态。输出特性曲线的近似水平部分即为放大区（也称为线性区）。在放大区内，$I_C=\bar{\beta}I_B$，且 $\Delta I_C=\beta\Delta I_B$，晶体管具有电流放大作用。

（3）饱和区

$U_{CE}<U_{BE}$时，晶体管的发射结正偏，集电结也处于正偏，它处于饱和工作状态。在饱和时，I_B 的变化对 I_C 的影响很小，两者不成正比。所有不同的 I_B 值上升特性曲线几乎都是重合的。饱和时的管压降称为饱和压降，用 U_{CES}表示，小功率硅管 $U_{CES}=0.3\text{V}$，锗管 $U_{CES}=0.1\text{V}$。

晶体管饱和时集电极与发射极之间相当于一个开关接通的状态。

晶体管在实际应用中可以有三种不同的工作状态。这三种工作状态可分为两类不同的应用方式，一类是使晶体管工作在放大状态下，利用 I_B 对 I_C 的控制作用，放大电路中的晶体管就工作在这种放大状态。另一类是使晶体管在饱和与截止两种状态间不断转换，当控制信号 U_i 取高值时，晶体管导通，进入饱和状态；当 U_i 取低值时，晶体管截止。这时的晶体管相当于一个受控的开关，因为晶体管饱和导通时 U_{CES}很小，可认为 $U_{CES}\approx 0$，晶体管集－射极间接近短路，相当于一个开关处于接通状态；而晶体管截止时，$I_C=I_{CO}\approx 0$，晶体管集－射极间接近开路，相当于一个开关处于断开状态。数字电路中的晶体管正是利用其开关特性，通常不是工作在饱和导通状态，就是工作在截止状态。而截止与饱和之间的每一次转换过程都需要一定的时间。由截止到饱和导通所需要的时间称为开启时间 t_{on}，由饱和导通到截止所需的时间称为关闭时间 t_{off}。不同类型的管子 t_{on}和 t_{off}也有所不同。通常低频管只能用在每秒几十千周以下的低速开关电路中，高速开关电路一般选用开关晶体管，开关管不仅开关时间短，而且 U_{CES}比一般低频管也小。

1.5.4　晶体管的主要参数

晶体管的参数是选用晶体管及设计电路的重要依据。主要参数有下面几个。

（1）电流放大系数

1）静态（直流）电流放大系数 $\bar{\beta}$（h_{FE}）：晶体管接成共射极电路的情况下，在静态（无输入信号）时，晶体管集电极电流 I_C 与基极电流 I_B 的比值称为共发射极静态电流放大系数

$$\bar{\beta}=\frac{I_C}{I_B} \tag{1-7}$$

2）动态（交流）电流放大系数 $\beta(h_{fe})$：在动态（有信号输入）时，晶体管基极电流变化量为 ΔI_B，它引起集电极电流的变化量为 ΔI_C。ΔI_C 与 ΔI_B 的比值称为动态电流放大系数，即

$$\beta=\frac{\Delta I_C}{\Delta I_B} \tag{1-8}$$

$\bar{\beta}$ 和 β 的含义是不同的，在输出特性曲线接近平行等距的情况下，$\bar{\beta}$ 和 β 是很接近的。故在电路的分析估算时，近似认为 $\bar{\beta}\approx\beta$。晶体管的 β 值通常在 20～200 之间。

（2）集－基极反向饱和电流 I_{CBO}

集－基极反向饱和电流 I_{CBO}是指发射极开路，集电结加反向电压时流过集－基极的反向

电流。

I_{CBO}是由于集电结外加反向电压，集电区少数载流子（空穴）和基区少数载流子（自由电子）的漂移运动所形成的电流（主要是集电区少数载流子—空穴向基区漂移），它受温度影响较大。I_{CBO}越小越好。在室温下，小功率硅管的I_{CBO}在1μA以下，锗管约为几微安到几十微安。所以，硅管在温度稳定性方面优于锗管。

（3）集－射极穿透电流I_{CEO}

当基极开路时，$I_B=0$，在集－射极电压U_{CE}（E_C）的作用下，从集电极流向射极的电流称为穿透电流I_{CEO}。

在常温下I_{CBO}很小，可以忽略不计。但I_{CBO}随温度升高明显增大，故在温度变化大的场合，应尽量选用I_{CBO}小的管子，且β不宜过大，以减少I_{CEO}的影响。

（4）集电极最大允许电流I_{CM}

当晶体管集电极电流I_C超过一定值时，其β值就要下降，β值下降到额定值的2/3时的集电极电流称为I_{CM}。当$I_C=I_{CM}$时，晶体管不一定会损坏，但β值显著减小。

（5）集－射极击穿电压$U_{(BR)CEO}$

集－射极击穿电压$U_{(BR)CEO}$是指基极开路时，加在集－射极之间的最大允许电压，当U_{CE}大于$U_{(BR)CEO}$时，晶体管将被击穿损坏。

（6）集电极最大允许耗散功率P_{CM}

当集电极电流流经集电结时，要产生功率损耗，而使结温升高，从而会引起晶体管参数变化。P_{CM}是指晶体管参数变化不超过规定值时，所允许的最大功率损耗。

由于$P_{CM}=U_{CE}\cdot I_C$，根据此式可在晶体管输出特性曲线上画出集电极功率耗散曲线，如图1－22所示。曲线的左下方为安全工作区。

以上所讨论的几个参数，其中β、I_{CBO}和I_{CEO}是一般参数，表明晶体管优劣的主要指标；I_{CM}、U_{CEO}和P_{CM}都是极限参数，用来说明晶体管的使用限制。

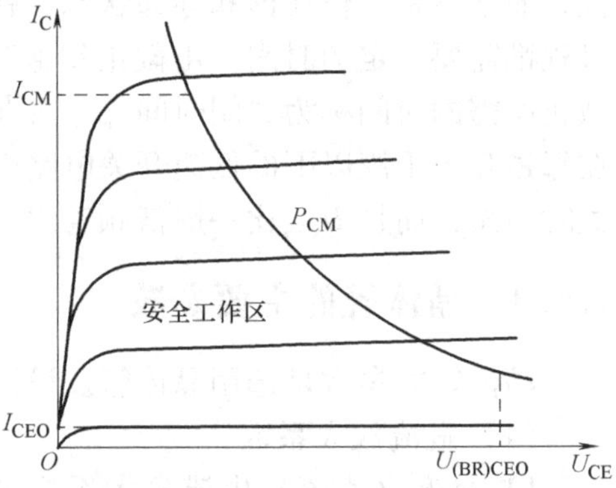

图1－22　晶体管的安全工作区

例1－3　在图1－23所示的电路中，测得各晶体管的三个电极对地电位如图所示，其中NPN型为硅管，PNP型为锗管，试判断各晶体管的工作状态。

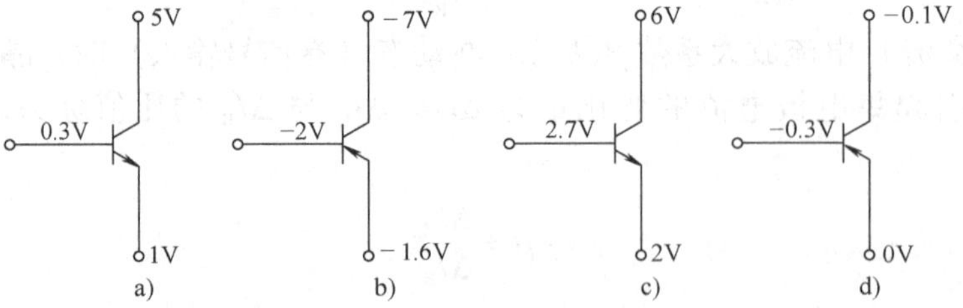

图1－23　例1－3电路图

解：图1－23a为截止状态，图1－23b为放大状态，图1－23c为放大状态，图1－24d为饱和状态。

1.6　场效应晶体管

场效应晶体管是利用外加电压产生的电场强度来控制其导电能力的一种半导体器件，它的输出电流决定于输入信号电压的大小，是一种用输入电压控制输出电流的半导体器件。它基本不需要信号源提供输入电流，所以其输入电阻很高，可达$10^9\sim10^{14}\Omega$。由于仅有一种载流子（电子或空穴）参与导电，因此，场效应晶体管是一种单极型半导体器件。此外，场效应晶体管还有体积小、重量轻、耗电少、噪声低、热稳定性强等特点，被广泛应用于各种电子电路中。

场效应晶体管按结构不同分为结型场效应晶体管和绝缘栅场效应晶体管两种，缘栅场效应晶体管由于在制作上比较简单，因此，大量地应用于集成电路的制造中。本节只简要介绍绝缘栅场效应晶体管。

1.6.1　绝缘栅场效应晶体管的结构及工作原理

绝缘栅场效应晶体管按导电类型的不同分为N沟道和P沟道两类，每种沟道的管子按工作特性又有增强型与耗尽型之分。下面以N沟道耗尽型绝缘栅场效应晶体管为例，简要介绍其结构和工作原理。

图1-24为N沟道耗尽型绝缘栅场效应晶体管结构示意图及其表示符号。

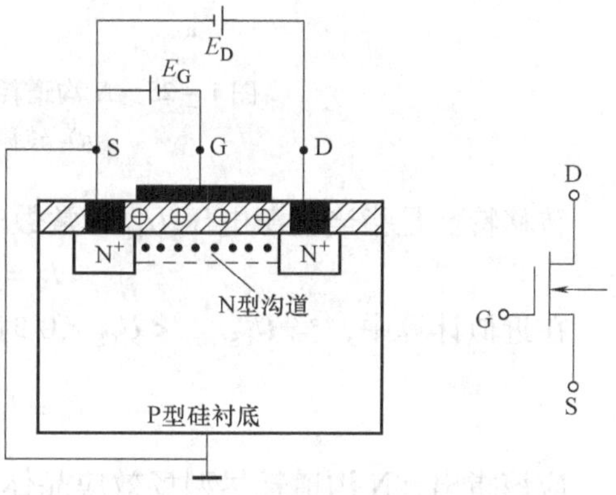

图1-24　N沟道耗尽型绝缘栅场效应晶体管结构示意图及表示符号

在一块掺杂浓度较低的P型半导体基片上，扩散两个相距很近的高掺杂浓度的N+区，再在硅片表面生成一薄层二氧化硅绝缘层，绝缘层上覆盖一薄层金属，然后从二氧化硅表面的金属层引出栅极G，从两个N+区分别引出源极S和漏极D。由于栅极和半导体本身绝缘，故称为绝缘栅场效应晶体管，或称金属—氧化物—半导体场效应晶体管（它的英文缩写为MOS，因此也常称它为MOS器件）。绝缘栅场效应晶体管的栅源之间是绝缘的，因此其输入电阻很高，可高达$10^{14}\Omega$。

在制造管子时，在二氧化硅绝缘层中掺入了大量正离子，因此在两个N+区之间的P型衬底表面形成了足够强的电场，这个电场将会排斥P型衬底中的空穴，并把衬底中的电子吸引到表面，形成原始导电沟道。这种沟道的载流子为电子，故称为N沟道。在沟道以外，由于D与S之间相当于两个背靠背的PN结，因此是不导电的。

由于耗尽型场效应晶体管存在原始导电沟道，在U_{DS}为常值时，当栅-源电压$U_{GS}=0$时，漏极与源极之间可导通，此时流过的电流称为饱和漏极电流；当$U_{GS}<0$时，沟道内会感应出一些正电荷与电子复合，于是导电沟道变窄，I_D减小，当U_{GS}达到一定负值时沟道内的电子被复合而耗尽，沟道被夹断，I_D为零，此时的U_{GS}称为夹断电压，用$U_{GS(off)}$表示；当$U_{GS}>0$时，沟道内感应出更多的电子，使沟道更宽，I_D随U_{GS}增大而增大。

上述分析表明，绝缘栅场效应晶体管的漏极电流是受栅极电压控制的，可见场效应晶体管是电压控制元件。

1.6.2 转移特性和输出特性

图 1－25a、b 分别为 N 沟道耗尽型场效应晶体管的转移特性和漏极输出特性曲线。

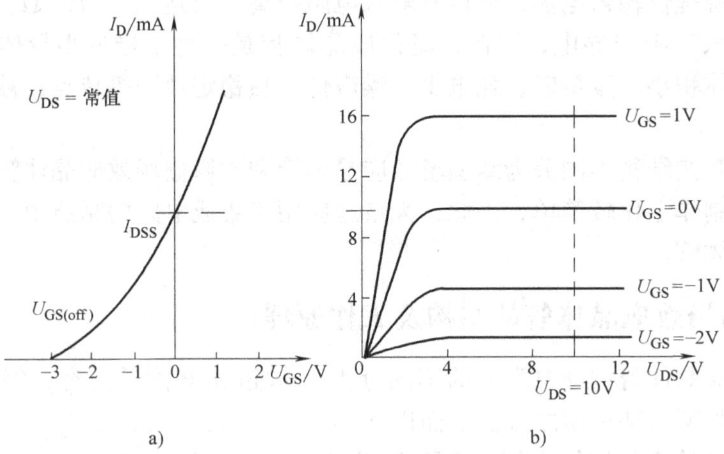

图 1－25 N 沟道耗尽型场效应晶体管的特性曲线
a）转移特性 b）漏极特性

转移特性是指当漏源电压 U_{DS} = 常数时，栅源电压和漏极电流的关系曲线，即

$$I_D = f(U_{GS})\big|_{U_{DS}=\text{常值}}$$

在近似计算中，当 $U_{GS(off)} < U_{GS} < 0$ 时，可用下式表示 I_D 与 U_{GS} 的关系：

$$I_D = I_{DSS}\left(1 - \frac{U_{GS}}{U_{GS(off)}}\right)^2$$

应该指出，N 沟道耗尽型场效应晶体管的 U_{GS} 可正、可负，也可为零，但一般是工作在负栅－源电压状态。

输出漏极特性是指在 U_{GS} 一定时，漏极电流与漏－源电压的关系曲线，即

$$I_D = f(U_{DS})\big|_{U_{GS}=\text{常值}}$$

显然，当 U_{GS} 为不同值时，可测绘出一簇输出漏极特性曲线。

1.6.3 主要参数

（1）动态跨导 g_m

跨导是当 U_{DS} 为常值时，漏极电流的增量对栅源电压增量的比值，即

$$g_m = \frac{\Delta I_D}{\Delta U_{GS}}\bigg|_{U_{DS}=\text{常值}}$$

显然，跨导是转移特性在工作点附近的斜率。

（2）夹断电压 $U_{GS(off)}$

夹断电压 $U_{GS(off)}$ 是指在 U_{DS} 为规定值的条件下，使管子截止时所加的 U_{GS} 值。

（3）漏极最大耗散功率 P_{DSM}

漏极最大耗散功率 P_{DSM} 是从发热角度对管子提出的限制条件，它是漏极耗散功率的最大允许值。

（4）漏－源击穿电压 $U_{DS(BR)}$ 和栅－源击穿电压 $U_{GS(BR)}$

漏－源击穿电压 $U_{DS(BR)}$ 指当漏－源电压过大，使漏区与衬底间的PN结反向击穿时的电压 U_{DS}，栅－源击穿电压 $U_{GS(BR)}$ 指当栅－源电压过大，使绝缘层击穿时的电压 U_{GS}。

使用绝缘栅场效应晶体管时，应注意不要超过极限参数给出的允许范围。此外还应特别注意，由于静电感应，可能会在栅－源间引起过高电压而使绝缘层击穿。为了避免这种损坏，在保管时应将各电极短接；在电路中栅－源之间应有直流通路；焊接时电烙铁外壳需要接地。

另外，如果在制造上述场效应晶体管时没有预先在两个N+区之间形成N型沟道（二氧化硅绝缘层中没有掺入正离子），当 $U_{GS}=0$ 时，漏－源极之间就不能导通。只有在栅－源之间加足够大的正向电压后，才能在绝缘层下的半导体中感应出足够的电子，形成N型沟道，使漏－源极之间导通。这种场效应晶体管称为N沟道增强型场效应晶体管，其转移特性和输出漏极特性如图1－26所示。由图1－26a可见，只有当 $U_{GS}>U_{GS(th)}$ 时，管子才开始导通，因此称 $U_{GS(th)}$ 为开启电压。显然，N沟道增强型场效应晶体管工作时，其栅－源电压为正电压，即 $U_{GS}>0$，而且要大于开启电压，但其漏－源电压极性仍然与耗尽型相同，为正电压。

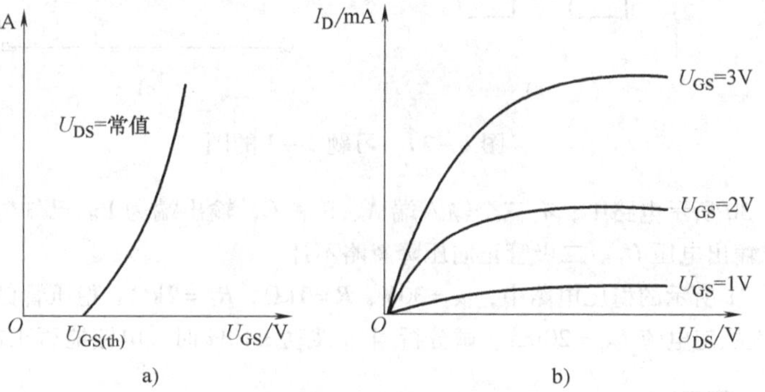

图1－26　N沟道增强型场效应晶体管的特性曲线

a）转移特性　b）漏极特性

习　题

1－1　在图1－27所示电路中，已知 $R=3k\Omega$，$E_1=15V$，$E_2=12V$，二极管特性视为理想的，求输出电压 U_o。

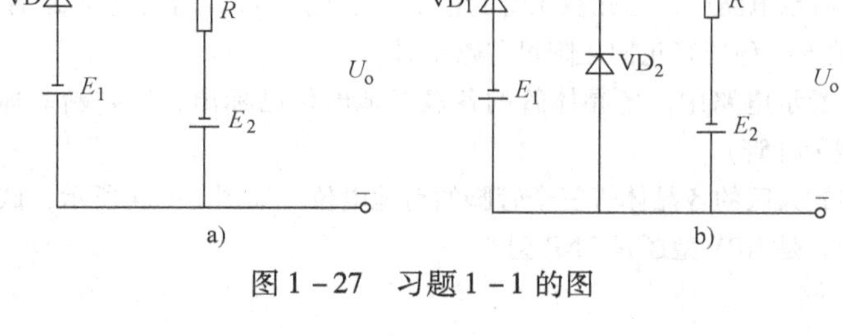

图1－27　习题1－1的图

1-2 在图1-28所示电路中，$u_i = 10\sin \omega t$V，$E = 5$V，忽略二极管正向压降，画出输出电压 u_o 的波形。

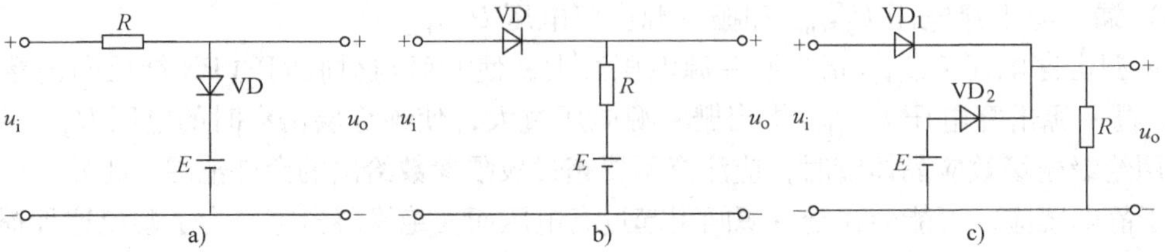

图1-28 习题1-2的图

1-3 在图1-29所示电路中，已知输入电压 u_i 如图1-29a所示，试画出输出电压 u_o 的波形。二极管为锗管，正向压降为0.3V。

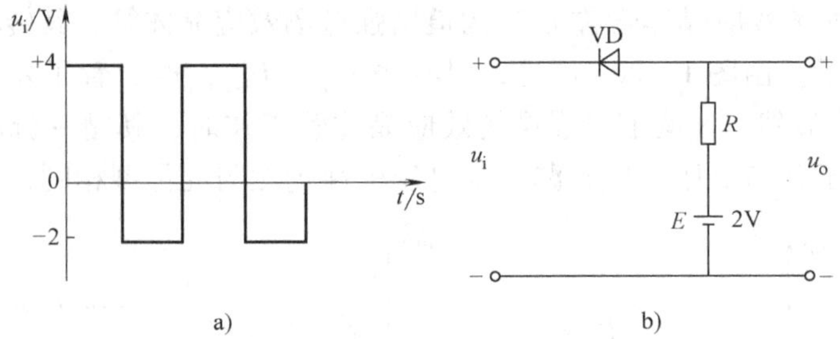

图1-29 习题1-3的图

1-4 在图1-30所示电路中，有三个输入端A、B和C，输出端为F。已知输入电压 $U_A = 3$V，$U_B = 3$V，$U_C = 0$V，试求输出电压 U_F。二极管正向压降忽略不计。

1-5 在图1-31所示的稳压电路中，$u_i = 30$V，$R = 1$kΩ，$R_L = 2$kΩ。稳压管稳定电压 $U_Z = 10$V，稳定电流 $I_Z = 5$mA，最大稳定电流 $I_{ZM} = 20$mA。试分析当 u_i 波动±10%时，电路能否正常工作？

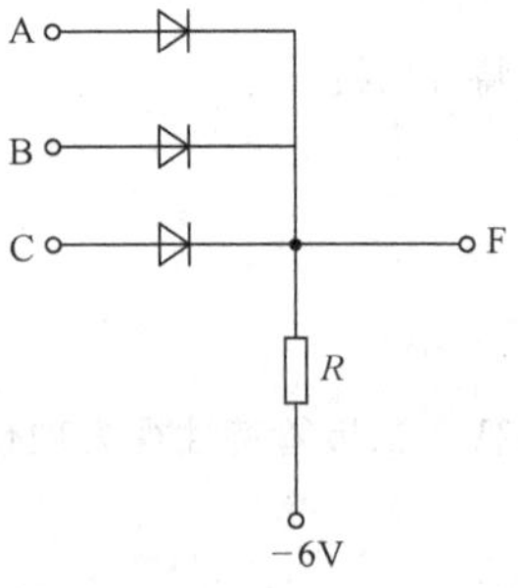

图1-30 习题1-4的图

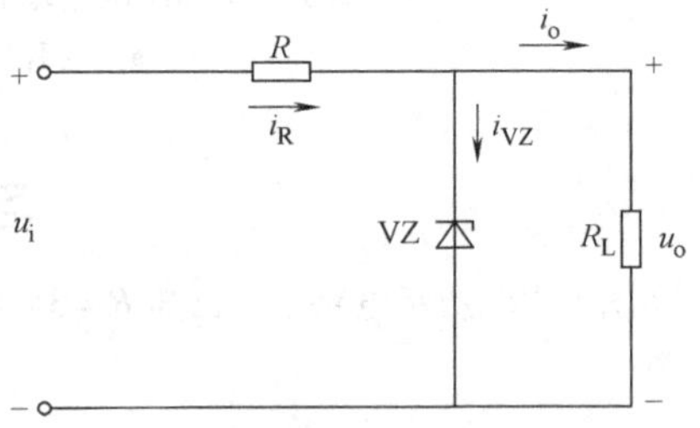

图1-31 习题1-5的图

1-6 在图1-32所示电路中，已知稳压管的稳定电压 $U_Z = 5$V，输入电压 u_i 的波形如图1-32a所示，试画出输出电压 u_o 的波形。稳压管正向压降可忽略不计。

1-7 在图1-33所示电路中，各晶体管的各极对地电位已标出，试判断晶体管的工作状态（图中PNP型为锗管，NPN型为硅管）。

1-8 已知工作在放大区的各晶体管三个管脚的对地电位，如图1-34所示，试判别各管的三个电极，并说明是硅管还是锗管，是NPN型还是PNP型？

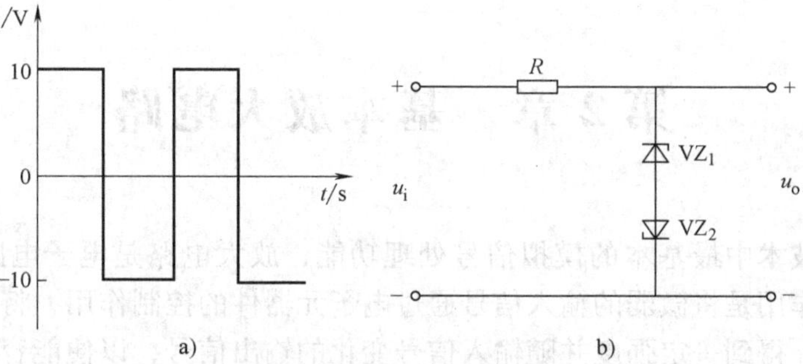

图 1－32　习题 1－6 的图

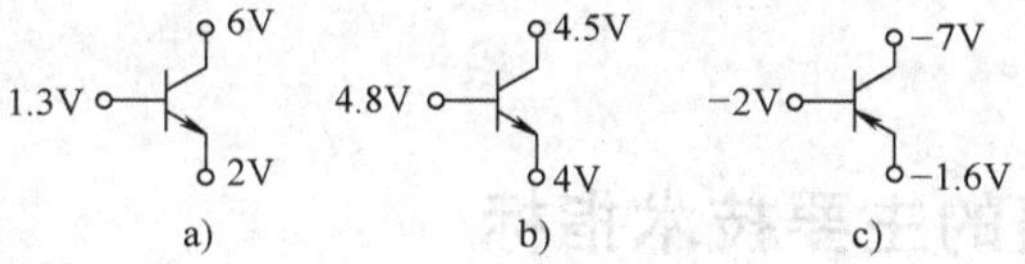

图 1－33　习题 1－7 的图

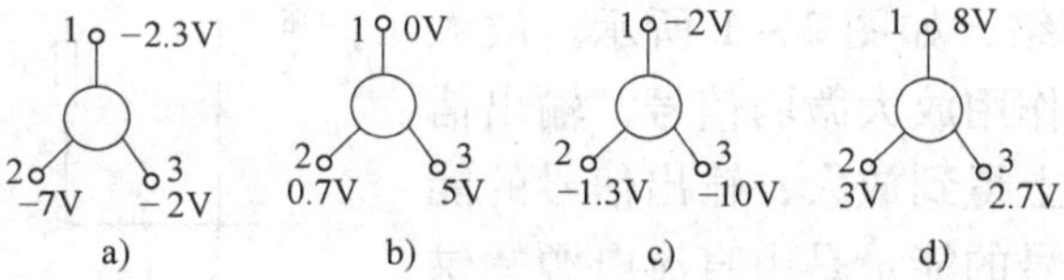

图 1－34　习题 1－8 的图

1－9　测得一晶体管的 $I_B = 40\mu A$，$I_C = 2mA$，$I_{CBO} = 1\mu A$，试估算电流放大系数 $\bar{\beta}$ 和穿透电流 I_{CEO}。

第 2 章　基本放大电路

放大是电子技术中最基本的模拟信号处理功能，放大电路是电子电路最基本的电路之一。放大电路的作用是将微弱的输入信号通过电子元器件的控制作用，将直流电源的能量转换成信号的能量，得到一定强度并随输入信号变化的输出信号，以便能容易地观察、测量或驱动较大功率的负载。

本章将介绍由分立元件组成的常用基本放大电路，着重介绍电路结构、工作原理、基本分析方法和特点及应用等。

2.1　交流放大电路的主要技术指标

从电路的角度来看，基本放大电路可看成一个含有受控源的双端口网络，如图 2－1 所示。放大电路利用晶体管的控制作用放大微弱信号，输出信号在电压或电流的幅度上得到放大，输出信号的能量得到加强。而输出信号的能量是由直流电源提供的，通过晶体管的控制作用，将直流电源的能量转换成信号能量。

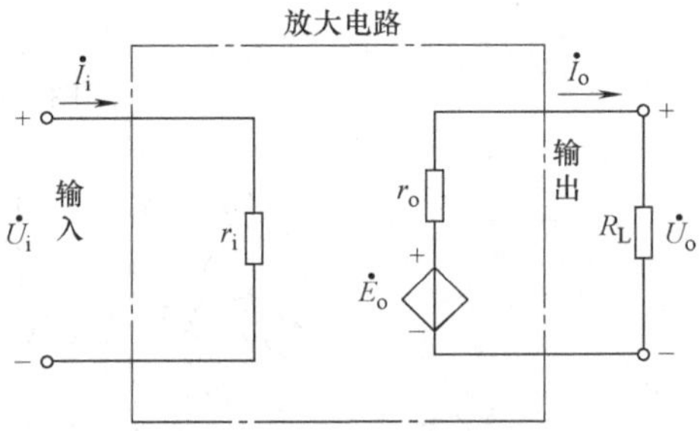

图 2－1　放大电路的等效电路

放大电路的性能用其技术指标来衡量，其技术指标主要体现在双端口网络的两个端口上的电压和电流之间的关系上，主要技术指标如下：

（1）放大倍数（增益）

电压放大倍数定义为

$$A_u = \frac{\dot{U}_o}{\dot{U}_i} \tag{2-1}$$

电流放大倍数定义为

$$A_i = \frac{\dot{I}_o}{\dot{I}_i} \tag{2-2}$$

功率放大倍数定义为

$$A_P = \frac{P_o}{P_i} = \frac{\dot{U}_o\dot{I}_o}{\dot{U}_i\dot{I}_i} \tag{2-3}$$

（2）输入电阻 r_i

放大电路对信号源来说是信号源的负载，可用一个动态电阻来等效。该等效电阻称作放大电路的输入电阻 r_i：

$$r_i = \frac{\dot{U}_i}{\dot{I}_i} \tag{2-4}$$

通常希望放大电路的输入电阻越大越好。因为 r_i 越大，从信号源取用的电流越小，同时在 r_i 上的分压越大，使输出电压增加。

另外，在放大器多级连接时，前级放大器作为后级放大器的信号源，后级放大器的输入电阻也就是前级放大器的负载电阻，该电阻越大。前级放大器的电压放大倍数就越大。

(3) 输出电阻 r_o

放大电路的输出端与负载相连，它对负载来说是信号源，可用具有内阻的等效电压源表示。从放大电路的输出端口看进去的等效电压源的内阻 r_o 称为该放大电路的输出电阻。显然有：

$$r_o = \frac{\dot{U}_{oc}}{\dot{I}_{sc}} \tag{2-5}$$

式中，$\dot{U}_{oc}$是输出端开路时的开路电压；$\dot{I}_{sc}$是输出端短路时的短路电流。

通常希望放大电路的输出电阻越低越好。因为 r_o 越小，当放大电路所带的负载波动时，其输出电压波动越小。也就是说 r_o 越小，放大电路的带负载能力就越强。

2.2 共发射极放大电路

2.2.1 共发射极放大电路的组成

图2-2a是共发射极接法的基本交流放大电路，它分为输入回路和输出回路两部分。在输入回路中，输入信号 u_i 由内阻 R_S 和电动势 e_S 提供，加在基极和发射极之间。该信号经过放大电路放大后，由集电极引出的输出端对地输出，输出电压为 u_o。一般放大电路的输出端都接有负载，如扬声器、继电器等，或接到下一级放大电路，我们用一个等效电阻 R_L 来表示这些负载。

电路中 R_B、E_B、R_C、E_C 的作用是保证晶体管发射极正偏、集电极反偏，以实现电流放大功能。

C_1、C_2 为耦合电容，在电路中起到隔直流传交流的作用。显然这是一个交直流共存的电路。选择足够大容量的电容 C_1 和 C_2，使其在输入信号频率范围内的容抗很小，对交流信号近似短路，对直流信号则为开路。即 C_1 隔断了放大器与信号源之间的直流通路，而 C_2 则隔断了放大器与负载之间的直流通路。同时 C_1、C_2 又使交流信号顺利地经过放大器，沟通了信号源、放大器和负载三者之间的交流通路，起到了交流耦合的作用。C_1、C_2 的电容值一般为几微法到几十微法，用的是有极性电容，即电解电容器，在电路中不能接反。

基极回路电阻 R_B 和电源 E_B 为电路提供合适的基极电流。基极回路电阻 R_B 一般取值为几十千欧到几百千欧。集电极电阻 R_C 将集电极电流变化转变为电压变化从而实现电压放大作用，集电极电阻 R_C 一般取值为几千欧到几十千欧。E_C 为放大后的输出信号 u_o 提供能量。

为了减少直流电源的个数，将图2-2a的电路改进为图2-2b，改接 R_B 至 E_C 的正极，调整 R_B 的数值，产生合适的基极电流。进一步将图2-2b中的公共端接“地”，设其电位为零，作为电路的参考点，而电源 E_C 也只在连接其正极的一端标出它对地的电压值和极性，从而得到图2-2c所示的常见电路。

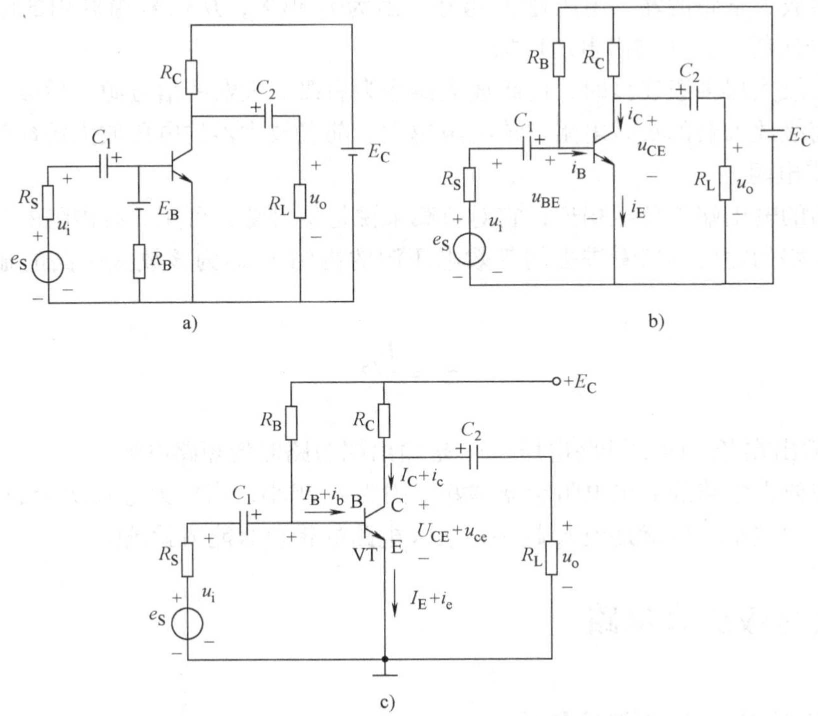

图 2－2　基本交流放大电路

2.2.2　共发射极放大电路的工作原理

在图 2－2c 所示的交流放大电路中，既有直流电源 E_C 供电，又有交流信号输入，是一个交直流信号共存的电路，可以采用叠加原理分析它。即将放大电路分解为由直流电源和交流信号源分别作用的电路，对其分别进行求解后，再用叠加原理求和。

在无输入信号（$u_i=0$）时，放大电路中各处的电压、电流都是直流量，称这时电路的工作状态为静态。静态时，晶体管各极电流和极间电压分别用 I_B、I_C、U_{BE}、U_{CE}表示，由于这些数值可以用晶体管输入特性曲线和输出特性曲线上的一个确定点表示，故习惯上称它们为静态工作点。静态电路实际上就是放大电路的直流通路。

由于晶体管的基－射极间电路中只有一个单向导电的发射结，要使一个微弱的输入电压能在输入回路中产生相应的电流 i_b，必须由 E_C 和 R_B 提供一个基极偏置电流 I_B，让电路的静态工作点 Q 处于晶体管输入特性的正常工作区（见图 2－3）。与基极偏置电流 I_B 相对应的 U_{BE}称偏置电压。U_{BE}必须大于死区电压，此时晶体管输入回路的工作情况如图 2－3 所示，基极总电流 $i_B=I_B+i_b$。

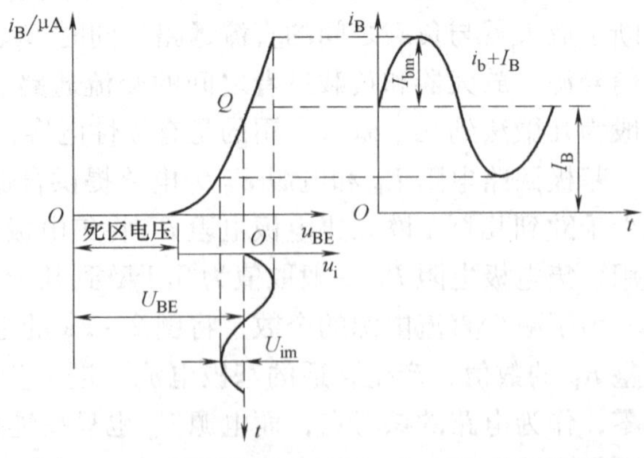

图 2－3　具有偏置电流时，B－E 回路的工作情况

当 $u_i\neq0$，设 $u_i=U_{im}\sin\omega t$，忽略 C_1 的

交流压降，u_i 就加到晶体管的 B－E 极之间，在其输入回路产生与 u_i 成正比的基极电流的交流分量 i_b，它叠加在直流分量 I_B 之上，形成动态电流 i_B。与此同时，由于晶体管的电流放大作用，在输出回路产生集电极电流的交流分量 i_c，并与其直流分量叠加得到动态电流 i_C，在此电流的作用下产生动态电压 u_{CE}，即

$$i_B = I_B + i_b = I_B + I_{bm}\sin\omega t$$

$$u_{BE} = U_{BE} + u_{be} = U_{BE} + u_i$$

$$i_C = I_C + i_c = I_C + \beta i_b$$

$$u_{CE} = U_{CE} + u_{ce} = U_{CE} + u_o$$

此时电路中既有直流量，又有交流量，各极的电流和极间电压都在静态值的基础上随相应的交流量变化，如图 2－4 所示。

只要 i_b 的幅值 $I_{bm} < I_B$，而且 i_B 的动态工作范围不超出输入特性的近似直线部分，则在交流输入信号 u_i 的整个周期里都存在复现信号电压波形的交流信号电流 i_b。否则 i_b 不能复现 u_i 的波形，也就是产生了波形的失真。

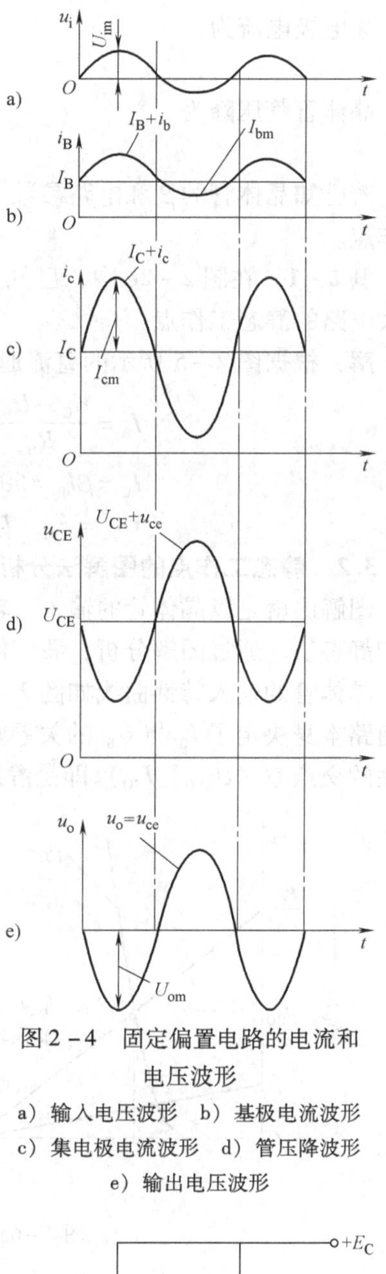

图 2－4　固定偏置电路的电流和电压波形

a）输入电压波形　b）基极电流波形
c）集电极电流波形　d）管压降波形
e）输出电压波形

2.2.3　共发射极放大电路的静态分析

共发射极放大电路如图 2－2c 所示。放大电路质量好坏与静态值设置是否合理密切相关。当输入信号 $u_i = 0$，只有直流电源 E_C 起作用时，可得到图 2－5所示的共发射极交流放大电路的直流通路。

由于电容的隔直作用，直流分量仅存在于 C_1、C_2 之间的部分电路。静态分析就是对静态工作点 Q（I_B、I_C、U_{CE}）的分析，包括电路参数、结构对静态工作点及其稳定性的影响。

2.2.3.1　静态工作点的估算

在图 2－5 所示的直流通路中，静态工作点 Q 对应着三个静态值 I_B、I_C、U_{CE}，这三个静态值可以由直流通路计算得到，首先可求得基极电流为

$$I_B = \frac{E_C - U_{BE}}{R_B} \tag{2-6}$$

式中，U_{BE}为 B－E 极间压降，硅管为 0.6～0.7V，锗管为 －0.2V。因 $E_C \gg U_{BE}$，所以有

$$I_B \approx \frac{E_C}{R_B} \tag{2-7}$$

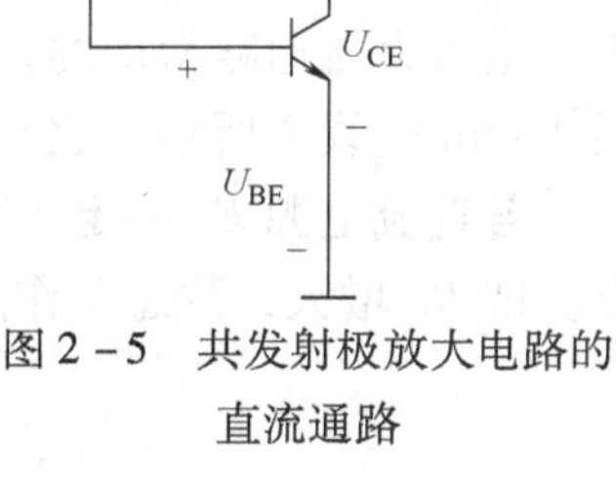

图 2－5　共发射极放大电路的直流通路

集电极电流为

$$I_C = \beta I_B \tag{2-8}$$

晶体管管压降为

$$U_{CE} = E_C - I_C R_C \tag{2-9}$$

若已知晶体管的 β 和电路参数 R_B、R_C 以及电源电压 E_C，即可估算出该放大电路的静态工作点。

例 2-1 在图 2-2c 中，已知 $E_C = 12V$，$R_B = 280k\Omega$，$R_C = 3.3k\Omega$，$\beta = 50$，试估算该放大电路的静态工作点。

解： 根据图 2-5 所示的直流通路可得

$$I_B = \frac{E_C - U_{BE}}{R_B} = \frac{12-0.6}{280}\text{mA} \approx 0.040\text{mA} = 40\mu\text{A}$$

$$I_C = \beta I_B = 50 \times 0.04 = 2\text{mA}$$

$$U_{CE} = E_C - I_C R_C = 12V - 2 \times 3.3V = 5.4V$$

2.2.3.2 静态工作点的图解法分析

图解法就是以晶体管的输入、输出特性曲线为基础，通过作图来分析放大电路的工作状况和静态值。通过图解分析，我们能很容易地看出参数变化对静态工作点的影响。

晶体管的输入特性曲线如图 2-6a 曲线 1 所示，而由图 2-5 所示的基本放大电路的直流通路本身决定了 I_B 与 U_{BE} 的关系式（式 2-6）为直线，如图 2-6a 曲线 2 所示。显然二特性的交点 Q（U_{BEQ}，I_{BQ}）即是静态工作点。

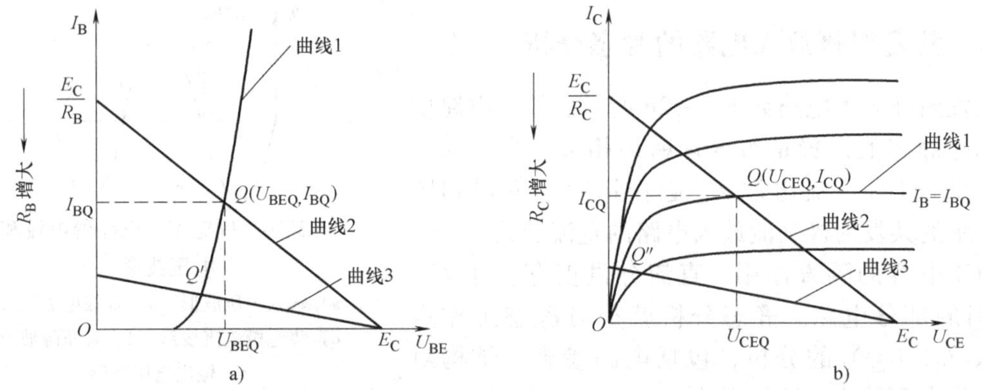

图 2-6 交流放大电路静态工作点的图解

放大电路的参数变化时。会引起静态工作点的移动：若直流电源 E_C 一定，而 R_B 增加，曲线 2 将变为曲线 3，Q 点将变为 Q' 点。即 R_B 增大，静态工作点向截止区移动。

同理，图 2-5 所示的放大电路的直流通路本身决定了 I_C 与 U_{CE} 的关系式为一条直线。由于它是由直流通路得出的，且与集电极负载电阻 R_C 有关，称其为放大电路的直流负载线，如图 2-6b 曲线 2 所示。它与晶体管的输出特性 $I_C = f(U_{CE})$ 的交点 $Q(U_{CEQ}, I_{CQ})$ 即为静态工作点。若直流电源 E_C 一定、电阻 R_B 一定，而 R_C 增加，曲线 2 将变为曲线 3，Q 点将变为 Q'' 点。即 R_C 增大，静态工作点向饱和区移动。

2.2.4　共发射极放大电路的动态分析

对于电压放大电路来说，静态工作点的设置是为放大提供必要的偏置条件，而在不失真的前提下，增大信号幅度才是放大的目的。当输入交流信号时，放大电路将处于动态工作状况。这一节将研究放大电路的电压放大倍数、动态输入电阻和输出电阻及非线性失真等各项动态指标。微变等效电路法和图解法是对放大电路进行动态分析的两种基本方法。

2.2.4.1　微变等效电路分析法

当晶体管在小信号（微变量）作用下工作时，可将晶体管当作线性元件处理。即可在晶体管工作点附近的小范围内用直线段代替晶体管的特性曲线。将非线性元件晶体管线性化后，晶体管放大电路将成为一个线性电路，即所谓放大电路的微变等效电路。

图 2－7 给出了晶体管的输入、输出特性。

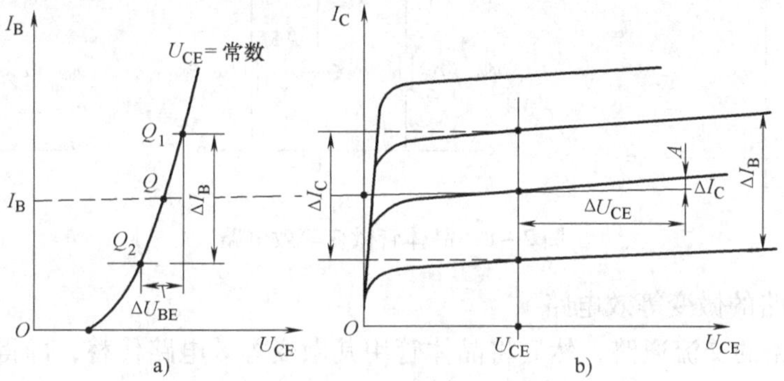

图 2－7　从晶体管特性曲线求 r_{be}、β、r_{ce}

（1）　输入回路的微变等效电路

当输入微变信号时，由于它们只在静态工作点 Q 附近变动（见图 2－7a），在 Q 点附近的工作段可认为是直线，于是 ΔU_{BE} 与 ΔI_B 之比称为晶体管的输入电阻 r_{be}，即

$$r_{be}=\frac{\Delta U_{BE}}{\Delta I_B}=\frac{u_{be}}{i_b} \tag{2-10}$$

这是对交流信号 u_{be}、i_b 的动态电阻。对于低频小功率晶体管，r_{be}可用下式估算

$$r_{be}=\left[300+(1+\beta)\frac{26(\text{mV})}{I_E(\text{mA})}\right]\Omega \tag{2-11}$$

式中，I_E 是静态发射极电流；r_{be}通常在几百欧到几千欧，半导体手册中常用 h_{ie}代表。

（2）输出回路的微变等效电路

图 2－7b 是晶体管的输出特性曲线簇，在放大区是一组近似等距的平行线，可以由此求得晶体管电流放大系数为

$$\beta=\frac{\Delta I_C}{\Delta I_B}=\frac{i_c}{i_b} \tag{2-12}$$

在小信号作用下，β 是一个常数，由它确立了晶体管 i_c 受 i_b 控制的关系。因此晶体管的输出回路相当于一个恒流源。当 i_b 一定时，i_c 不随电压 u_{ce}的改变而改变；当 i_b 改变时，它亦改变。因此它是一个受 i_b 控制的受控恒流源。

另外，事实上晶体管的输出特性曲线不完全与横轴平行，在静态工作点附近有

$$r_{ce} = \left| \frac{\Delta U_{CE}}{\Delta I_C} \right|_{I_B} = \frac{u_{ce}}{i_c} \bigg|_{I_B}$$

r_{ce}称为晶体管的输出电阻。在小信号作用下，r_{ce}也是一个常数，其值很大，在几十千欧到几百千欧。从图2-7b看出，电路的某一工作点A的集电极电流为

$$i_c = \beta i_b + \Delta I_C = \beta i_b + \frac{\Delta U_{CE}}{r_{ce}}$$

即由于r_{ce}的存在使得集电极电流随U_{CE}的增加而略微增加。因此r_{ce}相当于受控电流源的内阻。根据上面的分析，可得晶体管交流通路（见图2-8a）的微变等效电路，如图2-8b所示。由于晶体管的输出电阻r_{ce}很高，常可近似为开路，于是有图2-8c所示的简化微变等效电路。

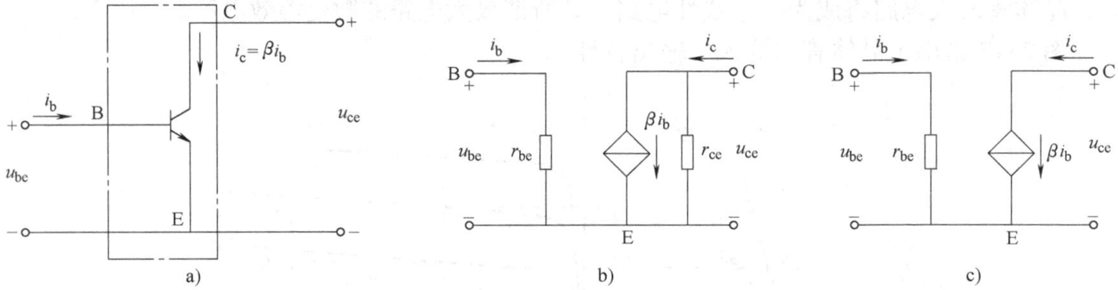

图2-8　晶体管微变等效电路

（3）放大电路的微变等效电路

画出放大电路的交流通路，然后将晶体管用其微变等效电路代替，即得放大电路的微变等效电路。

图2-9a为共发射极的基本交流放大电路，对交流信号而言，电容C_1、C_2及电源E_C皆可看成短路，则该放大电路的交流通路如图2-9b所示。将晶体管用其微变等效电路代替，即得该放大电路的微变等效电路，如图2-9c所示。

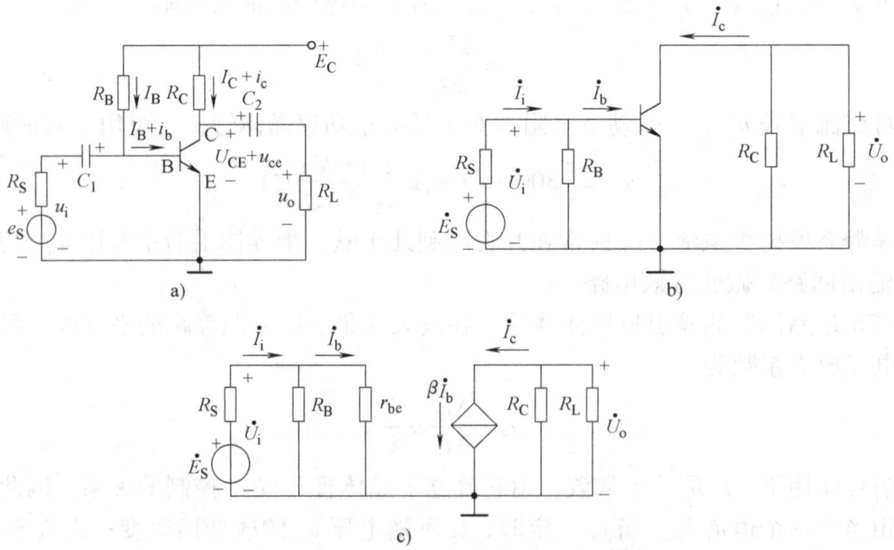

图2-9　基本交流放大电路及其微变等效电路

a）放大电路　b）交流通路　c）微变等效电路

1）电压放大倍数的计算

输出电压与输入电压的比即为电压放大倍数。由图 2 -9c 的输入回路得

$$\dot{U}_i = \dot{I}_b r_{be}$$

由图 2 -9c 的输出回路得

$$\dot{U}_o = -\dot{I}_c\left(\frac{R_C R_L}{R_C + R_L}\right) = -\beta\dot{I}_b R_L'$$

其中

$$R_L' = \left(\frac{R_C R_L}{R_C + R_L}\right)$$

故电压放大倍数为

$$A_u = \frac{\dot{U}_o}{\dot{U}_i} = -\frac{\beta R_L'}{r_{be}} \tag{2-13}$$

式中，负号表示输出电压与输入电压相位相反。

当放大电路输出端开路时，$R_L = \infty$，则

$$A_u = -\frac{\beta R_C}{r_{be}} \tag{2-14}$$

显然 R_L 越小，电压放大倍数就越低。

考虑信号源内阻时，计算输出电压对信号源的电压放大倍数。

由图 2 -9c 的输入回路可得

$$\dot{E}_S = \dot{I}_i(R_S + r_i)$$

其中

$$r_i = \frac{R_B r_{be}}{R_B + r_{be}}$$

故

$$\frac{\dot{U}_i}{\dot{E}_S} = \frac{r_i \dot{I}_i}{(R_S + r_i)\dot{I}_i} = \frac{r_i}{R_S + r_i}$$

所以

$$\dot{A}_{uS} = \frac{\dot{U}_o}{\dot{E}_S} = \frac{\dot{U}_o}{\dot{U}_i}\frac{\dot{U}_i}{\dot{E}_S} = A_u\frac{\dot{U}_i}{\dot{E}_S} = -\frac{\beta R_L'}{r_{be}}\frac{r_i}{R_S + r_i} \tag{2-15}$$

通常

$$R_B \gg r_{be}$$

因此

$$r_i \approx r_{be}$$

代入上式有

$$A_{uS} = -\frac{\beta R_L'}{r_{be}}\frac{r_{be}}{R_S + r_{be}} = -\frac{\beta R_L'}{R_S + r_{be}} \tag{2-16}$$

从上式可以看出，信号源内阻越小，电压放大倍数越高。

2）放大电路的输入电阻和输出电阻

① 放大电路的输入电阻

对图 2-9a 所示的放大电路的输入电阻，可以从它的微变等效电路（见图 2-9c）计算：

$$r_i = \frac{\dot{U}_i}{\dot{I}_i} = \frac{R_B r_{be}}{R_B + r_{be}} \approx r_{be} \tag{2-17}$$

通常 R_B 阻值比 r_{be} 大得多，这类放大电路的输入电阻近似等于晶体管的输入电阻，因此较低。

② 放大电路的输出电阻 r_o

对图 2-9 所示的放大电路，其开路电压和短路电流的计算如图 2-10 所示。

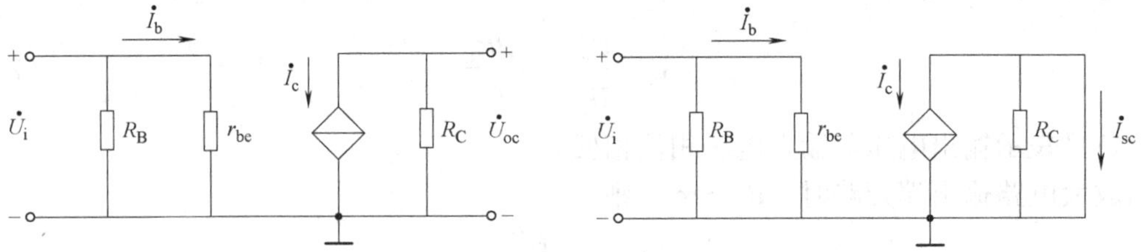

a)　　b)

图 2-10　输出电阻计算

a）开路电压　b）短路电流

$$\dot{U}_{oc} = -\beta \dot{I}_b R_C$$

$$\dot{I}_{sc} = -\beta \dot{I}_b$$

$$r_o = \frac{\dot{U}_{oc}}{\dot{I}_{sc}} = \frac{-\beta \dot{I}_b R_C}{-\beta \dot{I}_b} = R_C \tag{2-18}$$

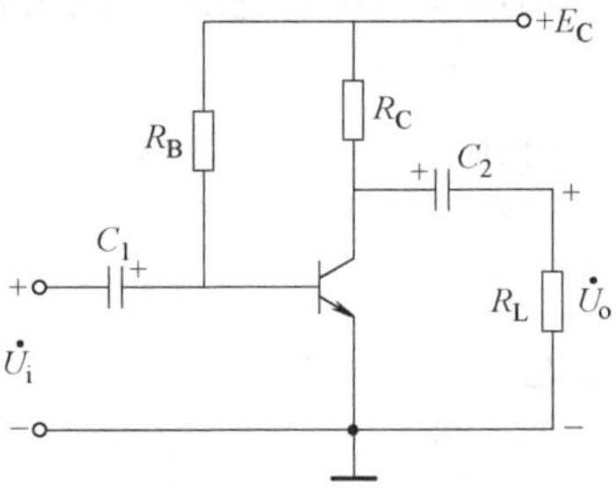

图 2-11　例 2-2 图

例 2-2　在图 2-11 所示的放大电路中，已知 $E_C = 15V$，$R_C = 5k\Omega$，$R_L = 5k\Omega$，$R_B = 500k\Omega$，$\beta = 50$。

求：（1）估算静态工作点；（2）画出微变等效电路；（3）放大器的输入电阻和输出电阻；（4）电压放大倍数。

解：（1）估算静态工作点需根据放大电路的直流通路来计算。直流通路如图 2-12a 所示。

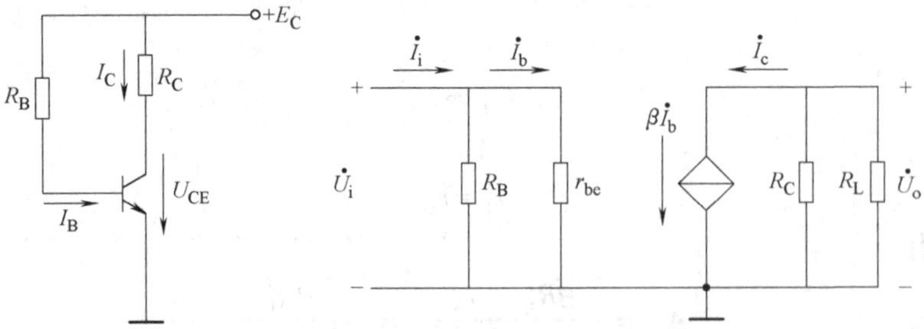

a)　　b)

图 2-12　直流通路与微变等效电路

$I_B = \dfrac{E_C - U_{BE}}{R_B} = \dfrac{15-0.6}{500}\mu A = 28.8\mu A$

$I_C = \beta I_B = 50 \times 28.8\mu A = 1.44mA$

$U_{CE} = E_C - I_C R_C = 12V - 1.44 \times 5V = 4.8V$

（2）微变等效电路如图 2－12b 所示。

（3）$r_{be} = 300\Omega + (1+\beta)\dfrac{26\ (mV)}{I_E\ (mA)} = \left(300 + 51 \times \dfrac{26}{1.44}\right)\Omega = 1220\Omega = 1.22k\Omega$

输入电阻：$r_i = R_B // r_{be} = 500 // 1.22k\Omega \approx 1.22k\Omega$

输出电阻：$r_o = R_C = 5k\Omega$

（4）电压放大倍数：$R'_L = R_C // R_L = 5 // 5k\Omega = 2.5k\Omega$

$$A_u \approx -\frac{\beta R'_L}{r_{be}} = -\frac{50 \times 2.5}{1.22} \approx -102$$

2.2.4.2　图解法

动态分析的图解法是在静态分析的基础上，用作图的方式表示放大电路中各个电压、电流及其分量之间的相互关系及其传输情况。

由 2.2.2 节分析知，动态工作时，放大电路中的电压都是在静态工作点的基础上叠加上交流值。仍以图 2－2c 的基本放大电路为例，设输入信号为正弦电压，为了分析方便，将其输出端开路，即设 $R_L = \infty$。

在正弦电压波形的作用下，在放大电路的输入、输出回路便会引起正弦交流电压 u_{be}、i_b、i_c 和 u_{ce}。它们与相应的静态值 U_{BEQ}、I_{BQ}、I_{CQ} 和 U_{CEQ} 叠加，便得到输入、输出回路电压和电流的动态波形。

下面借助于图解法，研究一下放大电路的非线性失真。

一个放大电路，除了要有较高的电压放大倍数以外，还要求输出电压的波形尽量与输入电压波形相似。否则将出现失真。当晶体管的动态工作范围超出了其输入、输出特性曲线的线性区域所引起的失真，称为非线性失真。

引起非线性失真的原因，一是由于放大电路的静态工作点 Q 设置不当（过低，接近截止区；过高，接近饱和区），二是由于输入信号太大，幅度超过了晶体管的线性区。

图 2－13a、b 表明，当静态工作点 Q 位置过低、接近截止区时，在输入信号负半周的一段时间里，发射结电压小于死区电压，晶体管截止，导致 $i_B = 0$，从而使 i_B、i_C 的负半周及 u_{CE}、u_o 的正半周失真，故称此种失真为截止失真。

图 2－13c 表明，当静态工作点 Q 位置过高、接近饱和区时，在输入信号正半周的时间里，使晶体管的动态工作范围进入了饱和区。这时尽管 i_B 没有失真，但 i_C 的正半周，u_{CE}、u_o 的负半周都失真了。因为晶体管进入饱和区后，便失去了电流放大作用，故 i_C 不随 i_B 成正比变化。此种失真称为饱和失真。

由以上分析可知，要使放大电路不产生非线性失真，静态工作点必须选择得合适，工作点 Q 应大致选在负载线的中部。此外 u_i 的幅值也不能太大，以避免放大电路中的晶体管动态工作范围超出特性曲线的线性范围。

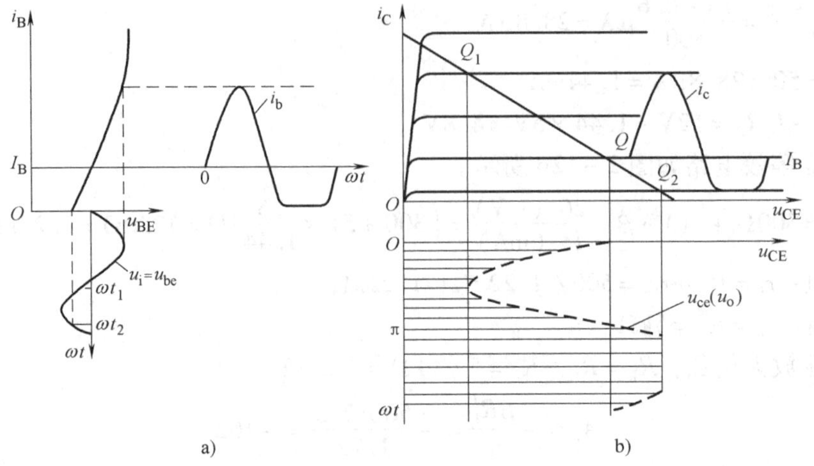

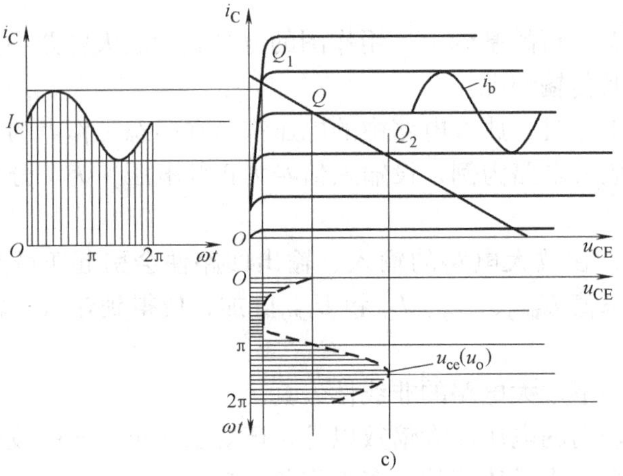

图 2-13 工作点不合适引起输出电压波形失真

a）输入回路截止失真 b）输出回路截止失真 c）饱和失真

2.3 静态工作点的稳定

如前所述，放大电路应有合适的静态工作点，以保证放大电路有较好的放大效果。所以静态工作点选好后，希望它稳定。但在实际中，有许多因素影响它的稳定。如因电源电压波动、晶体管老化，温度变化等，静态工作点都可能发生漂移，严重时会使放大电路不能正常工作。而环境温度变化是造成静态工作点不稳定的主要因素。

2.3.1 温度对静态工作点的影响

当环境温度上升时，晶体管基-集间反向饱和电流 I_{CBO}、电流放大系数 β（$\bar{\beta}$）都要增大，而 U_{BE} 会下降（当 I_B 不变时）。这些参数的变化，最终将导致集电极电流 I_C 增大。这使晶体管的输出特性变宽，I_C 曲线簇均相应升高，使静态工作点 Q 向饱和区移动，如图 2-14 所示，从而将引起饱和失真。

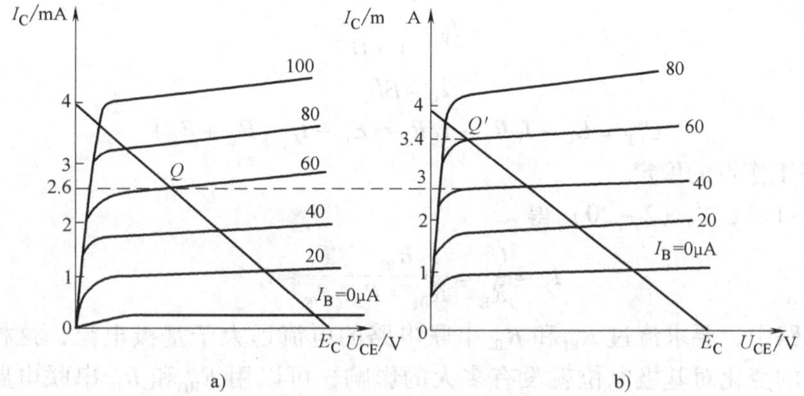

图 2-14　温度变化对静态工作点的影响

a）常温下的曲线　b）温度升高时的曲线

假设当温度变化时，静态电流 I_C 自动维持不变，静态工作点就会稳定在原来设置处。可以实现这一设想的电路为分压式偏置电路。

2.3.2　分压式共发射极偏置电路

分压式共发射极放大电路如图 2-15a 所示，基极采用了分压式偏置电路。电路在发射极串联电阻 R_E，而与 R_E 并联的电容 C_E 的作用是对直流分量开路，使发射极静态电流全部通过 R_E，从而使 R_E 起到负反馈的作用；而对交流分量短路，使 R_E 上面不会产生交流压降，因此不会影响放大电路的电压放大倍数。因此 C_E 应该足够大。

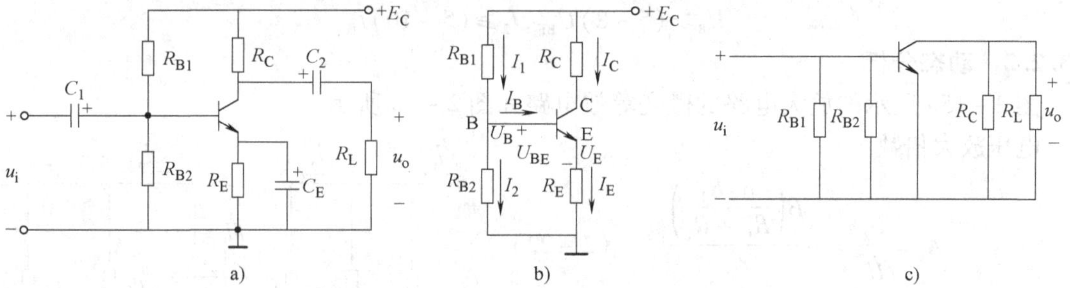

图 2-15　分压式偏置电路及其直流通路

a）放大电路　b）直流通路　c）交流通路

2.3.2.1　静态分析

（1）静态工作点的确定

分压式共发射极放大电路的直流通路如图 2-15b 所示，所选参数保证 $I_1 \gg I_B$，$U_B \gg U_{BE}$，则可认为 $I_1 \approx I_2$，所以

$$U_B = \frac{R_{B2}}{R_{B1}+R_{B2}}E_C \tag{2-19}$$

$$I_E = \frac{U_B - U_{BE}}{R_E} \approx \frac{U_B}{R_E} \tag{2-20}$$

$$I_B=\frac{I_E}{1+\beta}$$

$$I_C=\beta I_B$$

$$U_{CE}=E_C-I_CR_C-I_ER_E\approx E_C-I_C\ (R_C+R_E) \qquad (2-21)$$

(2) 静态工作点的稳定

由式(2-19)、式(2-20)得

$$I_E\approx\frac{U_B}{R_E}=\frac{R_{B2}}{R_{B1}+R_{B2}}\frac{E_C}{R_E}\approx I_C$$

在实际电路中，要求流过 R_{B1} 和 R_{B2} 串联电路的电流远大于基极电流，这样温度变化引起的基极电流的变化对基极电位就没有多大的影响，可以用 R_{B1} 和 R_{B2} 串联电路的分压来确定基极电位。上式表明静态 I_C 电流基本与晶体管参数无关，不受温度影响，因此，静态工作点基本稳定。

该电路稳定静态工作点的物理过程如下：

当 I_C 电流随温度增加而要增大时，引起 R_E 上的压降增大，从而使晶体管的发射极电位 U_E 增大，而基极电位 U_B 是不变的，U_E 与 U_B 比较的结果引起 $U_{BE}=U_E-U_B$ 减小，从而使 I_B 减小而限制了 I_C 的增加。即

$$t℃\uparrow(温度升高)\to I_C\uparrow\to U_E\uparrow\to U_{BE}\downarrow\to I_B\downarrow\to I_C\downarrow$$

R_E 越大，稳定性越好。但 R_E 不能取得太大，否则，U_E 也随之升高，这会使管压降 U_{CE} 变小，导致晶体管动态工作范围变小。此外，若 I_1 取得太大，就必然要求 R_{B1} 和 R_{B2} 取得较小，这不仅增大了功耗，而且又会从信号源取用较大的电流，从而增加信号源内阻上的压降，使输入信号减小。一般取

$$U_B\geqslant(5\sim8)U_{BE},I_2\geqslant(5\sim10)I_B$$

2.3.2.2 动态分析

图 2-15a 所示的放大电路的微变等效电路如图 2-16 所示。

电压放大倍数

$$A_u=\frac{\dot U_o}{\dot U_i}=-\frac{\beta\left(\frac{R_CR_L}{R_C+R_L}\right)}{r_{be}} \qquad (2-22)$$

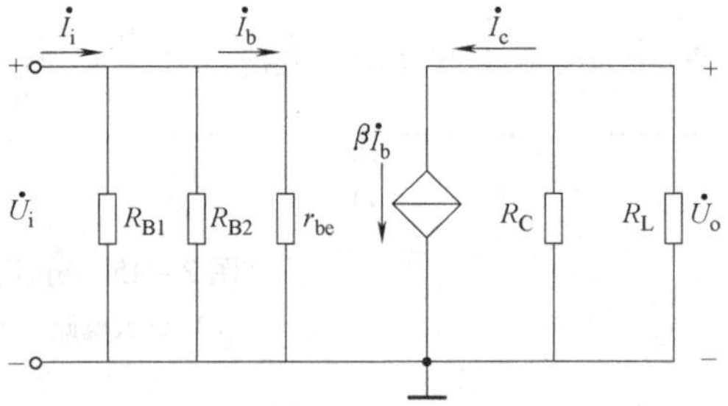

图 2-16 分压式偏置电路的微变等效电路

输入电阻 r_i

$$r_i=\frac{\frac{R_{B1}R_{B2}}{R_{B1}+R_{B2}}r_{be}}{\frac{R_{B1}R_{B2}}{R_{B1}+R_{B2}}+r_{be}} \qquad (2-23)$$

输出电阻 r_o

$$\dot U_o=-\beta\dot I_bR_C$$

$$\dot I_{sc}=-\beta\dot I_b$$

$$r_o=\frac{\dot U_o}{\dot I_{sc}}=\frac{-\beta\dot I_bR_C}{-\beta\dot I_b}=R_C \qquad (2-24)$$

例 2-3　放大电路如图 2-15a 所示，晶体管的 $\beta=66$，$E_C=24V$，$R_C=3.3k\Omega$，$R_E=1.5k\Omega$，$R_{B1}=33k\Omega$，$R_{B2}=10k\Omega$，$R_L=5.1k\Omega$，$R_S=1k\Omega$，求：

（1）计算晶体管的输入电阻 r_{be}；

（2）放大电路的输入电阻和输出电阻；

（3）电压放大倍数 A_u。

解：（1）先计算静态值 I_E：

$$U_B=\frac{E_C R_{B2}}{R_{B1}+R_{B2}}=\frac{24\times10}{33+10}V=5.58V$$

$$I_E=\frac{U_B-U_{BE}}{R_E}=\frac{5.58-0.6}{1.5}mA=3.32mA$$

$$\therefore r_{be}=300+(1+\beta)\ \frac{26\ (mV)}{I_E\ (mA)}=\left(300+67\times\frac{26}{3.32}\right)\Omega\approx0.825k\Omega$$

（2）估算放大电路的输入、输出电阻

$$r_i=R_{B1}/\!/R_{B2}/\!/r_{be}=33/\!/10/\!/0.825k\Omega=0.745k\Omega$$

$$r_o=R_C=3.3k\Omega$$

（3）计算电压放大倍数 A_u

$$A_u\approx-\frac{\beta R_L'}{r_{be}}=-\frac{66\times2}{0.825}=-160$$

其中，$R_L'=R_C/\!/R_L=3.3/\!/5.1k\Omega=2k\Omega$

2.4　单级放大电路的频率特性

在实际应用中，放大电路的输入信号常常不是单一频率的正弦波，而是含有不同频率的谐波。若放大电路对信号中各个频率成分放大的程度不一样，那么不同频率的谐波就会得到不同的放大效果，于是会造成输出波形的所谓频率失真。由于放大电路中有耦合电容、射极旁路电容及晶体管的结电容等，它们的容抗将随频率的变化而变化。因此，对于不同频率的信号，放大电路在放大幅度和相位关系上都会有所不同，因此电压放大倍数是频率的函数。放大电路的频率特性可用下式表示：

$$A_u=|A_u(f)|\angle\varphi(f)$$

式中，$|A_u(f)|$ 表示电压放大倍数的模和频率的关系，称为幅频特性，而 $\varphi(f)$ 表示放大电路输出电压与输入电压之间的相位差与频率的关系，称相频特性，两者综合起来可全面表征放大电路的频率特性。

单级阻容耦合放大电路的频率特性如图 2-17 所示。

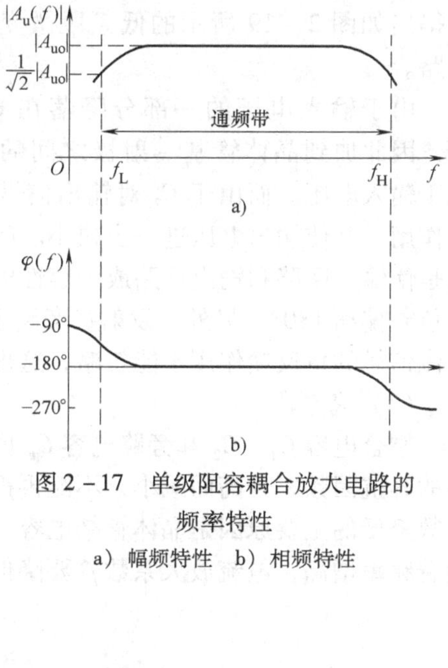

图 2-17　单级阻容耦合放大电路的频率特性

a）幅频特性　b）相频特性

在中间一段频率范围（称中频段）内，由于放

大电路中各种电容所起的分压、分流作用可以忽略，电压放大倍数最大（$|A_{uo}|$），而且不随信号频率变化而变化，输出信号电压在相位上滞后于输入信号电压180°。在中频段以外，随着频率的降低或升高，电压放大倍数都要减小，相位移也要发生变化。当放大倍数下降为$|A_{uo}|/\sqrt{2}$时所对应的上限频率为f_H，下限频率为f_L。在f_H和f_L之间的频率范围称为放大电路的通频带。它是表明放大电路频率特性的一个重要指标。对于放大电路来说，为了减小频率失真，希望通频带宽一些，以使复杂信号中的各个频率成分在幅度和相位上得到同样的放大效果，使输出信号尽可能地反映输入信号的原形。

为便于说明问题，把频率范围分为低频段、中频段和高频段分别加以讨论。下面以图2-18的单级阻容耦合放大电路为例来说明。

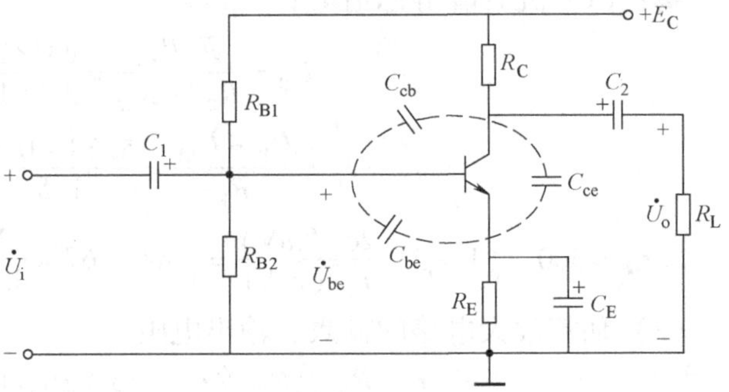

图2-18 单级阻容耦合放大电路

（1）中频段

由于耦合电容C_1、C_2和旁路电容C_E的容量很大，它们对中频信号来说容抗很小，故可视作短路；晶体管结电容容量很小，在中频段内容抗很大，可视为开路。因此，中频段的电压放大倍数与频率无关，且输出电压与输入电压的相位差为180°。前面所讲的放大电路的微变等效电路和电压放大倍数都是针对中频段来说的。

（2）低频段

由于信号频率很低，晶体管结电容的容抗比中频段更大，其对低频段的影响比对中频段的影响还要小，仍可视为开路。但耦合电容C_1、C_2和旁路电容C_E对信号的容抗增大，其分压作用不可忽略。于是可得出如图2-19所示的低频段微变等效电路。

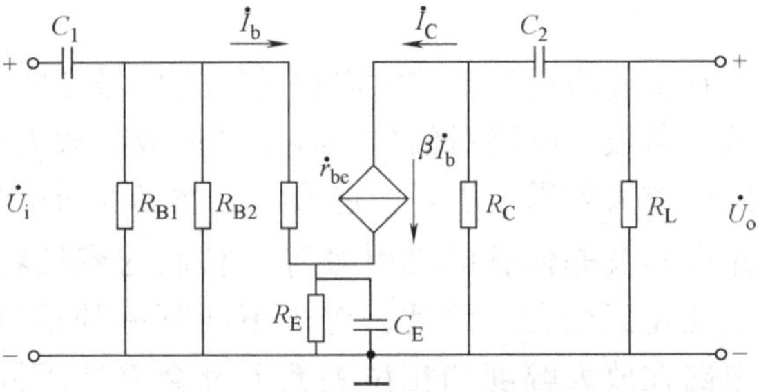

图2-19 放大电路低频等效电路

由于输入电压的一部分降落在C_1两端，因此加到晶体管基-射极之间的电压小于输入电压。而由于C_2对输出信号的分压作用，又使输出电压进一步减小。所以频率愈低电压放大倍数愈小。C_1和C_2的另一个作用是使输入回路和输出回路成为容性电路，因此产生附加相位移，使输出电压与输入电压的相位差偏离180°。另外，发射极旁路电容C_E在低频段的容抗增大，它与R_E并联，它们对交流信号的负反馈作用不能忽略，这也使电压放大倍数降低。

（3）高频段

耦合电容C_1、C_2和旁路电容C_E的容抗更小，均可视为短路而不予考虑。而晶体管结电容的容抗因频率升高而减小，不能再视为开路，其分流作用不可忽略。在高频段使电压放大倍数降低的主要原因是晶体管结电容、导线分布电容及负载输入电容的影响。另一个原因是随着频率增高，电流放大系数β要降低。因此，在高频段电压放大倍数要减小，输出电压和输入电压之间的相位移以中频段为基础发生滞后。频率越高，滞后的角度越大，滞后的最大相移为 90°。

2.5 放大电路中的负反馈

在模拟电子电路中，反馈得到了广泛应用。在放大电路中采用负反馈是为了改善其工作性能，如稳定放大倍数、展宽频带、改善波形失真以及改变输入电阻、输出电阻等。

2.5.1 反馈的基本概念

反馈就是将放大电路的输出量（电压或电流），通过某种电路（称为反馈网络）传送到放大电路的输入回路。

若反馈信号与原输入信号是相减的关系，削弱了净输入信号而使放大电路的电压放大倍数下降，则称其为负反馈；反之若反馈信号与原输入信号是相加的关系，使净输入信号增强而使电压放大倍数增加，则称其为正反馈。图 2－20a 为无负反馈的放大电路框图，图 2－20b为有负反馈的放大电路框图。

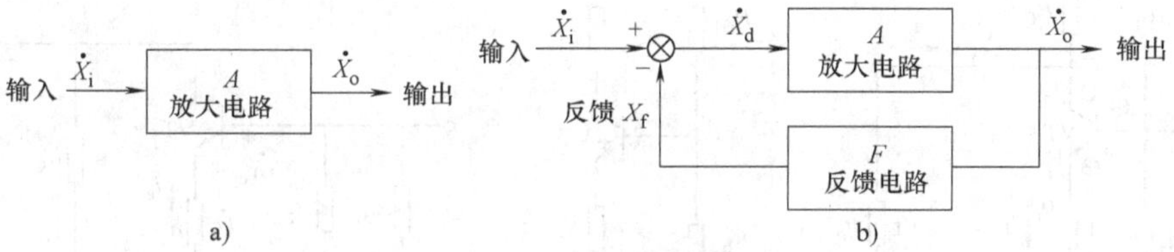

图 2－20 放大电路框图
a）无负反馈 b）有负反馈

设放大电路的输入、输出及反馈信号均为正弦量，并用相量表示，它们可以是电压，也可以是电流。图中箭头表示信号传递方向，符号⊗表示比较环节，放大电路的净输入信号

$$\dot{X}_d = \dot{X}_i - \dot{X}_f$$

若三者同相，则

$$X_d = X_i - X_f$$

此时 $X_d < X_i$，即反馈信号使净输入信号减少，因此是负反馈。

本节主要讨论交流负反馈电路。

从图 2－20 可以看出，无反馈时的放大倍数（又称开环电压放大倍数）为

$$A = \frac{\dot{X}_o}{\dot{X}_i} = \frac{\dot{X}_o}{\dot{X}_d}$$

有反馈时的放大倍数为

$$A_f = \frac{\dot{X}_o}{\dot{X}_i} = \frac{\dot{X}_o}{\dot{X}_d + \dot{X}_f} = \frac{\dot{X}_o}{\dot{X}_d + F\dot{X}_o} = \frac{\dfrac{\dot{X}_o}{\dot{X}_d}}{1 + F\dfrac{\dot{X}_o}{\dot{X}_d}} = \frac{A}{1 + FA}$$

反馈电路的反馈系数为

$$F=\frac{\dot{X}_f}{\dot{X}_o}$$

2.5.2 反馈性质的分析

针对不同的应用场合，可采用不同类型的负反馈。根据反馈信号采样方式的不同，分为电压反馈和电流反馈，若反馈信号取自输出电压，则称为电压反馈；若反馈信号取自输出电流，则称为电流反馈。根据反馈信号与输入信号在放大电路输入端的连接方式的不同，分为串联反馈和并联反馈，从输入回路看，如果反馈信号与输入信号串联，则称为串联反馈。串联反馈输入信号与反馈信号总是以电压形式在输入端作比较；若反馈信号与输入信号并联，则称为并联反馈。并联反馈输入信号与反馈信号总是以电流形式在输入端作比较。若放大电路的直流通路中存在反馈通路，则可判断存在直流反馈；若其交流通路中存在反馈通路，则存在交流反馈。

例 2-4 分析图 2-21a 所示电路的反馈性质。

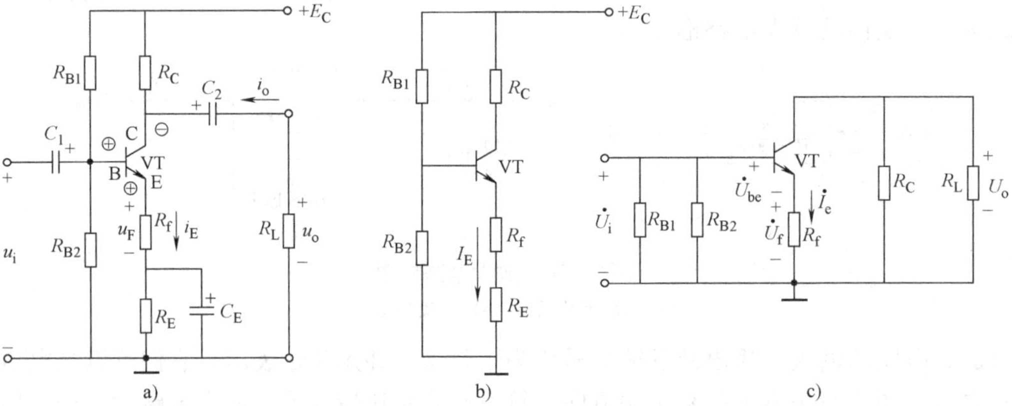

图 2-21 电流串联负反馈放大电路

a) 电路图 b) 直流通路 c) 交流通路

解：1）交流反馈和直流反馈的判别。图 2-21a 所示的放大电路中，电阻 R_f 没带旁路电容，而 R_E 有旁路电容 C_E，射极电流中的交流分量 i_E 几乎全部通过 C_E。对 i_E 来说，R_E 被 C_E 短接，R_E 上不产生交流压降。R_E 上产生直流压降 I_ER_E。从直流分量 I_E 看，R_f 与 R_E 串联，$I_E(R_f+R_E)$构成直流反馈电压。该电路的交流通路如图 2-21c 所示。电阻 R_f 既在输入回路，也在输出回路中。交流输出量 $\dot{I}_eR_f$ 回馈到晶体管基极-发射极输入回路中，故该电路存在交流反馈。本节主要讨论交流反馈。

2）正反馈和负反馈的判别。判别正、负反馈一般采用瞬时极性法。具体做法是：首先假设输入信号在某一瞬时的极性，然后以此为依据逐级推出电路其他各点在该瞬时的极性，以便得出反馈信号的极性，最后看净输入信号是增强还是减弱，以判断反馈的正负。

设图 2-21a 电路的输入端基极信号电位为正（图中用⊕号表示），而集电极信号电位的瞬时极性和它相反为负，接 R_f 的发射极信号瞬时极性与它相同为正。

由图 2-21c 所示的输入回路可见：$\dot{U}_{be}=\dot{U}_i-\dot{U}_f$，而且，当 $\dot{U}_i$ 为正极性时，$\dot{U}_f$、$\dot{U}_{be}$ 也

为正极性，即三者相位相同，故 $U_{be}=U_i-U_f$，由此可见，净输入信号受到削弱，因此是负反馈。

3）电压反馈和电流反馈的判别。若反馈信号与输出端负载电压成正比，则称为电压反馈；若反馈信号与输出端负载电流成正比，则称之为电流反馈。判别这两种反馈时，可将放大电路的输出端短路，如果短路后反馈信号（电压或电流）消失，则为电压反馈，否则为电流反馈。

由图2-21c所示的输出回路可见，$\dot{U}_f=\dot{I}_eR_f$，即 $\dot{U}_f$ 和 $\dot{I}_e$ 成正比，如果把 R_L 短路，反馈信号 $\dot{U}_f$ 仍然存在，因此是电流反馈。

4）串联反馈和并联反馈的判别。从输入回路看，如果反馈信号与输入信号串联，则称为串联反馈。串联反馈输入信号与反馈信号总是以电压形式在输入端作比较；若反馈信号与输入信号并联，则称为并联反馈。并联反馈输入信号与反馈信号总是以电流形式在输入端作比较。

由图2-21c所示的输入回路看，输入信号 $\dot{U}_i$ 和反馈信号 $\dot{U}_f$ 串联起来作用在放大电路的输入端，它们以电压形式进行比较，因此是串联反馈。

综合上述分析，图2-21a所示的电路是电流串联负反馈放大电路。

例2-5 分析图2-22a所示电路的反馈性质。

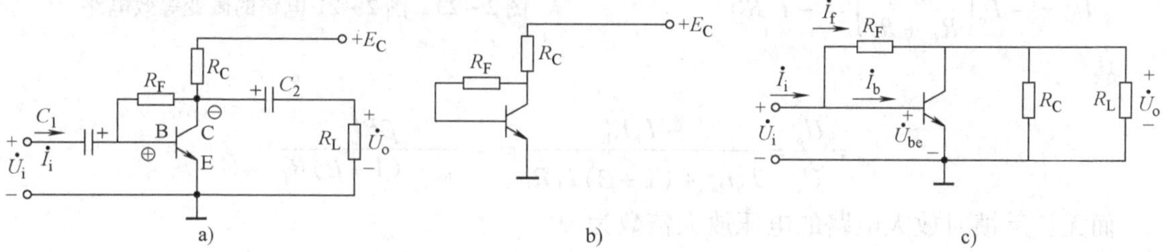

图2-22 电压并联负反馈放大电路

a）电路图 b）直流通路 c）交流通路

解： 图2-22b、c所示电路分别为图2-22a所示电路的直流通路和交流通路。由图可见，电阻 R_f（称反馈电阻）在交、直流通路中均构成反馈网络，它跨接于输入、输出回路之间，因此该电路既有交流反馈，又有直流反馈。这里的直流反馈具有稳定静态工作点的作用。

由图2-22c所示的交流通路的输入端可写出电流方程

$$\dot{I}_b=\dot{I}_i-\dot{I}_f$$

当 $\dot{U}_i$（$\dot{U}_{be}$）为正半周时，$\dot{I}_i$ 和 $\dot{I}_f$ 也为正半周，其实际方向与正方向一致。$\dot{U}_o$ 和 $\dot{U}_i$ 反相，故为负半周，其瞬时极性应该是发射极为正，集电极为负。因此 R_f 两端的瞬时极性是基极为正，集电极为负，所以 $\dot{I}_f$ 的实际方向与正方向一致，也为正半周，故 $\dot{I}_i$、$\dot{I}_b$ 和 $\dot{I}_f$ 同相，上式可写成 $\dot{I}_b=\dot{I}_i-\dot{I}_f$。可见，净输入电流 $I_b<I_i$，故为负反馈。

从图2-22c可得

$$\dot{I}_f = \frac{\dot{U}_{be} - \dot{U}_o}{R_F} \approx -\frac{\dot{U}_o}{R_F}$$

反馈信号与输出电压成比例。另外，当输出端短路时，反馈信号消失，故为电压反馈。

其次，从输入端看，反馈信号与输入信号并联。它们以电流形式进行比较，故为并联反馈。

综上所述，该电路为电压并联负反馈放大电路。

下面通过对具体电路的分析和计算，简要说明负反馈放大电路的某些性能。

例 2-6 在图 2-21 所示的电流串联负反馈放大电路中，$R_{B1}=20\text{k}\Omega$，$R_{B2}=10\text{k}\Omega$，$R_f=0.2\text{k}\Omega$，$R_E=1.8\text{k}\Omega$，$R_C=R_L=2\text{k}\Omega$，$\beta=50$，$r_{be}=1\text{k}\Omega$，$E_C=12\text{V}$，求

（1）闭环电压放大倍数 A_{uf}；（2）闭环输入电阻 r_{if}；（3）输出电阻 r_o。

解： 图 2-21 电路的微变等效电路如图 2-23 所示。

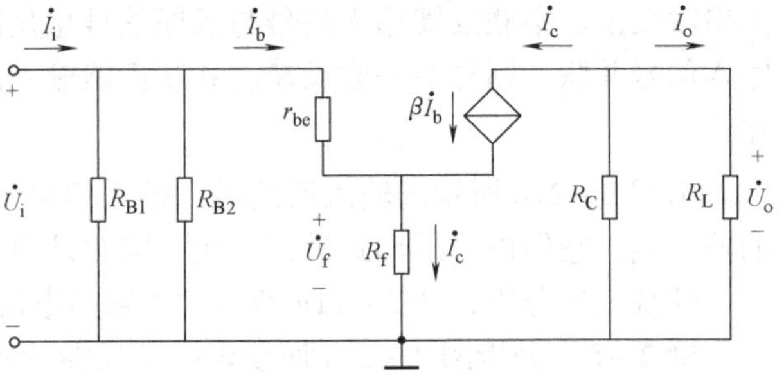

图 2-23 图 2-21 电路的微变等效电路

（1）电压放大倍数

由微变等效电路可以写出

$$\dot{U}_i = \dot{I}_b r_{be} + \dot{I}_e R_f = \dot{I}_b r_{be} + (1+\beta)\dot{I}_b R_f$$

$$\dot{U}_o = -\dot{I}_c\left(\frac{R_C R_L}{R_C + R_L}\right) = -\dot{I}_c R_L'$$

故

$$A_{uf} = \frac{\dot{U}_o}{\dot{U}_i} = \frac{-\dot{I}_c R_L'}{\dot{I}_b r_{be} + (1+\beta)\dot{I}_b R_f} = -\frac{\beta R_L'}{r_{be} + (1+\beta)R_f}$$

而无负反馈时放大电路的电压放大倍数为

$$A_u = -\frac{\beta R_L'}{r_{be}} \tag{2-25}$$

很明显，$|A| > |A_{uf}|$。由此可见，负反馈降低了放大电路的电压放大倍数。由已知的电路参数来看，$(1+\beta)\cdot R_f \gg r_{be}$，$\beta \approx (1+\beta)$，故式（2-25）可化简为

$$A_{uf} = -\frac{R_L'}{R_f}$$

即 A_{uf}的大小基本上只受晶体管参数的影响，因此电压放大倍数比较稳定。可见负反馈放大电路的稳定性提高了。将数据代入式（2-25）可得

$$A_{uf} = -\frac{50 \times \left(\frac{2\times 2}{2+2}\right)}{1 + (1+50)\times 0.2} \approx -4.5$$

（2）闭环输入电阻

在输入回路中

$$\dot{U}_i = \dot{I}_b[r_{be} + (1+\beta)R_f]$$

$$\dot{I}_b = \frac{\dot{U}_i}{r_{be} + (1+\beta)R_f}$$

$$\dot{I}_i = \dot{I}_b + \frac{\dot{U}_i}{R'_B}$$

式中，

$$R'_B = \frac{R_{B1}R_{B2}}{R_{B1}+R_{B2}}$$

由上式可得电流串联负反馈的闭环输入电阻为

$$r_{if} = \frac{\dot{U}_i}{\dot{I}_i} = \frac{\dot{U}_i}{\dfrac{\dot{U}_i}{R'_B} + \dfrac{\dot{U}_i}{r_{be}+(1+\beta)R_f}} = \frac{1}{\dfrac{1}{R'_B} + \dfrac{1}{r_{be}+(1+\beta)R_f}} = \frac{R'_B[r_{be}+(1+\beta)R_f]}{R'_B+[r_{be}+(1+\beta)R_f]}$$

无反馈时的输入电阻为

$$r_i = \frac{R'_B r_{be}}{R'_B + r_{be}}$$

可见，电流串联负反馈放大电路的输入电阻增大了，因而信号源内阻对放大器的影响减小了。代入数据得

$$r_{if} = \frac{\left(\dfrac{20\times10}{20+10}\right)\times[1+(1+50)\times0.2]}{\left(\dfrac{20\times10}{20+10}\right)+[1+(1+50)\times0.2]}\text{k}\Omega \approx 4.2\text{k}\Omega$$

(3) 输出电阻

由于 R_f 与受控电流源 $\beta\dot{I}_b$ 串联，对外部电路没有影响，因此输出电阻为

$$r_o \approx R_C = 2\text{k}\Omega$$

2.5.3 电压串联负反馈放大电路——射极输出器

图2-24所示为射极输出器及其微变等效电路。由于直流电源对交流信号相当于短路，所以输入回路和输出回路以集电极为公共端，故称其为共集电极电路。又因输出信号从发射极引出，所以常称其为射极输出器。

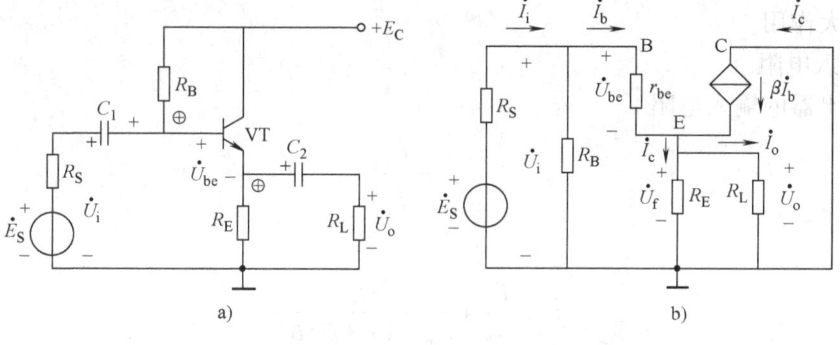

图2-24 射极输出器及其微变等效电路
a）射极输出器 b）微变等效电路

2.5.3.1 反馈性质分析

由于电容 C_2 的隔直传交作用，射极电阻 R_E 对直流起负反馈作用，可以稳定静态工作

点。由图 2－24b 的微变等效电路可见，$R_L' = \frac{R_E R_L}{R_E + R_L}$构成交流反馈网络，起交流反馈作用。

由于反馈电压等于输出电压，因此是电压反馈。反馈信号与输入信号相串联加于晶体管的基－射极上，所以是串联反馈。用瞬时极性法可以判断 $\dot{U}_i$、$\dot{U}_f$ 与 $\dot{U}_{be}$同相位，因此 $U_{be} = U_i - U_f$，削弱了净输入信号，故是负反馈。由以上分析可见，射极输出器是电压串联负反馈放大电路。

2.5.3.2 静态分析

由其直流通路可推导出静态工作点的计算公式如下：

$$I_B = \frac{E_C - U_{BE}}{R_B + (1+\beta)R_E}$$

$$I_C = \beta I_B$$

$$U_{CE} = E_C - I_E R_E \approx E_C - I_C R_E$$

2.5.3.3 动态分析

对于交流分量，电容和直流电源可视为短路，可得到图 2－24b 所示的微变等效电路。

（1）电压放大倍数

对输入回路可写出方程

$$\dot{U}_i = \dot{U}_{be} + \dot{U}_f = \dot{I}_b r_{be} + \dot{I}_e R_L'$$

输出电压为

$$\dot{U}_o = \dot{I}_e R_L'$$

电压放大倍数

$$A_{uf} = \frac{\dot{U}_o}{\dot{U}_i} = \frac{\dot{I}_e R_L'}{\dot{I}_b r_{be} + \dot{I}_e R_L'} = \frac{(1+\beta)\dot{I}_b R_L'}{\dot{I}_b r_{be} + (1+\beta)\dot{I}_b R_L'} = \frac{(1+\beta)R_L'}{r_{be} + (1+\beta)R_L'} \qquad (2-26)$$

通常 $r_{be} \ll (1+\beta)R_L'$，故 $A_{uf} \approx 1$，即 $U_o \approx U_i$，二者基本相同，且输出电压极性与输入电压极性相同。由此可见，射极输出器的输出电压跟随着输入电压变化，因此也常称其为射极跟随器。

虽然射极输出器无电压放大作用，但射极电流远远大于基极电流，因此它有电流放大作用和功率放大作用。

（2）输入电阻

射极输出器的输入电阻

$$r_i = \frac{\dot{U}_i}{\dot{I}_i}$$

而

$$\dot{I}_i = \frac{\dot{U}_i}{R_B} + \frac{\dot{U}_i}{r_{be} + (1+\beta)R_L'}$$

故

$$r_i = \frac{\dot{U}_i}{\frac{\dot{U}_i}{R_B} + \frac{\dot{U}_i}{r_{be} + (1+\beta)R_L'}} = \frac{1}{\frac{1}{R_B} + \frac{1}{r_{be} + (1+\beta)R_L'}} = \frac{R_B[r_{be} + (1+\beta)R_L']}{R_B + [r_{be} + (1+\beta)R_L']}$$

通常 R_B 值很大（几十千欧至几百千欧），$[r_{be}+(1+\beta)R_L']$ 也远大于共射极电路的输入电阻。因此，射极输出器的输入电阻很高，可达几十千欧到几百千欧。它之所以有这样高的输入电阻，正是由于采用了深度的串联负反馈的结果。

（3）输出电阻

由于 R_B 远大于信号源内阻 R_S 及 r_{be}，为了简化计算，忽略 R_B 支路的分流作用，此时输出端短路时的电流为

$$\dot{I}_{sc}=(1+\beta)\frac{\dot{E}_S}{R_S+r_{be}}$$

输出端开路时的电压为

$$\dot{U}_{oc}=\dot{I}_eR_E=(1+\beta)R_E\frac{\dot{E}_S}{R_S+r_{be}+(1+\beta)R_E}$$

则输出电阻为

$$r_o=\frac{\dot{U}_{oc}}{\dot{I}_{sc}}=\frac{(1+\beta)R_E\dfrac{\dot{E}_S}{R_S+r_{be}+(1+\beta)R_E}}{(1+\beta)\dfrac{\dot{E}_S}{R_S+r_{be}}}=\frac{(R_S+r_{be})R_E}{R_S+r_{be}+(1+\beta)R_E}=\frac{\dfrac{R_S+r_{be}}{1+\beta}R_E}{\dfrac{R_S+r_{be}}{1+\beta}+R_E}$$

通常 $R_E\gg\dfrac{R_S+r_{be}}{1+\beta}$，故上式可简化为

$$r_o\approx\frac{R_S+r_{be}}{1+\beta}$$

由于射极输出器输入电阻很高，输出电阻很低，而且具有电流放大作用，因此在放大电路中得到了广泛应用。例如，把射极输出器作为多级放大电路的输入极，可以提高放大电路的输入电阻，这样可以使信号源内阻上的压降减小，输入到放大电路上的输入电压增加；把射极输出器作为输出极时，由于它的输出电阻很低，可以提高带负载的能力；射极输出器也常用于多级放大电路的中间级，由于它具有高输入电阻，因此可以提高前级的电压放大倍数，对后级放大电路来说，由于它的输出电阻低，因此适于接输入电阻低的放大电路，如共射极放大电路。

例 2－7 在图 2－24a 所示的射极输出器中，已知 $R_S=4\text{k}\Omega$，$R_B=240\text{k}\Omega$，$R_E=4\text{k}\Omega$，$\beta=50$，$r_{be}=2\text{k}\Omega$，$E_C=12\text{V}$，试求（1）静态工作点；（2）电压放大倍数 $\dot{A}_u$；（3）放大电路的输入电阻和输出电阻。

解：（1）求静态工作点

$$I_B=\frac{E_C-U_{BE}}{R_B+(1+\beta)R_E}=\frac{12-0.6}{240+(1+50)\times4}\text{mA}=25.6\mu\text{A}$$

$$I_C=\beta I_B=50\times25.6\mu\text{A}=1.28\text{mA}$$

$$U_{CE}=E_C-I_CR_E=12\text{V}-1.28\times4\text{V}=6.88\text{V}$$

（2）电压放大倍数 A_u

$$A_u=\frac{(1+\beta)R_L'}{r_{be}+(1+\beta)R_L'}=\frac{(1+50)\times4}{2+(1+50)\times4}=0.99\approx1$$

（3）放大电路的输入电阻和输出电阻

$$r_i = R_B // [r_{be} + (1+\beta)(R_E // R_L)] = 240 // [2 + (1+50) \times 4] k\Omega = 285 k\Omega$$

$$r_o = R_E // \frac{R_S + r_{be}}{1+\beta} = 4 // \frac{4+2}{1+50} k\Omega = 0.17 k\Omega$$

2.6 场效应晶体管放大电路

与晶体管放大电路相类似，场效应晶体管放大电路也要设置静态工作点，它也必须设置静态偏置电路，其动态分析的内容与方法也与晶体管放大电路的分析内容与方法相类似。所不同的是晶体管的集电极电流是受基极电流控制，为电流控制元件。而场效应晶体管的漏极电流是受栅极电压控制，为电压控制元件。

2.6.1 场效应晶体管放大电路的静态偏置方式

下面介绍两种常用的偏置电路。

图 2-25 所示为 N 沟道耗尽型绝缘栅场效应晶体管自给栅极偏压电路。静态时栅极电位为 0，而源极电流（等于漏极电流）流经源极电阻，因此栅-源电压为

$$U_{GS} = -I_S R_S = -I_D R_S$$

由于 U_{GS} 是靠管子自身漏极电流 I_D 在 R_S 上产生的压降加的偏压，故称自给偏压。

由漏极回路可知

$$U_{DS} = E_D - I_D(R_D + R_S)$$

图 2-26 所示为 N 沟道耗尽型绝缘栅场效应晶体管分压式偏置电路。由于栅极不取电流，故栅极电位为

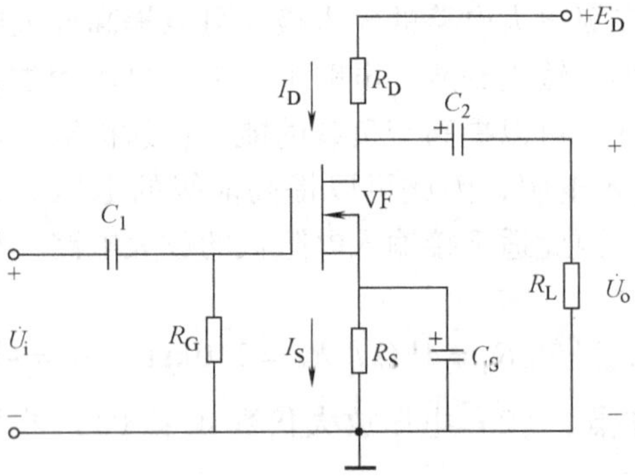

图 2-25 自给偏压偏置电路

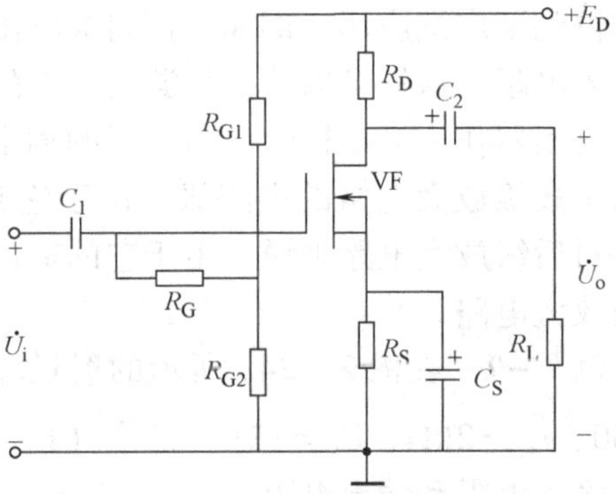

图 2-26 分压式偏置电路

$$U_G = \frac{R_{G2}}{R_{G1} + R_{G2}} E_D$$

栅-源偏压

$$U_{GS} = \frac{R_{G1}}{R_{G1} + R_{G2}} E_D - I_D R_S$$

2.6.2 场效应晶体管放大电路的动态分析

图 2-25 和图 2-26 所示电路对于信号而言，其输入回路与输出回路的公共端点是源

极，故称它们为共源极放大电路。

以图 2－26 所示的电路为例，用微变等效电路法作动态分析。图 2－27 为图 2－26 电路的微变等效电路，设输入信号为正弦量，并用相量表示。由于管子的栅－源之间是绝缘的，所以栅－源动态电阻 $r_{gs} \approx \infty$，故为开路。而漏极信号电流是受栅源电压控制的，故 $\dot{I}_d = g_m \dot{U}_{GS}$，又由于管子的输出特性具有恒流性质，因此其动态输出电阻 $r_{ds} \approx \infty$，相当于开路。

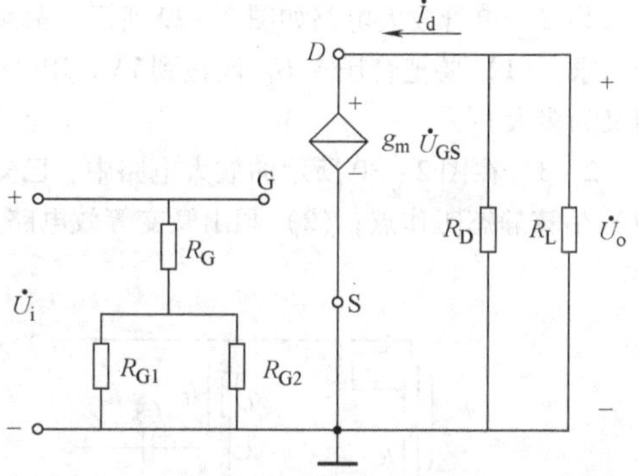

图 2－27　图 2－26 电路的微变等效电路

由图 2－27 所示的输出回路可知

$$\dot{U}_o = -\dot{I}_d R'_L = -g_m \dot{U}_{GS} R'_L$$

其中

$$R'_L = \frac{R_D R_L}{R_D + R_L}$$

又

$$\dot{U}_i = \dot{U}_{GS}$$

所以电压放大倍数

$$A_u = \frac{\dot{U}_o}{\dot{U}_i} = -g_m R'_L$$

放大电路的输入电阻

$$r_i = R_G + \frac{R_{G1} R_{G2}}{R_{G1} + R_{G2}}$$

通常 R_G 取值较高，这样可以大大提高放大电路的输入电阻。但由于栅极不取电流，所以 R_G 不影响静态偏置电压。

上述分析表明，由于场效应晶体管动态输入电阻 $r_{gs} \approx \infty$，所以它能够组成具有高输入电阻的放大电路。这种放大电路适合于作为多级放大电路的输入极。特别是在信号源内阻较高的情况下，就更加显示出其输入电阻高的优点。

放大电路的输出电阻

$$r_o \approx R_D$$

习　题

2－1　测量晶体管 3AX31B 的电流放大系数的电路如图 2－28 所示。调节 R_2 时，电流表 A_C 指示的 I_C 值不应超过多少 mA？（已知 3AX31B 的主要参数如下：$P_{CM} = 125\text{mW}$，$I_{CM} = 125\text{mA}$，$\beta = 50$。）

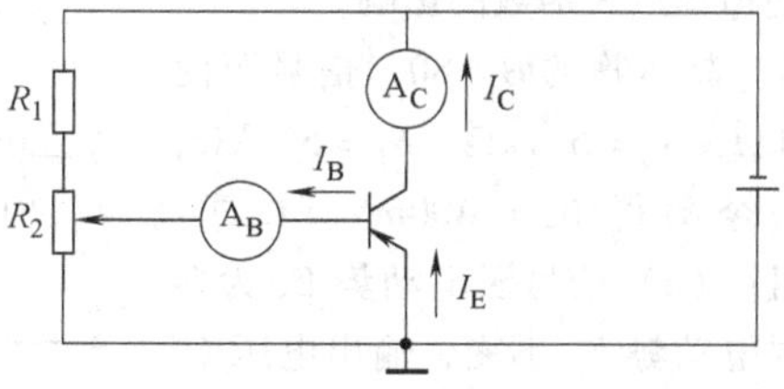

图 2－28　习题 2－1 的图

2-2 单管放大电路如图2-29所示，晶体管为$\beta=100$，$E_C=15V$，$R_C=4k\Omega$，$R=600k\Omega$，RP是电位器。求：(1) 要把管压降U_{CE}调整到7V，RP的阻值应为多大？(2) 要把集电极电流I_C调整到1.5mA，RP值又为多大？

2-3 在图2-30所示的放大电路中，已知$E_C=15V$，$R_C=5k\Omega$，$R_L=5k\Omega$，$R_B=500k\Omega$，$\beta=50$。求：(1) 估算静态工作点；(2) 画出微变等效电路；(3) 放大器的输入电阻和输出电阻；(4) 电压放大倍数。

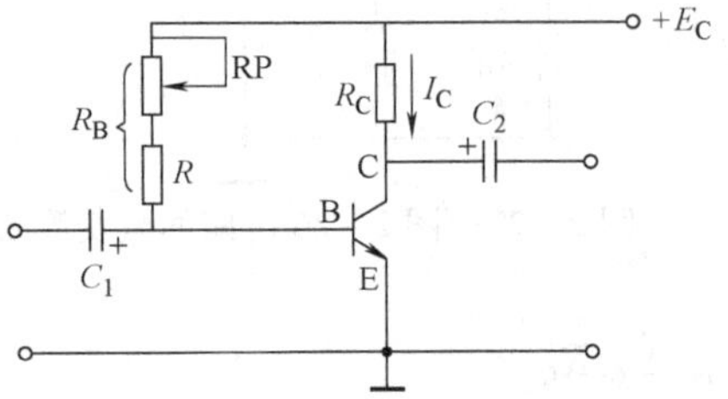

图2-29 习题2-2的图

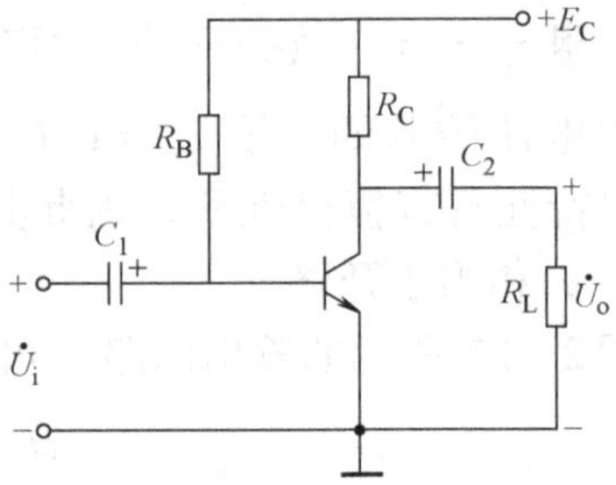

图2-30 习题2-3的图

2-4 试判断图2-31所示各电路能否正常放大交流信号？为什么？

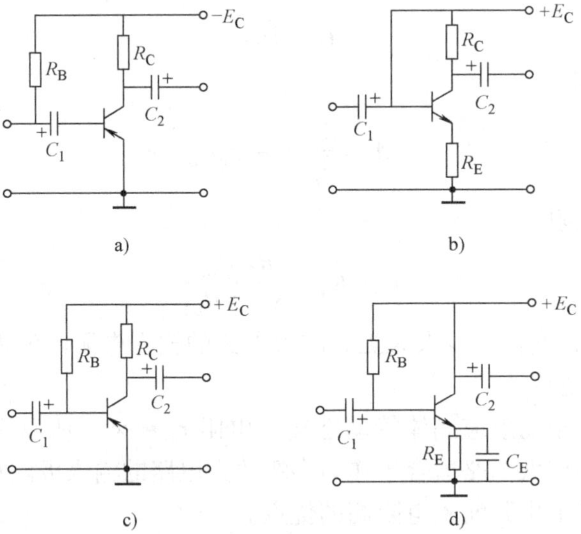

图2-31 习题2-4的图

2-5 放大电路如图2-32所示。晶体管的$\beta=66$，$E_C=24V$，$R_C=3.3k\Omega$，$R_E=1.5k\Omega$，$R_{B1}=33k\Omega$，$R_{B2}=10k\Omega$，$R_L=5.1k\Omega$。(1) 计算晶体管的输入电阻r_{be}；(2) 计算电压放大倍数；(3) 计算放大器输出端开路时的电压放大倍数；(4) 估算放大电路的输入电阻和输出电阻；(5) 将发射极交流旁路电容C_E除去，画出微变等效电路，并计算放大电路的输入电阻、输出电阻和电压放大倍数，说明发射极电阻R_E对电压放大倍数的影响。

2-6 放大电路如图2-33所示，晶体管的$\beta=80$，信号源内阻$R_S=600\Omega$，$R_{B1}=20k\Omega$，$R_{B2}=10k\Omega$，$R_C=5.1k\Omega$，$R_L=5.1k\Omega$，$R_F=100\Omega$，$R_E=2k\Omega$，$E_C=12V$，今测得$U_o=400mV$。试求：(1) 放大电路的输入电阻和输出电阻；(2) 信号源电动势E_S为多少？(3) 若使$R_F=0$，仍保持信号源电动势E_S不变，输出电压U_o将为多少？

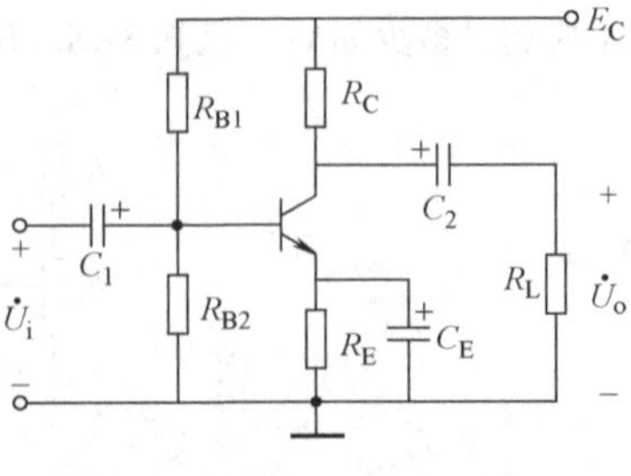

图2-32 习题2-5的图

2-7　已知电路参数如图 2-34 所示。求：（1）晶体管的 $\beta=30$ 时的静态工作点；（2）晶体管的 $\beta=60$ 时的静态工作点；（3）从以上计算结果可以得出什么结论？（提示：工作点与管子参数是否有关?）

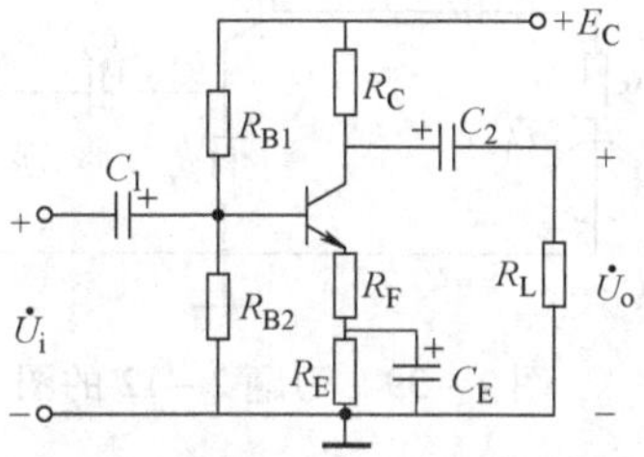

图 2-33　习题 2-6 的图

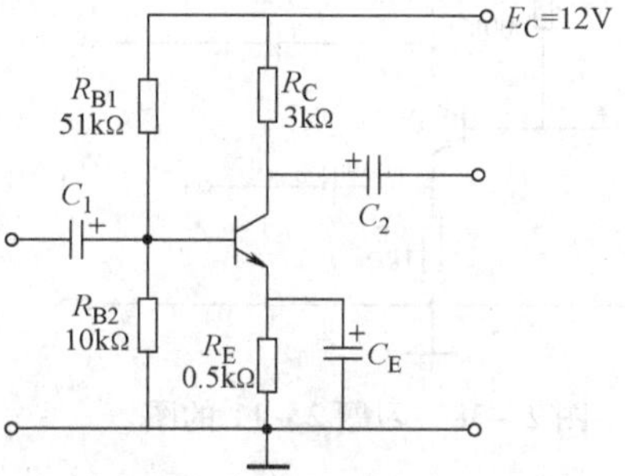

图 2-34　习题 2-7 的图

2-8　已知电路参数如图 2-35 所示。（1）估算静态工作点；（2）试说明静态工作点稳定的物理过程。

2-9　电流串联负反馈放大电路如图 2-36 所示。射极反馈电阻 $R_F=250\Omega$，$E_C=20V$，晶体管 $\beta=60$，$R_C=4.3k\Omega$，$R_{B1}=100k\Omega$，$R_{B2}=33k\Omega$，$R_E=3k\Omega$，$R_L=5.6k\Omega$。求：（1）画出放大电路的微变等效电路；（2）放大电路的输入电阻 r_i；（3）放大电路的电压放大倍数 A_{uf}；（4）说明输出电流 $\dot{I}_c$ 比较稳定的原因。

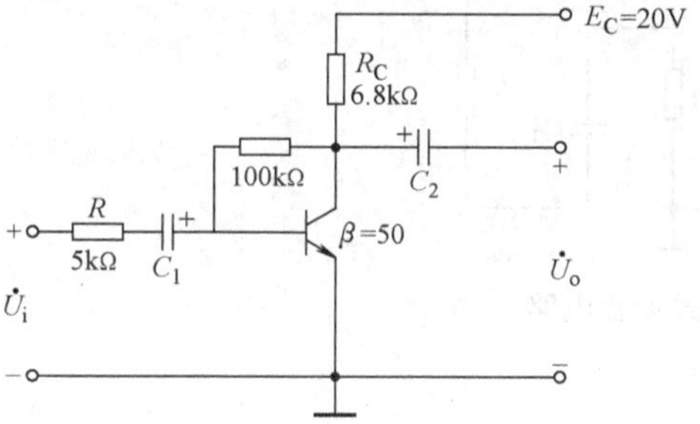

图 2-35　习题 2-8 的图

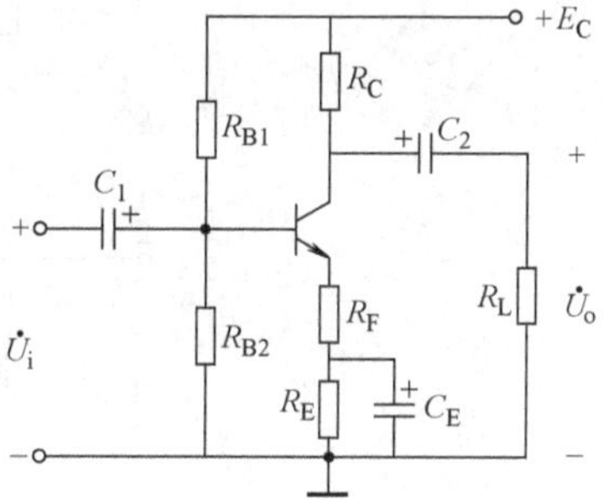

图 2-36　习题 2-9 的图

2-10　已知图 2-37 所示电路及参数值，设 $r_{be}=1.3k\Omega$。（1）当 $\beta=80$ 时，分别求出 $R_F=0$ 与 $R_F=0.2k\Omega$ 两种情况下的 r_i、r_o 和 A_u；（2）当温度升高且 $\beta'=1.5\beta$ 时，分别求出 $R_F=0$ 与 $R_F=0.2k\Omega$ 两种情况下的 r_i、r_o 和 A_u；（3）试比较（1）与（2）两种计算结果，说明 R_F 的作用。（提示：R_F 是否会使 A_{uf} 趋于稳定）

2-11　图 2-38 所示的电路能输出一对相位相反的电压，若已知 $r_{be}=1k\Omega$，$\beta=80$。求：（1）$A_{u1}=\dfrac{\dot{U}_{o1}}{\dot{U}_i}$ 和 $A_{u2}=\dfrac{\dot{U}_{o2}}{\dot{U}_i}$；（2）设两个输出端的负载电阻分别增加一倍，分别求两种情况下的电压放大倍数（即 $R_C=2k\Omega$，$R_E=1k\Omega$ 时的 A_{u1} 和 $R_E=2k\Omega$、$R_C=1k\Omega$ 时的 A_{u2}）。试分析输出电压哪个稳定，为什么？

2-12　在图 2-39 所示的射极输出器中，已知 $R_S=4k\Omega$，$R_B=240k\Omega$，$R_E=4k\Omega$，$\beta=50$，$r_{be}=2k\Omega$，$E_C=12V$，试求：（1）静态工作点；（2）电压放大倍数 A_u；（3）放大电路的输入电阻和输出电阻。

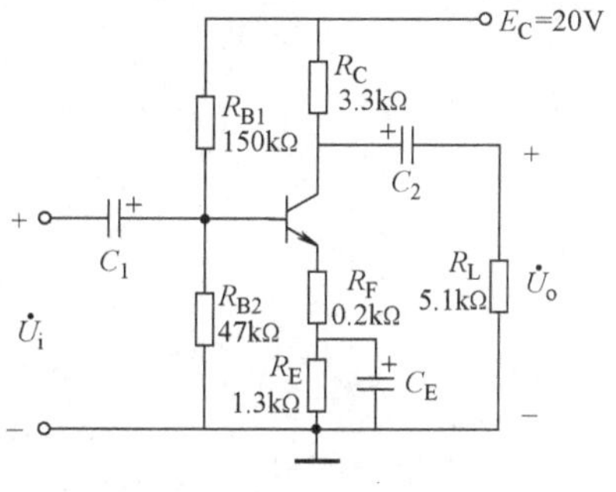

图 2-37　习题 2-10 的图

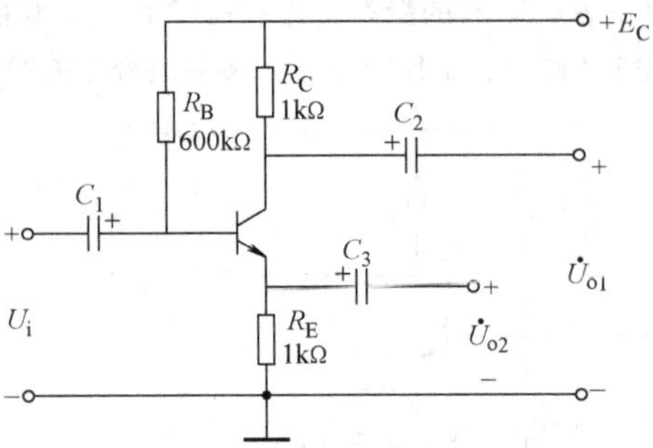

图 2-38 习题 2-11 的图

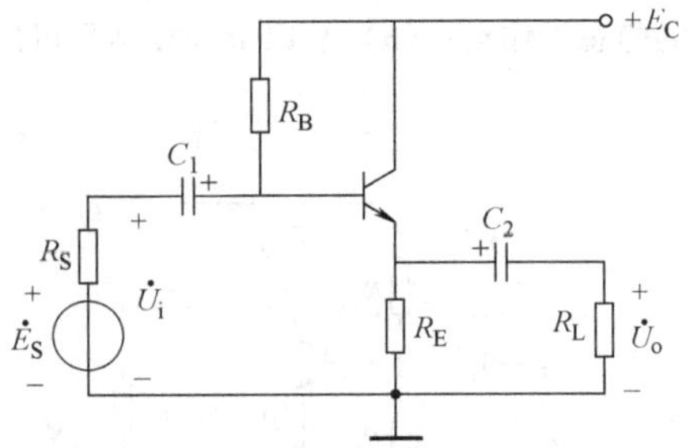

图 2-39 习题 2-12 的图

2-13 在图 2-40 所示的电路中，场效应晶体管为 N 沟道耗尽型，$I_{DSS}=1\text{mA}$，$U_{GS(off)}=-5\text{V}$，$g_m=1\text{mA/V}$，$E_D=20\text{V}$，$R_D=R_S=R_L=10\text{k}\Omega$，$R_{G1}=200\text{k}\Omega$，$R_{G2}=51\text{k}\Omega$，$R_G=1\text{M}\Omega$。

求：（1）静态值；（2）电压放大倍数；（3）输入电阻 r_i 和输出电阻 r_o。

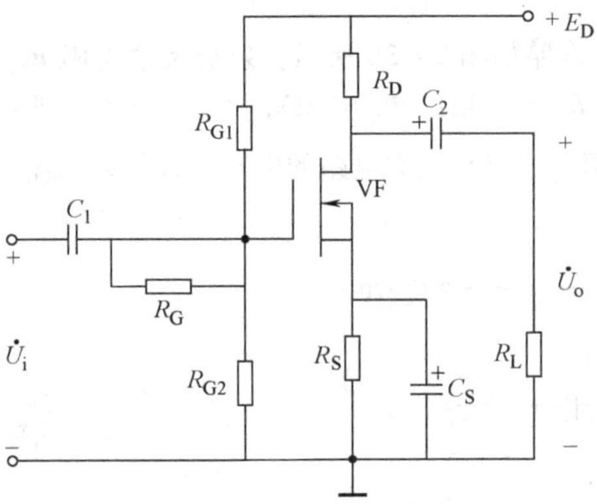

图 2-40 分压式偏置电路

第3章　多级放大电路

在实际应用中，由于基本放大电路的放大倍数有限，不能满足实际需要。为此，需要把几个交流放大电路连接起来，组成多级放大电路。图3－1所示为多级放大电路框图。

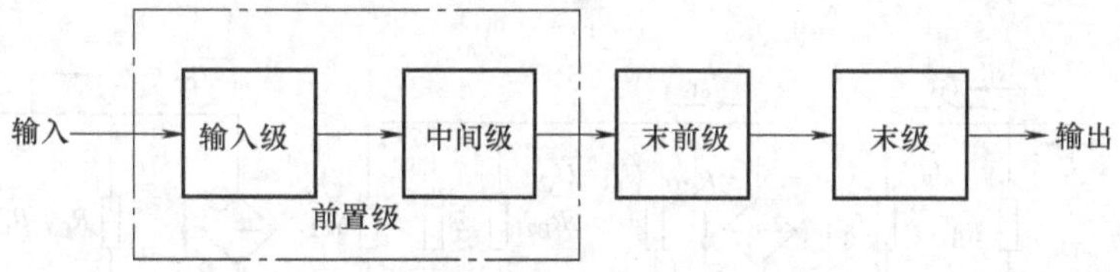

图3－1　多级放大电路框图

其中前置级主要用作电压放大，得到足够的电压信号后，再经过末前级和输出级的功率放大，得到负载所需要的功率。

在多级放大电路中，级与级之间的连接称为耦合。实现耦合的电路称为级间耦合电路，其任务是将前级信号传送到后级。对级间耦合电路的基本要求如下：

1）级间耦合电路对前后级放大电路静态工作点不产生影响。

2）级间耦合电路不会引起信号失真。

3）尽量减少信号电压在耦合电路上的压降。

多级放大电路中的耦合方式有三种，即阻容耦合、变压器耦合和直接耦合。

1）阻容耦合。在多级放大电路中，用电阻、电容构成耦合电路。

2）变压器耦合。用变压器构成的级间耦合。

3）直接耦合。即级间不需要耦合。

3.1　阻容耦合多级放大电路

图3－2a所示为两级阻容耦合放大电路。C_2 和后级放大电路的输入电阻为两级之间的耦合电容和电阻。由于 C_1、C_2 和 C_3 的“隔直传交”作用，级与级之间的直流被隔开，静态工作点互相独立，可以单独调整和计算。各电容对交流分量的容抗可以忽略，相当于短路。因此，它的微变等效电路如图3－2b所示。

由微变等效电路可见，第二级的输入电阻即为第一级的负载电阻，第一级的输出信号即为第二级的输入信号，因此两级放大电路总的电压放大倍数为

$$A_u = \frac{\dot{U}_o}{\dot{U}_i} = \frac{\dot{U}_o}{\dot{U}_{o1}}\frac{\dot{U}_{o1}}{\dot{U}_i} = A_{u1}A_{u2}$$

例3－1　电路如图3－2a所示，其参数为 $E_C = 12V$，$\beta_1 = 50$，$\beta_2 = 80$，$r_{be1} = 1.6k\Omega$，$r_{be2} = 1.4k\Omega$，$R_{B1} = 600k\Omega$，$R_{C1} = 7.5k\Omega$，$R_{B21} = 45k\Omega$，$R_{B22} = 15k\Omega$，$R_{C2} = 2k\Omega$，$R_{E2} = 1.2k\Omega$，$R_L = 3.9k\Omega$。

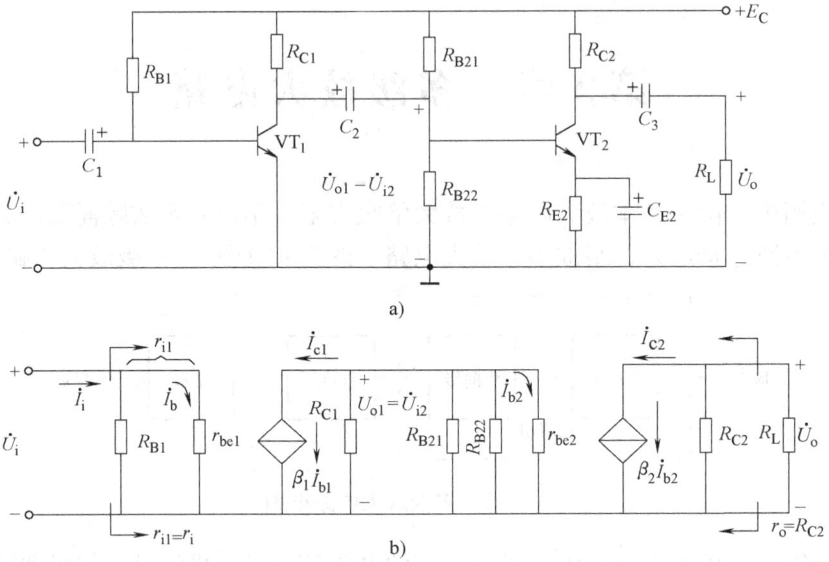

图 3－2　阻容耦合放大电路及其微变等效电路

a）两级放大电路　b）微变等效电路

求：（1）总电压放大倍数；（2）输入电阻；（3）输出电阻。

解：（1）由图 3－2b 所示的微变等效电路可见，第二级的输入电阻就是第一级放大电路的负载电阻

$$r_{i2}=\frac{\dfrac{R_{B21}R_{B22}}{R_{B21}+R_{B22}}\times r_{be2}}{\dfrac{R_{B21}R_{B22}}{R_{B21}+R_{B22}}+r_{be2}}\approx 1.4\text{k}\Omega$$

而
$$A_{u1}=\frac{\dot{U}_{o1}}{\dot{U}_i}=-\frac{\beta_1 R'_{L1}}{r_{be1}}=-\frac{50\times 1.2}{1.6}\approx -38$$

其中
$$R'_{L1}=\frac{R_{C1}r_{i2}}{R_{C1}+r_{i2}}\approx\frac{7.5\times 1.4}{7.5+1.4}\text{k}\Omega\approx 1.2\text{k}\Omega$$

$$A_{u2}=\frac{\dot{U}_o}{\dot{U}_{o1}}=-\frac{\beta_2 R'_{L2}}{r_{be2}}=-\frac{80\times 1.3}{1.4}=-74$$

$$R'_{L2}=\frac{R_{C2}R_L}{R_{C2}+R_L}=\frac{2\times 3.9}{2+3.9}\text{k}\Omega=1.3\text{k}\Omega$$

故总的电压放大倍数

$$A_u=A_{u1}A_{u2}=(-38)\times(-74)=2812$$

两级总电压放大倍数为正数，这表明 $\dot{U}_o$ 与 $\dot{U}_i$ 同相。

（2）从放大器的输入端看，多级放大电路的输入电阻就是第一级的输入电阻，即

$$r_i=r_{i1}=R_{B1}/\!/r_{be1}\approx r_{be1}=1.6\text{k}\Omega$$

（3）放大电路的输出电阻即为第二级的输出电阻

$$r_o=R_{C2}=2\text{k}\Omega$$

3.2　直接耦合多级放大电路

前面介绍的阻容耦合放大电路只能放大和传递交流信号，因此这种放大电路又称为交流放大电路。

当该电路输入变化缓慢乃至极性不变的电压信号时（又称直流电压信号），就会被耦合电容隔离而不能传递。因此要放大某些实际测量和自动控制系统中微弱的直流信号（如用热电偶测温或用压力传感器测量所得的毫伏级直流电压信号），必须采用直接耦合放大电路（又称直流放大电路）。

图3－3a）为两级直接耦合放大电路。

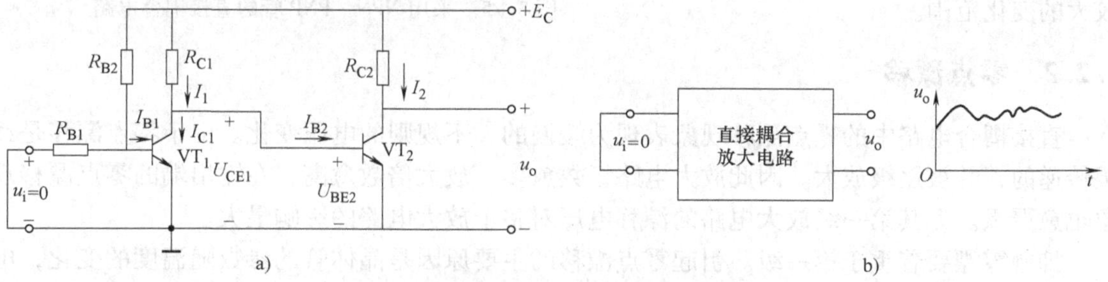

图3－3　直接耦合放大电路及其零点漂移现象

a）两级直接耦合放大电路　b）零点漂移

静态时（$u_i=0$），由于直接耦合，第一级集电极电阻 R_{C1} 中流过的电流等于 VT_1 管集电极电流与 VT_2 管基极电流之和。由此可见，两级的静态工作点是互相关联的。特别是 $U_{CE1}=U_{BE2}=0.7V$，这使 VT_1 管的静态工作点接近饱和区，正常线性放大范围很小。另外，当放大电路没有输入信号时，由于温度等因素影响，在输出端会出现变化缓慢的输出电压，产生偏离初始值的变化量，如图3－3b所示，这种现象称为零点漂移，零点漂移会影响放大电路的正常工作。

3.2.1　静态工作点的设置

直接耦合时，为使各级都有合适的静态工作点，常用的办法之一是提高后级的发射极电位，如在 VT_2 管发射极串联电阻、二极管或稳压管等。

（1）提高后级NPN型晶体管的发射极电位

图3－4给出了在 VT_2 管发射极串联稳压管的电路。稳压管VZ工作在稳压区，稳压值 U_Z 视电路需要确定。由于VT2管发射极电位提高到 U_Z，使两级都有合适的静态工作点。并且由于VZ工作在稳压区时动态电阻很小，对信号的分压作用也很小。

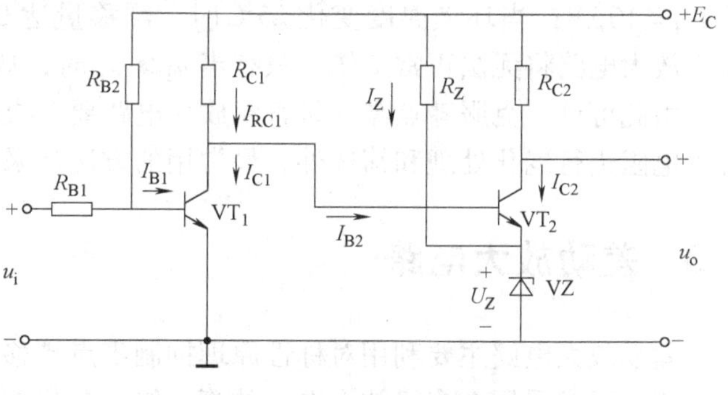

图3－4　改进的直接耦合电路

因此，基本不影响第二级的电压放大倍数。图中 R_Z 是稳压管的限流电阻，通过 R_Z 提供 VZ 正常工作所需的稳定电流。

(2) NPN 型和 PNP 型晶体管配合使用的直接耦合电路

图 3－5 所示是采用 NPN 型和 PNP 型晶体管配合使用的直接耦合电路。这种电路利用 NPN 型晶体管和 PNP 型晶体管电源极性相反的特点，将前级较高的集电极电压转移到后级的管子和负载电阻上去，输出电压有较大的变化范围。

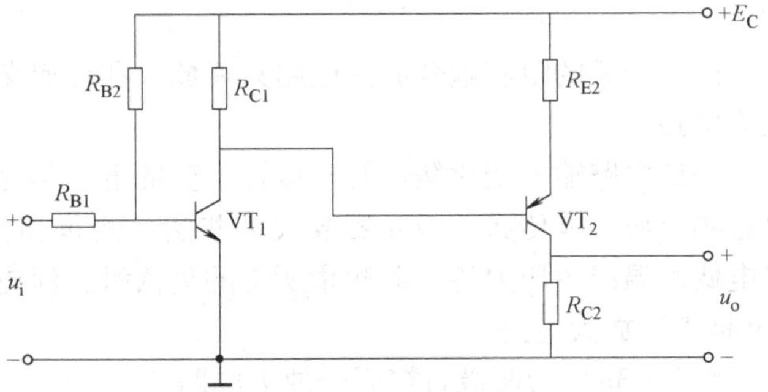

图 3－5　采用 NPN－PNP 管的直接耦合电路

3.2.2　零点漂移

直接耦合电路中的零点漂移现象表现为缓慢的、不规则的电压变化。由于零点漂移是逐级传递的，并被逐级放大。因此放大电路级数愈多，放大倍数愈高，在输出端的零点漂移现象也愈严重。尤其第一级放大电路的漂移电压对整个放大电路的影响最大。

抑制零漂要着重于第一级。引起零点漂移的主要原因是晶体管的参数随温度的变化，电源电压的波动，电路参数变化等。由于上述原因，无论是交流放大电路还是直流放大电路，静态工作点都不是绝对不变，而是移动的。在交流放大电路中有隔直电容，静态工作点变化量不能传递到下一级。在直流放大电路中，因为是直接耦合，静态工作点的缓慢变化量同需要放大的直流信号混在一起逐级传递，并被放大，因而直流放大电路即使没有输入信号，输出端的电压也不会稳定在初始值，而是随时间和温度的变化不断变化。因此零点漂移问题是直接耦合放大电路的一个突出问题。

为了衡量零点漂移的程度，通常将输出端的漂移电压折算到输入端，以便同输入电压信号比较。即

$$u_{id}=\frac{u_{od}}{A_u}$$

式中，u_{id}是输入端等效漂移电压；u_{od}是输出端漂移电压；A_u 是电压放大倍数。

显然，当输入信号 u_i 与漂移电压在一个数量级时，输入信号将被漂移信号所淹没，在放大电路的输出端，真假信号混杂在一起，很难分辨。例如，当温度变化 1℃时，放大电路的 $u_{id}=10\mu V$；当环境温度变化 25℃时，漂移量达 0.25mV。如果输入信号在毫伏级以下，那么放大电路将无法正常工作。只有当 $u_i \gg u_{id}$时，放大电路才能正常工作。

由此可见，克服零点漂移是直流放大电路要解决的主要问题。除采用稳压电源并对晶体管和电阻进行老化处理和筛选外，最常用的方法是采用差动放大电路。

3.3　差动放大电路

差动放大电路主要利用对称性原理抑制零点漂移，在直接耦合多级放大电路中得到了广泛应用，通常采用在多级放大电路的第一级，是集成运放的主要组成单元。

图3－6所示为基本差动放大电路。从结构上看，电路两边完全对称。不但对应的电阻元件参数相等，而且晶体管的型号和参数也相同。电路有两个输入端 u_{i1}、u_{i2}，有两个输出端 u_{o1}、u_{o2}，输出电压 $u_o = u_{o1} - u_{o2}$。

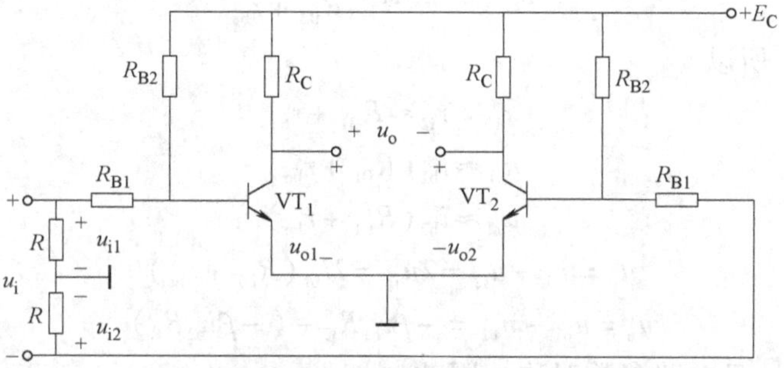

图3－6　基本差动放大电路

3.3.1　静态分析与零点漂移的抑制

由于差动放大电路中 VT_1 和 VT_2 所组成的单级放大电路是对称的，对电源来说是并联工作，静态分析时可按单管放大电路处理。在静态时，由于电路两边完全对称，所以两边静态集电极电流、电位都相同，即静态工作点相同。

$$I_{B1} = I_{B2}$$

$$I_{C1} = I_{C2}$$

$$V_{C1} = V_{C2}$$

当温度升高时，由于两管特性一致，集电极电流同时增加，且

$$u_o = \Delta V_{C1} - \Delta V_{C2} = 0$$

此时，虽然两个管子都产生了零点漂移，但由于是同向等量的漂移，所以两个管子的集电极电位仍然相等，则输出电压仍然为零，因此这种电路对零点漂移有很强的抑制作用。

基于相同的原因，该电路对于由电源电压波动、元件参数变化等原因所引起的漂移也同样有良好的抑制作用。

3.3.2　动态分析

有信号输入时，放大电路的微变等效电路如图3－7所示。

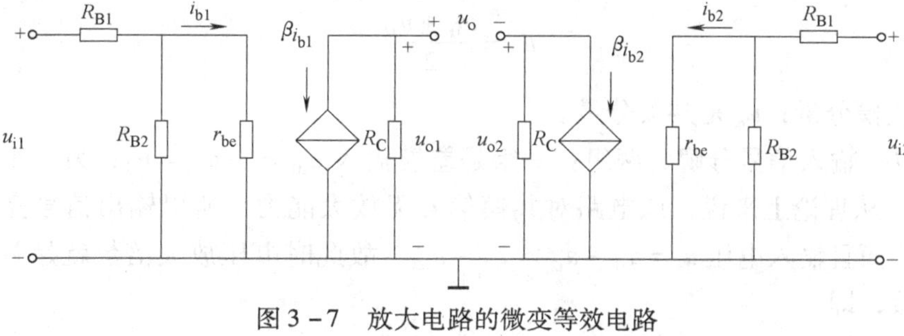

图3－7　放大电路的微变等效电路

电路有两个输入端，根据两输入端信号的大小和极性，可分成下述三种情况：

1）差模信号输入，两个信号大小相等而极性相反，即 $u_{i1}=-u_{i2}$。

由图3－7可见，放大电路每边输入电阻

$$r_{i1}=r_{i2}=R_{B1}+\frac{R_{B2}r_{be}}{R_{B2}+r_{be}}$$

通常 $R_{B2}\gg r_{be}$，所以

$$r_{i1}=r_{i2}\approx R_{B1}+r_{be}$$

$$u_{i1}\approx i_{b1}(R_{B1}+r_{be})$$

$$u_{i2}\approx i_{b2}(R_{B1}+r_{be})$$

$$u_i=u_{i1}-u_{i2}=2u_{i1}=2i_{b1}(R_{B1}+r_{be})$$

$$u_o=u_{o1}-u_{o2}=-\beta i_{b1}R_C-(-\beta i_{b2}R_C)$$

由于 $u_{i1}=-u_{i2}$，且电路参数对称，因此

$$u_o=-2\beta i_{b1}R_C$$

差模电压放大倍数

$$A_d=\frac{u_o}{u_i}=\frac{-2\beta i_{b1}R_C}{2i_{b1}(R_{B1}+r_{be})}=-\frac{\beta R_C}{R_{B1}+r_{be}}$$

由此可见，差模电压放大倍数与单管放大电路的电压放大倍数相同。

2）共模信号输入，即 $u_{i1}=u_{i2}$。

此时由于电路的对称性，$u_{o1}=-u_{o2}$，所以 $u_o=0$。可见差动放大电路在这种输出方式下，对共模信号没有放大作用，即共模电压放大倍数 $A_C=0$。

各种干扰信号，包括温度变化、电源波动等，由于它们对电路两边的影响是相同的，因此都可以等效地被看成共模输入信号。而且 A_C 为零恰好反映了差动放大电路有很强的抑制零点漂移的能力。

3）比较信号输入。此时两个输入信号的大小、极性都是任意的，这种输入方式可以分解为两种情况的组合，即

$$u_{i1}=u_d+u_c$$

$$u_{i2}=-u_d+u_c$$

其中

$$u_d=\frac{u_{i1}-u_{i2}}{2}$$

$$u_c=\frac{u_{i1}+u_{i2}}{2}$$

式中，u_d 是差模分量；u_c 是共模分量。

于是可以把输入信号分解为两组：一组是差模输入 $u_{d1}=-u_{d2}=u_d$；另一组是共模输入 $u_{c1}=u_{c2}=u_c$。从理论上来说，该电路对共模信号无放大能力，所以输出信号完全是由差模信号引起的，而且输入电压 $u_i=u_{i1}-u_{i2}=u_{d1}-u_{d2}$，故此时电压放大倍数就是差模输入时的电压放大倍数，即

$$A_u=\frac{u_{o1}-u_{o2}}{u_{i1}-u_{i2}}=A_d$$

3.3.3 典型差动放大电路

基本差动放大电路是利用电路的对称性来抑制零点漂移的。实际上，两个管子不可能完全对称，而且每只管子集电极的漂移并未受到抑制，若从单个管子的集电极和地之间输出信号（称为单端输出），则零点漂移仍然存在。因此单靠电路的对称性来抑制零点漂移还是不够的。

图3-8所示是改进了的差动放大电路，称为典型差动放大电路，也叫长尾电路。

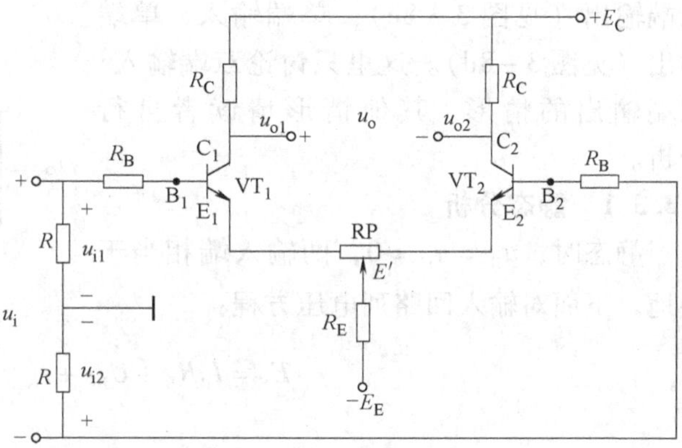

图3-8 典型差动放大电路

（1）发射极电阻 R_E 的作用

由前面对分压式偏置电路稳定静态工作点的分析可以知道，R_E 具有电流负反馈作用，可以稳定静态工作点，使输出电流基本不变，即它有抑制每个管子漂移的作用。

输入信号为共模信号时，当温度变化或电源电压波动使 I_{C1} 和 I_{C2} 增加时，将使电阻 R_E 上的电压 U_{RE} 增加，从而使 U_{BE1}、U_{BE2} 下降，并导致 I_{B1}、I_{B2} 减小，I_{C1}、I_{C2} 也随着自动减小，其过程如下：

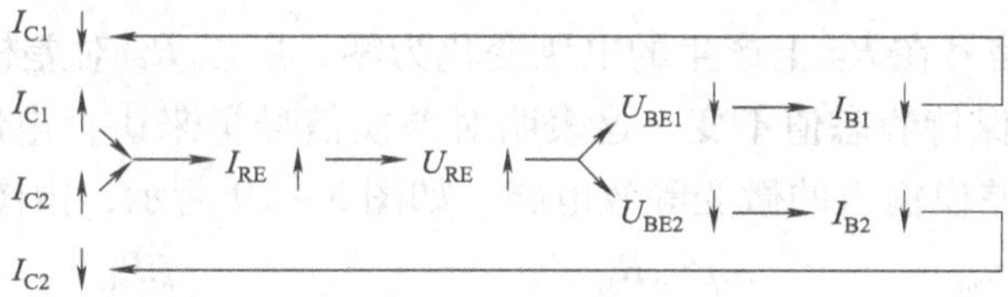

该过程表明。每个管子的漂移都得到了抑制，输出端的漂移也进一步减小。可见 R_E 增强了差动放大电路抑制零点漂移的能力。显然，R_E 阻值越大，对零点漂移抑制能力越强。由于 R_E 对共模信号具有负反馈作用，因此常称 R_E 为共模反馈电阻。

当差模信号输入时，由于输入信号大小相等、极性相反，所以流过 R_E 中的电流基本不变，因此 R_E 对差模信号不起负反馈作用，它不影响对差模信号的放大效果。

（2）发射极负电源 E_E 的作用

发射极负电源 E_E 是用来补偿 R_E 上的压降的。R_E 大有利于抑制零点漂移，但 R_E 增大，则发射极电位提高，造成 U_{CE} 下降，使电路的动态范围减小，影响放大能力。而负电源 E_E 可以降低发射极电位，就解决了这个问题。

（3）可调电位器 RP 的作用

RP 称为调零电位器。由于实际电路中，左右两边元件参数不可能完全对称，通过调整 RP 使两边的静态电流相同，双端输出时 $u_o=0$。值得注意的是，由于 RP 两边分别串入两管发射极回路，因此对差模信号有负反馈作用，故其阻值不宜过大，通常在几十欧到几百欧。

由于差动放大电路有两个输入端和两个输出端，所以共有四种接法（见图 3 - 9）：双端输入、双端输出（见图 3 - 8a）；双端输入、单端输出（见图 3 - 8b）；单端输入、双端输出（见图 3 - 8c）；单端输入、单端输出（见图 3 - 8d）。这里只讨论双端输入、双端输出的情形，其他情形请读者自行分析。

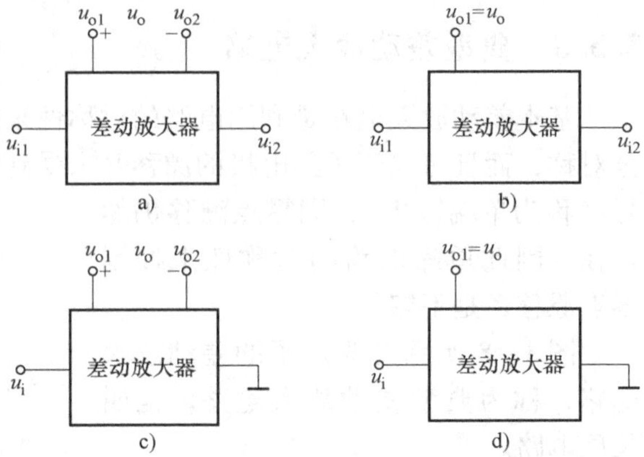

图 3 - 9　差动放大电路的输入输出方式

3.3.3.1　静态分析

静态时，$u_{i1}=u_{i2}=0$，两输入端相当于接地。下面对输入回路列电压方程：

$$E_E = I_B R_B + U_{BE} + I_E \times \frac{RP}{2} + I_{RE} R_E$$

即
$$E_E - U_{BE} = I_B R_B + (1+\beta) I_B \times \frac{RP}{2} + 2(1+\beta) I_B R_E$$

于是
$$I_B = \frac{E_E - U_{BE}}{R_B + (1+\beta)\frac{RP}{2} + 2(1+\beta)R_E}$$

3.3.3.2　动态分析

（1）差模信号

前面已述及差模信号在 R_E 上产生的电压变化为零，所以 R_E 对差模信号无负反馈作用。此时，R_E 中总电流仍保持静态值不变。这表明对差模信号量来讲，电路中的 E' 点相当于接“地”。由此可画出对差模输入的微变等效电路，如图 3 - 10 所示，由图可得

$$A_{d1} = \frac{u_{o1}}{u_{i1}} = \frac{-\beta i_{b1} R_C}{i_{b1}\ (R_B + r_{be})\ + i_{e1}\frac{RP}{2}} = -\frac{\beta R_C}{R_B + r_{be} + \ (1+\beta)\ \frac{RP}{2}} \qquad (3-1)$$

同理可得

$$A_{d2} = \frac{u_{o2}}{u_{i2}} = -\frac{\beta R_C}{R_B + r_{be} + (1+\beta)\frac{RP}{2}} = A_{d1}$$

双端输入、双端输出的差模电压放大倍数为

$$A_d = \frac{u_{o1} - u_{o2}}{u_{i1} - u_{i2}} = \frac{A_{d1} u_{i1} - A_{d2} u_{i2}}{u_{i1} - u_{i2}}$$

由于 $A_{d1} = A_{d2}$，故

$$A_d = \frac{A_{d1} u_{i1} - A_{d1} u_{i2}}{u_{i1} - u_{i2}} = A_{d1}$$

当两管集电极间接入负载电阻时

$$A_d = -\frac{\beta R'_L}{R_B + r_{be} + (1+\beta)\frac{RP}{2}}$$

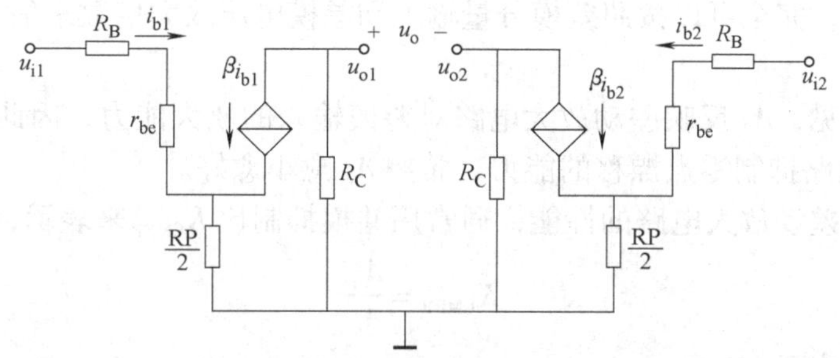

图3-10　典型差放在差模输入时的微变等效电路

式中，
$$R_L' = \frac{R_C \frac{RP}{2}}{R_C + \frac{RP}{2}}$$

这是因为在差模信号作用下，一管集电极电位增高的数值与另一管集电极电位降低的数值相等。因此，负载电阻 R_L 中点对于信号量来讲，相当于接“地”。

对于两个输入端之间的差模输入电阻
$$r_i = \frac{u_i}{i_i} = \frac{2i_b(R_B + r_{be}) + i_e RP}{i_b} = 2(R_B + r_{be}) + (1+\beta)RP$$

两管集电极之间的差模输出电阻
$$r_o = 2R_C$$

(2) 共模输入

在共模输入情况下，由于电路的对称性，必有 $u_{o1} = u_{o2}$，因此 $u_o = 0$。由于电阻 R_E 中流过的信号电流 $i_{RE} = 2i_e$，利用等效折合概念，可以把 R_E 加大一倍，将电路拆成两部分，于是可得出如图 3-11 所示的微变等效电路。

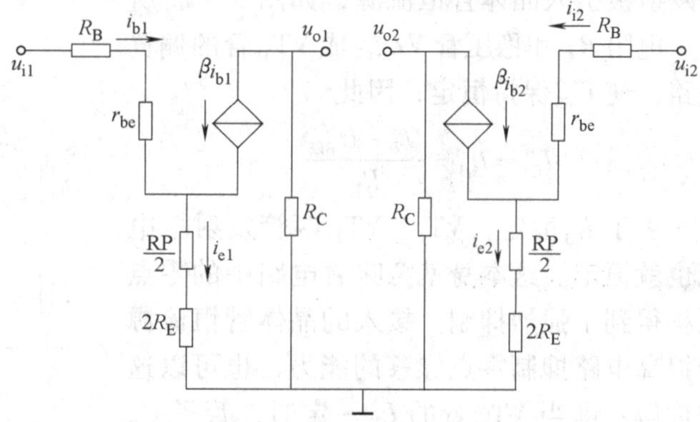

图3-11　典型差放在共模输入时的微变等效电路

由图可得
$$A_{c1} = \frac{u_{o1}}{u_{i1}} = \frac{-\beta i_{b1} R_C}{i_{b1}(R_B + r_{be}) + i_{e1}\frac{RP}{2} + i_{e1} \cdot 2R_E} = -\frac{\beta R_C}{R_B + r_{be} + (1+\beta)\frac{RP}{2} + 2(1+\beta)R_E}$$

通常上式分母中的前三项比第四项小得多，故
$$A_{c1} \approx \frac{-R_C}{2R_E} \tag{3-2}$$

同理可得
$$A_{c2} \approx \frac{-R_C}{2R_E}$$

比较式 (3-1) 和式 (3-2)，可见 $|A_{c1}| = |A_{c2}|$。

因此，不论是双端输出，或是单端输出，在近似估算时总是忽略共模输出。这就是说，在比较输入方式下，完全可以按照差模分量输入和差模电压放大倍数来估算单端输出电压以及双端输出。

由以上分析可见，A_d 反映差动放大电路对差模输入的放大能力，因此希望 A_d 大些。而 A_c 反映差动放大电路抑制零点漂移的能力，希望 A_c 愈小愈好。

为了全面衡量差动放大电路的性能，通常用共模抑制比 K_{CMRR} 来表示，其值为

$$K_{CMRR}=\frac{A_d}{A_c}$$

或用对数形式表示

$$K_{CMRR}=20\lg\frac{A_d}{A_c}$$

其单位为分贝（dB）。

显然，若电路两边完全对称，对于双端输出情况而言，$A_c=0$，故 $K_{CMRR}=\infty$，而实际上电路两边绝对对称是不可能的，因此 K_{CMRR} 不可能为无穷大。

3.3.4 具有恒流源的差动放大电路

为了提高共模抑制比，就应加大电路中的发射极电阻 R_E。但 R_E 太大又会使补偿电源 E_E 进一步提高，这是不经济的，因此增大 R_E 是受到限制的。解决的办法是在差动放大电路的发射极引入晶体管恒流源，如图 3－12 所示。电阻 R_Z 和稳压管 VZ 组成 VT_3 管的偏置电路，使 U_{B3} 保持恒定，因此

$$I_{C3}\approx I_{E3}=\frac{U_Z-U_{BE3}}{R_E}$$

由于 I_{C3} 恒定，VT_1、VT_2 两管发射极电流也就恒定。这本身就意味着电路中的零点漂移得到了强烈抑制。接入的晶体管恒流源能提高电路抑制零点漂移的能力，也可以这样理解：即当 VT_3 管的 I_{C3} 一定时，管子 C、E 极间的静态电阻 R_{CE3} 不大，而动态电阻 r_{ce3} 却很大，其值可达几十千欧到几兆欧。这样大的动态电阻显然可以大大提高该电路抑制零点漂移的能力。

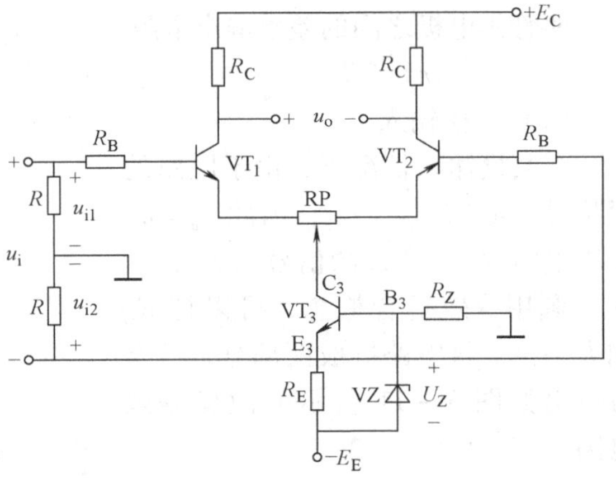

图 3－12 具有恒流源的差动放大电路

根据前面所介绍的方法，具有恒流源的差动放大电路的静态、动态分析方法，读者可自行分析。

3.4 功率放大电路

在自动控制、测量等应用领域中，往往要求放大电路的输出极能提供足够的输出功率，以便推动负载工作，例如推动电动机旋转、记录仪表动作、扬声器发声等。这种能够提供足够输出功率的放大电路称为功率放大电路。它的工作原理与前面介绍过的电压放大电路无本

质区别，都是利用晶体管的电流放大作用进行工作。所不同的是，电压放大电路是工作在小信号状态下，目的只是为了输出足够的电压，而功率放大电路是工作在大信号状态下，目的是为了输出足够大的功率。

传统的功率放大电路往往采用变压器耦合方式，它有便于实现阻抗匹配的优点，但有体积大、笨重的缺点。目前的发展趋势是尽量采用无输出变压器的功率放大电路（OTL）和无输出电容的功率放大电路（OCL）。

3.4.1　对功率放大电路的基本要求

对功率放大电路的基本要求是：

1）在晶体管的极限参数允许范围内，输出电压、电流的变化范围应尽量大。

2）由于功率放大电路中的晶体管是工作于大信号状态下，因此要尽量减小信号的非线性失真，以满足负载的要求。

3）由于输出功率较大，因此必须考虑提高效率。

为了提高功率放大电路的效率，则应尽量降低它的静态功耗。而静态功耗等于电源电压与晶体管静态电流的乘积，故降低静态功耗的途径在于降低 I_C。

根据静态工作点 I_C 的不同，放大电路的工作状态可分为三类，如图 3-13 所示。

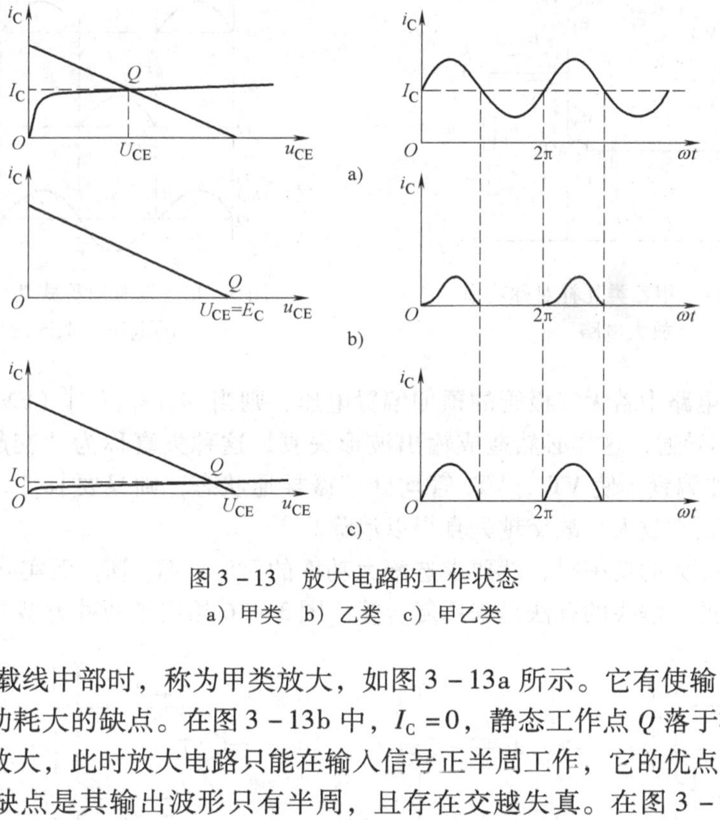

图 3-13　放大电路的工作状态
a）甲类　b）乙类　c）甲乙类

当 I_C 处于负载线中部时，称为甲类放大，如图 3-13a 所示。它有使输出信号不失真的优点，但有静态功耗大的缺点。在图 3-13b 中，$I_C=0$，静态工作点 Q 落于横轴上，这种工作状态称为乙类放大，此时放大电路只能在输入信号正半周工作，它的优点是静态功耗很小（近似为零），但缺点是其输出波形只有半周，且存在交越失真。在图 3-13c 中，I_C 不为零，但很小，这种工作状态称为甲乙类放大。它有静态功耗很小的优点，输出波形只有半周，但基本不失真。

在实际应用中，要综合考虑功率、效率和失真这三方面问题，下面要介绍的甲乙类互补对称功率放大电路就较好地解决了这些问题。

3.4.2 互补对称式功率放大电路

图3－14所示为甲乙类互补对称式功率放大电路（OCL）。VT_1为NPN型管，VT_2为PNP型管，两管虽然结构类型不同，但两管特性基本相同，都是采用射极输出。

静态时：$u_i=0$，调节R_1可使两管发射极电位$U_A=0$，所以$u_o=0$。但由于二极管VD_1、VD_2正向压降的偏置作用，使VT_1、VT_2管都处于微导通状态，但两管静态电流I_C均很小，故都工作在甲乙类放大状态。

动态时：由于二极管VD_1、VD_2动态电阻很小，因此它们对信号产生的压降均可忽略。当$u_i>0$时，使两管基极电位U_{B1}、U_{B2}都升高，从而使VT_1管继续导通，而VT_2管趋向截止，负载R_L获得正半周电压、电流。当$u_i<0$时，使U_{B1}、U_{B2}都下降，从而使VT_2管继续导通，VT_1管趋向截止，负载R_L获得负半周电压、电流。这样，两管轮流导通交替工作，从而使负载R_L获得了完整的不失真波形（见图3－15）。

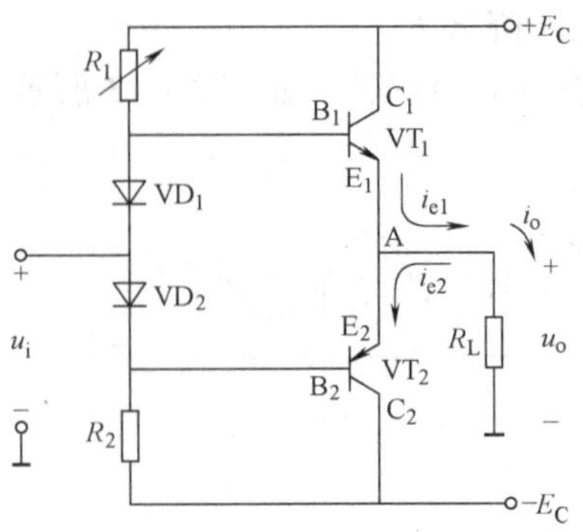

图3－14 甲乙类互补对称功率放大电路

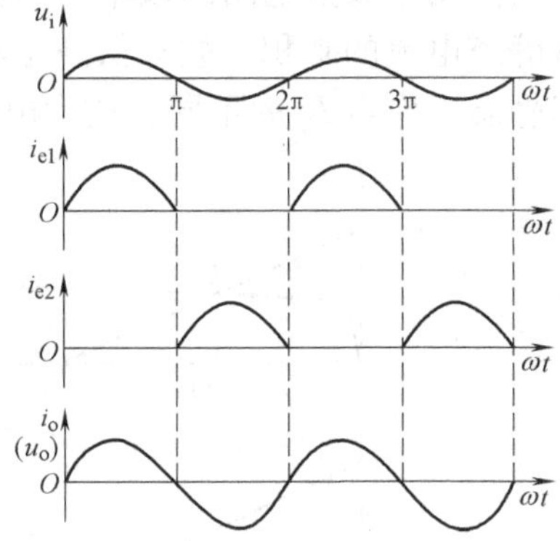

图3－15 互补对称式功率放大电路的电压、电流波形

应当指出，电路中若无二极管的预加偏置电压，则当$|u_i|<|U_T|$（PN结死区电压）时VT_1、VT_2管均不导通，这样必然造成输出波形失真，这种失真称为“交越失真”。而有了VD_1、VD_2的预加偏置，使VT_1、VT_2管均处于微导通状态，则只要$|u_i|>0$，VT_1、VT_2管即可交替工作，正常放大，故交越失真得以消除。

当负载要求更大的功率时，就要求选配大功率的VT_1、VT_2管。而实际上，选配大功率对管是难以实现的，解决的办法是采用复合管。图3－16给出了两种类型的复合管。

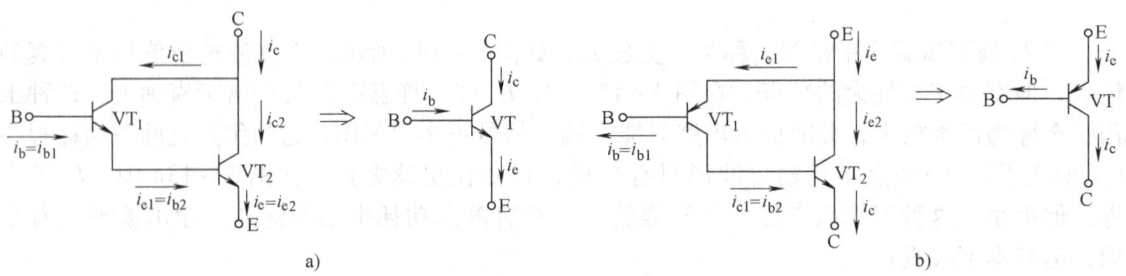

图3－16 复合管

图3－16a所示是用两个NPN型晶体管构成的复合管，图3－16b所示是用一个PNP型管和一个NPN型管组成的复合管。由图可见，复合管的类型与VT_1管的类型相同。下面以图3－16a为例分析复合管的电流放大系数。

$$\begin{aligned} i_c &= i_{c1}+i_{c2}=\beta_1 i_{b1}+\beta_2 i_{b2}=\beta_1 i_{b1}+\beta_2 i_{e1} \\ &=\beta_1 i_{b1}+\beta_2(1+\beta_1)i_{b1}=(\beta_1+\beta_2+\beta_1\beta_2)i_{b1} \\ &\approx\beta_1\beta_2 i_{b1}=\beta_1\beta_2 i_b \end{aligned}$$

可见复合管的电流放大系数为

$$\beta=\frac{i_c}{i_b}\approx\beta_1\beta_2$$

采用复合管提高了电流放大系数，因而可以提高功率放大电路的输出功率。此外，采用复合管还较好地解决了大功率晶体管的配对问题。在图3－16所示的复合管功率放大电路中，VT_1、VT_2是一对小功率晶体管，容易选配，而VT_3、VT_4是同类型大功率晶体管，也比较容易选配。

在图3－17所示的复合管互补对称功率放大电路中，二极管VD_1、VD_2及电阻R_3为VT_1、VT_2、VT_3管发射极提供偏置电压，使它们均处于临界导通状态，以消除交越失真。调节R_1可使静态输出为零，即$U_A=0$。

复合管的缺点是穿透电流较大，由图3－17可见，复合管的穿透电流为

$$I_{CEO}\approx I_{CEO2}+\beta_2 I_{CEO1}$$

为了减小I_{CEO}，在图3－17电路中接入了电阻R_{E1}和R_{C2}，目的是对VT_1、VT_2管的穿透电流分流，从而使复合管总的I_{CEO}下降。但应指出，R_{E1}、R_{C2}对VT_1、VT_2管的信号电流也有分流作用，因而使复合管的电流放大系数下降。为限制复合管的β的下降程度，R_{E1}、R_{C2}不宜太小，一般为几十欧至几百欧。

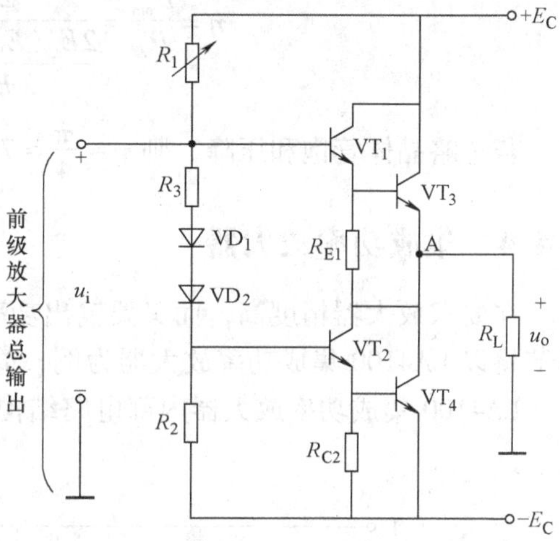

图3－17 复合管互补对称功率放大电路

3.4.3 功率放大电路的输出功率和效率

功率放大电路所能输出的最大功率及其效率是功率放大电路的重要技术指标。

以图3－18所示的功率放大电路为例，由于负载电阻R_L上所能获得的正弦电压最大幅值为

$$U_{om}=E_C-U_{CES}$$

故负载电压有效值为

$$U_o=\frac{E_C-U_{CES}}{\sqrt{2}}$$

负载上能获得的最大功率为

$$P_{om}=\frac{U_o^2}{R_L}=\frac{(E_C-U_{CES})^2}{2R_L}$$

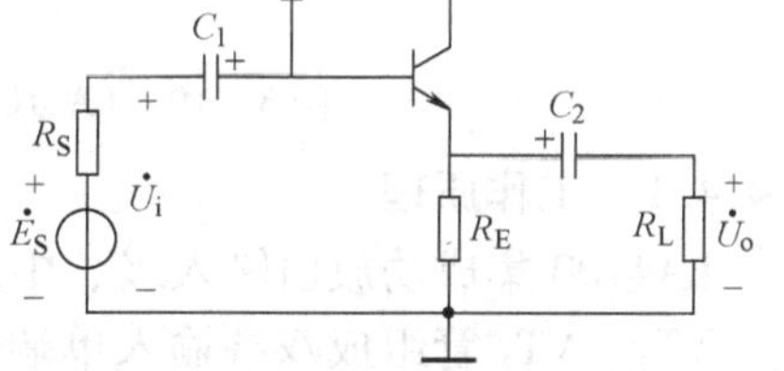

图3－18 功率放大电路

式中，U_{CES}是晶体管饱和压降。

负载流过的电流为

$$i_o = \frac{E_C - U_{CES}}{R_L}\sin \omega t$$

这个电流正是电源所提供的电流，由此可求得电源所消耗的平均功率为

$$P_E = \frac{1}{\pi}\int_0^{\pi}\left(\frac{E_C - U_{CES}}{R_L}\sin\omega t \cdot E_C\right)d\omega t$$

$$= \frac{2E_C(E_C - U_{CES})}{\pi R_L}$$

此时功率放大电路的效率为

$$\eta = \frac{P_{om}}{P_E} = \frac{\dfrac{(E_C - U_{CES})^2}{2R_L}}{\dfrac{2E_C(E_C - U_{CES})}{\pi R_L}} = \frac{\pi(E_C - U_{CES})}{4E_C}$$

若忽略晶体管饱和压降，则 $\eta \approx \frac{\pi}{4} \approx 78.5\%$，其余的能量消耗在晶体管上。

3.4.4 集成功率放大器

在要求放大器精度高，而又要输出功率大的场合，最好的方法是采用集成功率放大器。本节将以 LA4100 集成功率放大器为例，简要介绍集成功放的原理和应用。

LA4100 集成功率放大器内部电路结构和引脚图如图 3 – 19 所示。

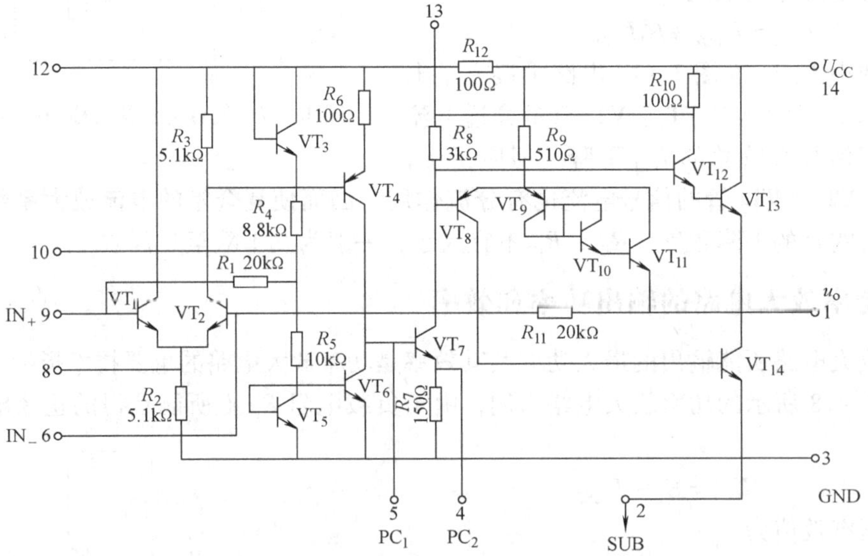

图 3 – 19 LA4100 集成功率放大器内部电路结构和引脚图

3.4.4.1 工作原理

LA4100 集成功放由输入级、中间级和输出级三部分组成。

VT_1、VT_2 管组成双端输入单端输出的差动输入级。VT_1 的直流偏置电路由 VT_3、R_4 和 VT_5 组成，VT_3 接成二极管形式。R_5、VT_5 又与 VT_6 构成基本镜像恒流源，该恒流源一方面

给 VT_4 作为有源负载，另一方面给 VT_3、R_4 提供一个恒流，使 R_4 和 R_5 之间的直流电压稳定为 $U_{CC}/2$，并通过 R_1 接到 VT_1 的基极。VT_2 的直流偏置则由输出端的静态直流电压 $U_{CC}/2$ 通过 R_{11} 接入。因 $R_1=R_{11}$，故 VT_1、VT_2 的基极电流相同，静态时处于平衡状态。R_2 为 VT_1、VT_2 的射极共模电阻，R_3 为 VT_2 的集电极负载电阻。9 脚为同相输入端，6 脚为反相输入端。

VT_4、VT_7 串联构成中间级。VT_4 为电压放大级，VT_5、VT_6 镜像恒流源作为它的集电极有源负载，R_3 和 R_6 作为其直流偏置电路。射极电阻 R_6 提高了 VT_4 放大级的输入阻抗。VT_4 采用有源负载后，可提供给 VT_7 足够幅值的输入信号。R_7 为 VT_7 的射极电阻。R_{10} 为自举隔离电阻，经 13 脚外接大电容以完成自举功能。5、4 脚外接防震电容，以稳定 VT_7 管。

集成功放工作时，为了增大输出电压的动态范围，获得最大的输出功率，晶体管 VT_7 的集电极不是接在电源 U_{CC} 上，而是通过外接电容与输出端相连（见图 3－20）。静态时，该电容被充电；在输入交流信号后，由于此外接电容的容量足够大，其上的直流电压在工作中可认为不变，这样，VT_7 的集电极电位将随着输出电压的增大而抬高，即可获得所谓的自举效应。自举效应提高了晶体管 VT_7 的供电电压，加大了输出驱动管的驱动信号，使电路的输出可以接近或达到最大的理想摆幅值 $U_{CC}/2$，从而实现最大的功率输出。

VT_8、VT_{14}、VT_{12}、VT_{13} 组成互补推挽输出级，VT_9、VT_{10}、VT_{11} 组成偏置电路，使推挽输出级工作在甲乙类状态，以减少交越失真。

R_{11} 将 VT_2 的基极与输出端相连，除给 VT_2 提供直流偏置外，还构成了 100% 的直流电压负反馈，保证了输出直流工作点稳定在 $U_{CC}/2$，其反馈调节过程如下：

设由于某种原因使输出端静态电位增加到大于 $U_{CC}/2$，有一正的增量，则有：

$$U_O\uparrow \longrightarrow U_{B2}\uparrow \longrightarrow I_{C2}\uparrow \longrightarrow U_{B4}\downarrow \longrightarrow U_{EB4}\uparrow \longrightarrow I_{C4}\uparrow \longrightarrow I_{B7}\uparrow$$

$$U_O\downarrow \longleftarrow U_{E8}\downarrow \longleftarrow I_{E8}\uparrow \longleftarrow I_{B8}\uparrow \longleftarrow U_{EB8}\uparrow \longleftarrow U_{C7}\downarrow \longleftarrow I_{C7}\uparrow$$

同样，如果由于某种因素使输出端电位下降，则通过负反馈调节后，使输出端电位增加。

3.4.4.2　主要技术指标

1）电源电压 $U_{CC}=6V$。

2）静态电流 $I_{CCO}\leqslant 2.5mA$。

3）输出功率 $P_o=1W$（接 4Ω 负载）或 $P_o=0.6W$（接 8Ω 负载）。

4）输入阻抗 $r_i\geqslant 20k\Omega$。

5）最高闭环电压放大倍数 $G_{OL}=70dB$。

LA4100 功放作为 OTL 应用时的接线方法如图 3－20 所示。

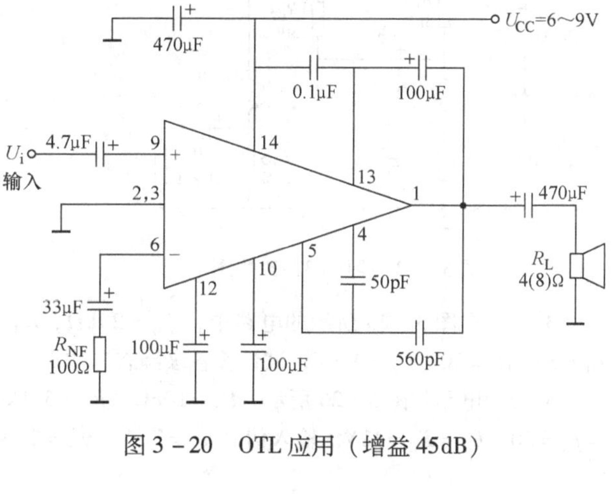

图 3－20　OTL 应用（增益 45dB）

6、2 脚接的电阻 R_{NF} 决定了闭环电压放大倍数：

$$\left(1+\frac{R_{11}}{R_{NF}}\right)\approx\frac{20\times10^3}{100}=200$$

12、10 脚外接去耦滤波电容；

4、5 脚和 5、1 脚之间接相位补偿电容 50pF 和 560pF；

2 脚内接衬底，要求处于所有引脚的最低电位，通常内部 2 脚已与 3 脚相连；

7、8、11 脚为空脚。

习　题

3-1　已知两级阻容耦合放大电路参数如图 3-21 所示。求：（1）画出微变等效电路；（2）晶体管输入电阻 r_{be1} 及 r_{be2}；（3）每级放大电路的输入电阻 r_{i1}、r_{i2}；（4）各级电压放大倍数 A_{u1}、A_{u2} 及总电压放大倍数 A_u；（5）若信号源内阻 $R_S=600\Omega$，$E_S=8\mu V$，估算放大电路的输出电压 $U_o=$？

3-2　在图 3-22 所示电路中，已知晶体管 $\beta_1=\beta_2=50$，信号源内阻 $R_S=1k\Omega$，$e_S=10\sin6280t$（mV）；电路其他参数已标于图中。求：（1）计算各级静态工作点；（2）画出微变等效电路；（3）放大电路的输入电阻和输出电阻；（4）各级电压放大倍数及总电压放大倍数；（5）写出输出电压 u_o 的瞬时表达式；（6）前级采用射极输出器有何好处？

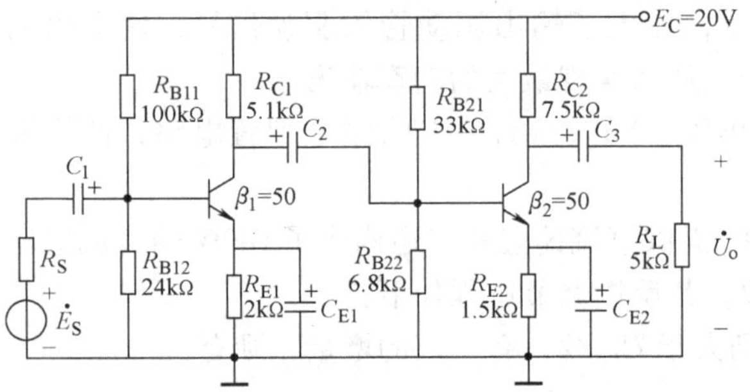

图 3-21　习题 3-1 的图

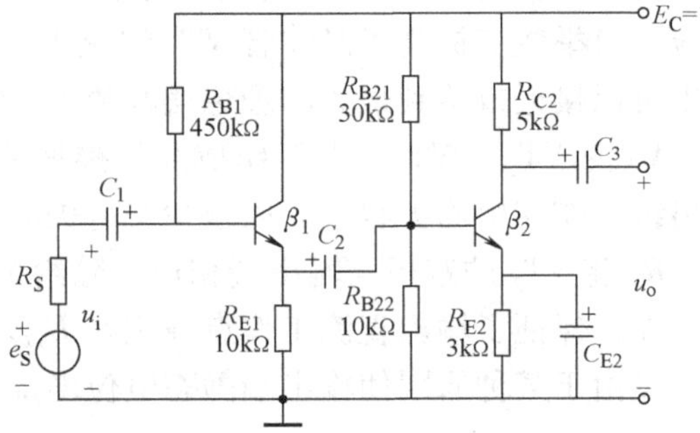

图 3-22　习题 3-2 的图

3-3　多级电压放大电路及参数如图 3-23 所示。求：（1）各级静态工作点；（2）画出微变等效电路；（3）各级电压放大倍数及总电压放大倍数；（4）末级采用射极输出器有何优点？

3-4　在多级放大电路中，为了提高放大电路的带负载能力，常用射极输出器作为输出级，如图 3-24 所示，已知 $E_C=20V$，$R_{B1}=33k\Omega$，$R_{B2}=8.2k\Omega$，$R_C=10k\Omega$，$R_F=390\Omega$，$R_{E1}=3k\Omega$，$R_B=200k\Omega$，$R_{E2}=5.1k\Omega$，$R_L=5.1k\Omega$，$\beta_1=\beta_2=40$，$r_{be}=1k\Omega$。求：（1）各级静态工作点；（2）画出微变等效电路；（3）各级放大倍数和总的放大倍数；（4）放大器的输入电阻和输出电阻。

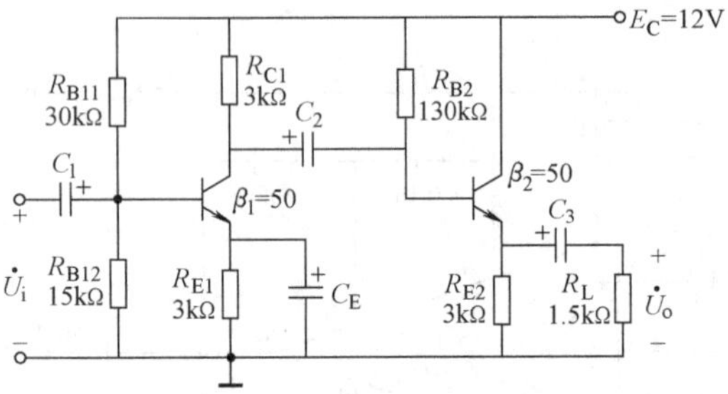

图 3-23　习题 3-3 的图

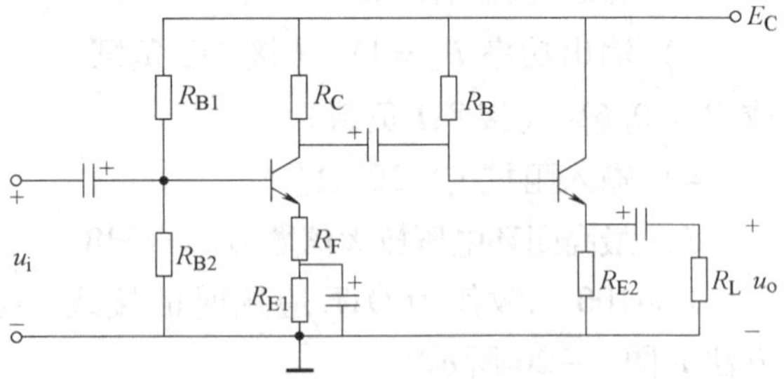

图 3-24　习题 3-4 的图

3-5　在图 3-25 所示的电路中，$R_{B1}=20k\Omega$，$R_{B2}=150k\Omega$，$R_{C1}=3.3k\Omega$，$R_{C2}=0.75k\Omega$，$E_C=12V$，$\beta_1=50$，$\beta_2=30$，$U_Z=4.3V$，试计算各级静态工作点。

3-6　电路如图 3-26 所示。$R_B=10k\Omega$，$R_C=5.1k\Omega$，$R_E=10k\Omega$，RP $=100k\Omega$，$r_{be1}=r_{be2}=2.5k\Omega$，$\beta_1=\beta_2=50$，$E_C=E_E=12V$。输入信号 $u_{i1}=7mV$，$u_{i2}=3mV$。求：

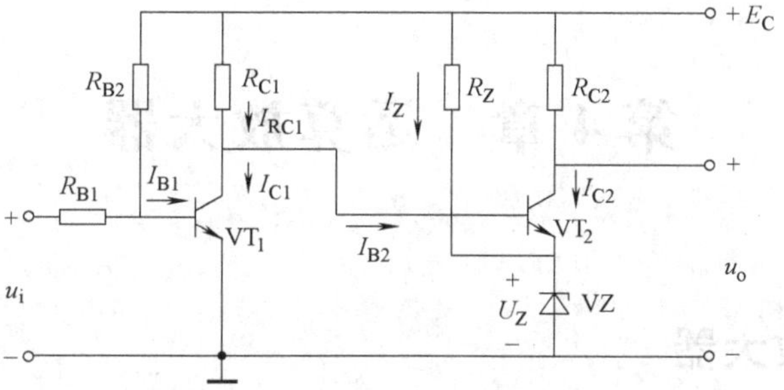

图3－25　习题3－5的图

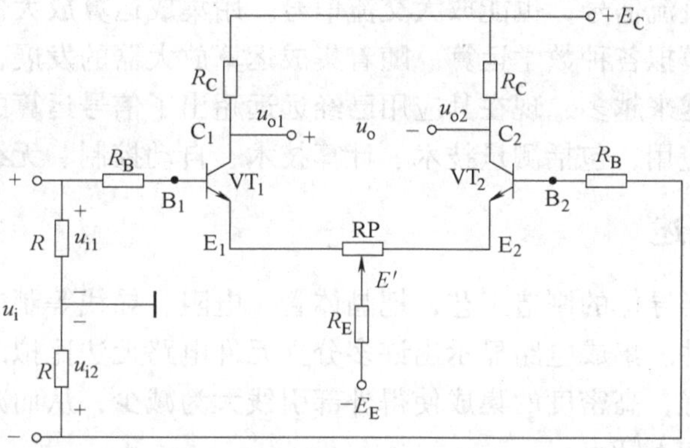

图3－26　习题3－6的图

（1）计算静态电流 I_{B1}、I_{B2}、I_{C1}、I_{C2}，集电极电位 U_{C1}、U_{C2}和射极电位 U_{E1}、U_{E2}；

（2）输入差模分量 u_d 和共模分量 u_c；

（3）差模电压放大倍数 A_{d1}、A_d 和 VT_1 管输出差模分量 u_{o1d}；

（4）共模电压放大倍数 A_{C1} 和 VT_1 管输出共模分量 u_{o1c}；

（5）单端总输出 u_{o1}；

（6）双端输出 u_o。

3－7　在图3－27所示的电路中，电源 $E_C=10V$，负载 $R_L=10\Omega$，设 $U_{CES}=1V$，求：

（1）负载能获得的最大功率是多少？此时功率放大电路的效率是多少？

（2）若输入正弦电压信号有效值 $U_i=5V$，求负载获得的功率及电路效率。

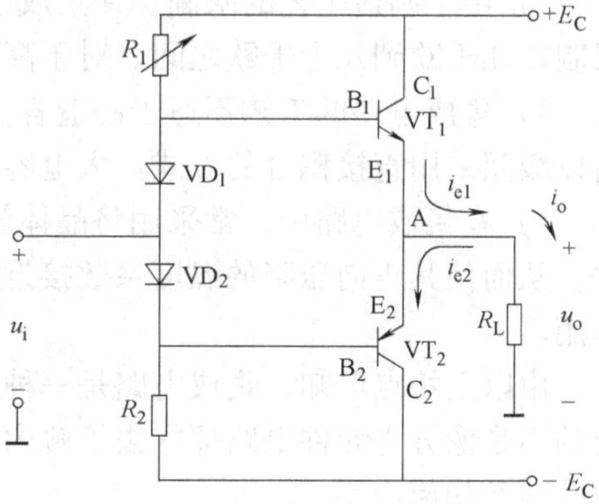

图3－27　习题3－7的图

第4章　运算放大器

4.1　集成运算放大器

集成运算放大器（以下简称运放）是一种采用直接耦合的高增益的多级放大电路，它既能放大缓慢变化的直流信号，也能放大交流信号。用集成运算放大器及其反馈网络，可以组成各种运算电路，模拟各种数学运算。随着集成运算放大器的发展，集成运算放大器的性能不断改善，种类也越来越多，现在其应用已经远远超出了信号运算的范围，在电子技术的很多领域都有广泛的应用，包括测量技术、计算技术、自动控制、无线电通信等。

4.1.1　集成电路概述

集成电路是应用半导体的制造工艺，把晶体管、电阻、导线等制造在一块半导体基片上的不可分割的固体器件。集成电路显示出许多分立元件电路无法比拟的优点，它体积小、重量轻、功耗小、特性好，高密度的集成使得外部引线大为减少，从而减少了故障，提高了可靠性。集成电路具有如下特点：

1）由于所有元件同处于一块硅片上，距离非常接近，因此对称性很好，适用于要求对称性高的电路，例如前面讨论的差动放大电路。

2）由于制造工艺的限制，在集成电路中制造阻值较高和较低的电阻有一定困难，通常限制在几千欧到几十千欧之间。对于高阻值，常采用晶体管有源元件来代替。

3）集成电路的工艺不适于制造容量在几十皮法以上的电容器，至于电感就更困难了，所以级间采用直接耦合的方式。大电容采取外接的方法。

4）在集成电路中，常采用将晶体管的集电极与基极短接后用发射结来代替二极管的方法，从而使其正向压降的温度系数接近于同类晶体管 U_{BE} 的温度系数，具有较好的温度补偿作用。

由以上特点可知，集成电路是一种元件密度高、特性好的固体组件。对使用者来说，重要的不是像分立元件电路那样去了解内部电路的每一个细节，而是了解每种型号的功能、外部接线及如何应用。

按功能分，集成电路分为数字集成电路和模拟集成电路两大类，本节所讲的线性集成运算放大器是模拟集成电路的一种。

4.1.2　集成运算放大器的电路组成

集成运算放大器内部是一个具有高放大倍数的多级直接耦合放大电路，它有两个输入端和一个输出端，其内部电路由四部分组成，包括输入级、中间级、输出级和偏置电路，如图4－1所示。

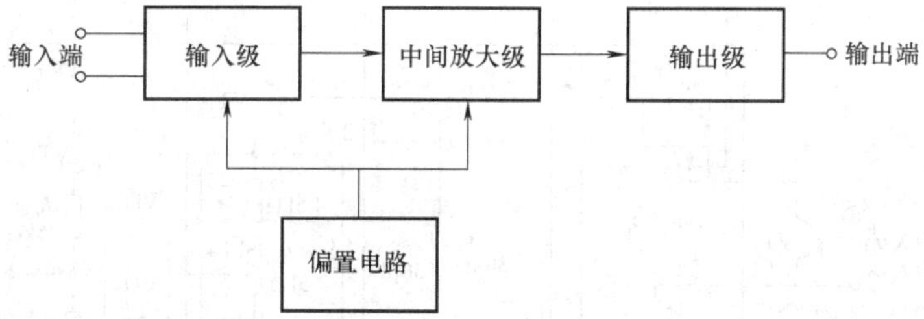

图4-1　集成运算放大器的结构框图

1）输入级：是运算放大器内部电路的第一级，通常采用差动放大电路，具有很强的抑制共模信号的能力，差模放大倍数大，输入电阻高。

2）中间级：主要进行电压放大，电压放大倍数应尽量大，一般由若干级共发射极（或共源极）放大电路组成。

3）输出级：是运算放大器内部电路的最后一级，要求其电压输出范围大，输出电阻小，负载驱动能力强，多采用互补对称电路或射极输出器。

偏置电路的作用是为上述的各级放大电路设置静态工作点，一般采用各种形式的电流源电路。

常见的集成运算放大器F007（5G24或μA741），是属于第二代集成电路中有代表性的产品，是目前国内外最常用的集成运放之一。图4-2a所示为F007的内部电路原理图。它包含19个晶体管，两个二极管和9个电阻。整个电路由四部分组成：输入级、偏置电路、中间放大级和输出级，如图4-2b所示。

输入级：VT_1、VT_2是共集电极电路，和VT_3、VT_4的共基极电路组成共集—共基复合差动放大电路。VT_5、VT_6和VT_7组成晶体管恒流源负载，VT_8、VT_9组成偏置电路。这样的设计安排有许多优点：

1）输入电阻较大。

2）允许输入的差模电压较大。

3）差模电压增益高。

4）共模抑制比K_{CMRR}高。

中间放大级：VT_{16}、VT_{17}组成复合管共射放大电路，VT_{13}是有源负载，VT_{15}和R_7、R_8给输出级提供固定偏压。本级可以获得很高的电压放大倍数。

输出级VT_{14}和VT_{18}、VT_{19}组成互补对称输出级，VD_1、VD_2和R_9、R_{10}配合起来实现输出短路保护，由于输出级工作在射极输出状态，故有较小的输出阻抗，从而可带动较大的负载。

偏置电路：VT_{10}和VT_{11}组成微电流源，供给VT_9参考电流。VT_{12}、VT_{13}组成基本恒流源电路，供给中间级参考电流。

F007的符号及外部接线图如图4-3a所示，其外形和引脚图如图4-3b所示。

引脚2为反相输入端，用“-”表示，引脚3为同相输入端，用“+”表示。引脚6为输出端。引脚7、4分别接正、负电源。引脚1、5接调零电位器。引脚8、9接补偿电容。引脚10、11、12为空脚。

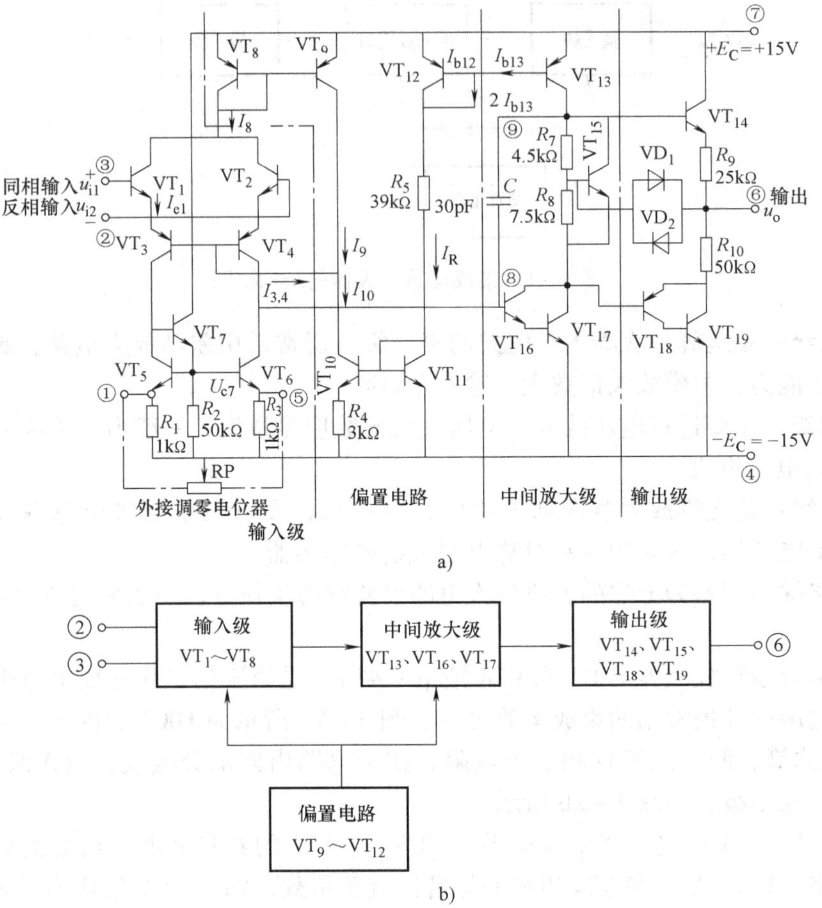

图 4－2　F007 电路原理图和框图

a）电路图　b）框图

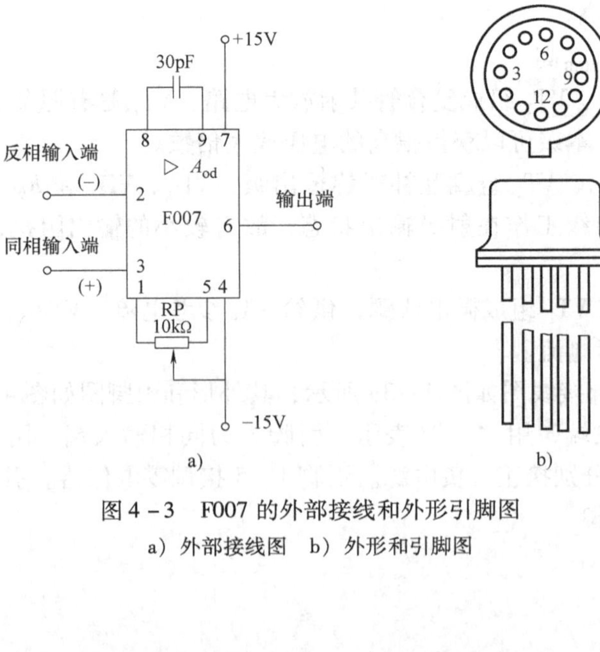

图 4－3　F007 的外部接线和外形引脚图

a）外部接线图　b）外形和引脚图

目前普遍使用的μA741外部接线图及引脚图如图4-4所示。μA741为八脚双列直插式芯片。引脚2为反相输入端，引脚3为同相输入端，引脚6为输出端，引脚7、4分别接正、负电源，引脚1、5接调零电位器，8脚为空脚。

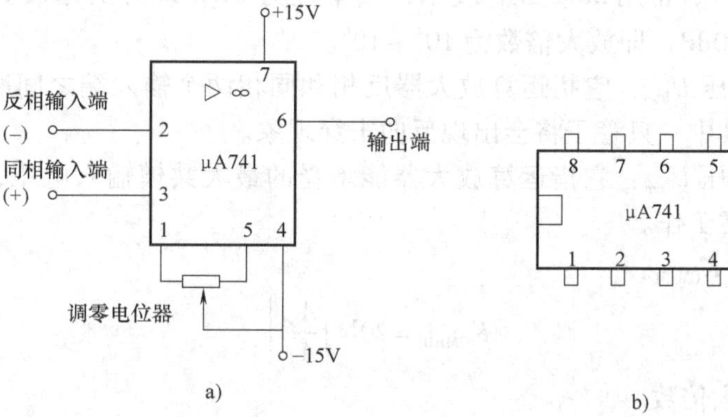

图4-4　μA741外部接线图及引脚图
a）外部接线图　b）引脚图

4.1.3　主要技术指标

部分集成运算放大器的主要技术指标见表4-1。

表4-1　部分集成运算放大器的主要技术指标

品种类型 \ 参数	通用型	高速型	高阻型	高压型	低功耗型	高精度型	宽带型	超高压大电流型
型号	F007C	F715	F3130	BG315	F013C	F714	F1520	3583
输入失调电压 U_{OS}/mV	2	2	2	10	2	10	5	3
输入失调电流 I_{OS}/nA	100	70	5×10^{-4}	200	50	0.3	30	
输入基极电流 I_B/nA	300	400	0.005	500	200	0.7	0.8	0.02
U_{OS}温漂 dU_{OS}/dT(μA/℃)	20		10	10	5	0.2	2	25
I_{OS}温漂 dI_{OS}/dT(μA/℃)	1			0.5		5×10^{-6}		
开环差模增益 A_{od}/dB	94	80	110	90	94	110	70	118
共模抑制比 K_{CMRR}/dB	80	92	90	80	80	126	90	110
输入共模电压 U_{icm}/V	±12	±12	0.5~12	±32	±12		±3	
输入差模电压 U_{idm}/V	±30		±8		±6			
差模输入电阻 r_{id}/MΩ	1	1	1.5×10^{6}	0.5	0.5	80	2	105
最大输出电压 U_{opp}/V	±8~±12		13.3	±32	±10		±4	±140
−3dB带宽 f_h/Hz	7				80		2×10^{6}	60
静态功耗 P_0/mW	120	165			6		120	
转换速率 SR/V·(μs)$^{-1}$	0.5	100	30			0.25	35	30
输出电阻 r_o/Ω	200	75		500	200		50	
电源电压范围/V	±9~±18	±15	5~16	±36	±3~±15		±6~±8	±50~±150
输出电流/mA			±2.5~±8					75

对表4－1中部分参数说明如下：

1）开环差模增益 A_{od}：它指无反馈电路时所测出的差模放大倍数 $A_{od} = |\Delta U_o/\Delta(U_- - U_+)|$，常用 $20\lg|A_{od}|$ 表示，其单位为dB，理想的运放其 A_{od} 应为无穷大。一般 A_{od} 约为80～120dB，即放大倍数为 $10^4 \sim 10^6$。

2）输入差模电压 U_{idm}：它指运算放大器反相和同相两个输入端之间所能承受的最大电压值，超过此值，其中一只管子将会出现反向击穿现象。

3）输入共模电压 U_{icm}：它指运算放大器能承受的最大共模输入电压，超过 U_{icm} 值，运算放大器就不能正常工作。

4）共模抑制比 K_{CMRR}：

$$K_{CMRR} = 20\lg\left|\frac{A_{od}}{A_{oc}}\right|$$

式中，A_{oc} 是共模放大倍数。

5）最大输出电压 U_{opp}：它指运算放大器在不发生失真的情况下的最大输出电压，又称为饱和电压。

6）输入失调电压 U_{OS} 和输入失调电压温漂 dU_{OS}/dT：在运算放大器中，由于差动输入级两边的元件参数不可能完全对称，当输入信号为零时，输出并不为零。输入失调电压 U_{OS}（Offset Voltage）是指为了使输出电压为零，在输入端所需外加的补偿电压，其值越小越好，一般为几个毫伏。常用外加调零电位计进行补偿。

U_{OS} 反映了运放输入级的不对称程度，由于 U_{OS} 通常主要是由输入级差动放大器两晶体管的 U_{BE} 失配引起的，而 U_{BE} 是温度的函数，因此 U_{OS} 也是温度的函数。

输入失调电压温漂 $\frac{dU_{OS}}{dT}$ 是表示 U_{OS} 受温度影响的指标，它是衡量运算放大器温漂的重要指标。

7）输入失调电流 I_{OS} 和失调电流温漂 dI_{OS}/dT：输入失调电流 I_{OS} 是指运放在静态时两输入端输入偏置电流之差，即 $I_{OS} = |I_{B1} - I_{B2}|$，也是一个反映差动输入级不对称程度的指标。显然其值越小越好。$\frac{dI_{OS}}{dT}$ 与 $\frac{dU_{OS}}{dT}$ 意义相同。

8）输入基极电流 I_B：它指运算放大器在静态时，两个输入端输入基极电流的平均值：

$$I_B = \frac{I_{B1} + I_{B2}}{2}$$

9）差模输入电阻 r_{id}：运算放大器在差模信号输入时输入电阻 r_{id} 一般非常大，高质量的都在兆欧级。

10）－3dB带宽 f_h：即运算放大器使用时的上限频率。

11）转换速率 SR：用以表明运算放大器对大幅度变化信号的适应能力，用下式表示：

$$SR = \left|\frac{dU_o}{dt}\right|_{max}$$

从表4－1还可看出，除了通用型F007之外，运算放大器还有几种专用类型：高速型、高阻型、高压型、低功耗型、高精度型、宽带型及超高压大电流型等。

4.2　理想运算放大器

4.2.1　图形符号

为便于分析计算，通常将集成运放看成是理想运算放大器。根据国家标准，理想运算放大器的图形符号如图 4－5 所示。

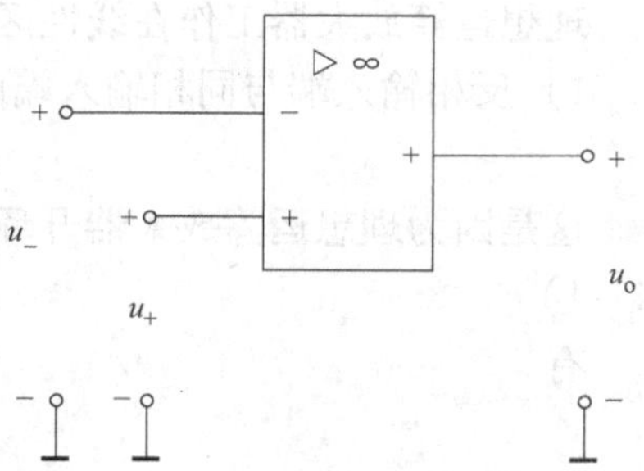

图 4－5　理想运算放大器的图形符号

这里省略了其他引线，只画出两个输入端和一个输出端，其中标记“－”的为反相输入端，标记“＋”的为同相输入端，输出端也标有“＋”号。“∞”表示开环电压放大倍数满足理想化条件，框内三角形表示放大器输入。

理想运算放大器的性能指标如下：

1）开环电压放大倍数 $A_{od}\to\infty$。

2）差模输入电阻 $r_{id}\to\infty$。

3）输出电阻 $r_o\to 0$。

4）共模抑制比 $K_{CMRR}\to\infty$。

5）输入偏置电流 $I_{B1}=I_{B2}\approx 0$；输入失调电压 U_{OS}、失调电流 I_{OS} 以及它们的温漂 dU_{OS}/dT、dI_{OS}/dT 均为零，且无任何干扰与噪声。

6）上限频率 $f_h\to\infty$。

如果输入电压从同相输入端对公共地端输入时，则输出电压与输入电压同相；如果从反相输入端输入，则输出电压与输入电压反相；如果两个输入电压同时从反相输入端和同相输入端输入，则输出电压的相位由两个输入电压综合决定。因此运算放大器有反相输入、同相输入和双端差动输入三种输入方式。

4.2.2　运算放大器的电压传输特性和工作区域

表示运算放大器输出电压 u_o 与输入电压 $(u_+ - u_-)$ 之间关系的特性曲线称为电压传输特性，如图 4－6 所示。特性曲线分为线性区和非线性区（或称饱和区）。

4.2.2.1　线性区

当运算放大器工作在线性区时，输入电压和输出电压满足线性关系，即

$$u_o = A_{od}(u_+ - u_-) \tag{4-1}$$

由于运算放大器的开环差模增益 A_{od} 非常大，可达几十万倍，所以它的线性区非常窄。如果输出电压最大值 $\pm U_{opp}=\pm 12\text{V}$，放大倍数 $A_{od}=5\times10^5$，那么只有当输入信号 $|(u_+ - u_-)|<24\mu\text{V}$ 时，电路才会工作在线性区，

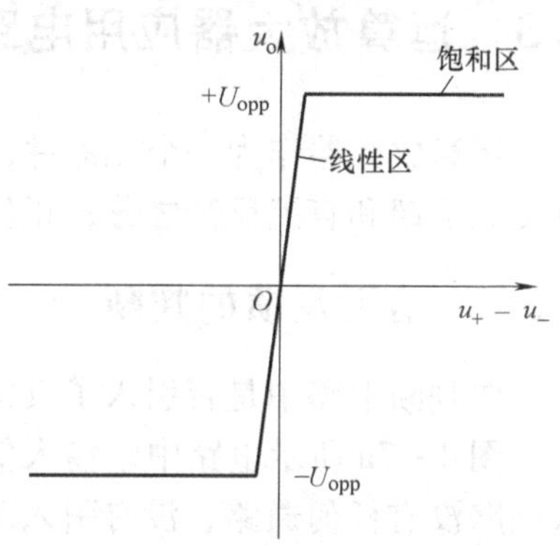

图 4－6　运算放大器的电压传输特性

否则输出级就将工作在正向饱和或负向饱和状态，输出电压不是 $+U_{opp}$ 就是 $-U_{opp}$。由于干扰的影响，很难使运算放大器在开环时处于线性工作状态。

为了使运算放大器工作在线性区，电路中必须引入负反馈，以减小其净输入电压（$u_+ - u_-$），使输出电压不超过线性范围。因此，可以通过观察电路是否引入了负反馈，来判断运算放大器是否能工作在线性区。

理想运算放大器工作在线性区时，有两个重要特点：

1）反相输入端与同相输入端电位近似相等

$$u_+ \approx u_- \tag{4-2}$$

这是因为理想运算放大器开环电压放大倍数 $A_{od} \to \infty$，而输出电压 u_o 为有限值，故由式（4－1）

有

$$u_+ - u_- = \frac{u_o}{A_{od}} \approx 0$$

即

$$u_+ \approx u_-$$

2）反相输入端和同相输入端输入电流近似为零

$$i_+ = i_- \approx 0 \tag{4-3}$$

这是因为理想运算放大器开环差模输入电阻 $r_{id} \to \infty$，且净输入电压近似为零的缘故。

应当特别指出，以上两个重要特点是分析运算放大器工作在线性区时输入和输出关系的基本依据。对于实际运算放大器来说，只要 A_{od} 和 r_{id} 足够大，这种近似也足够准确。

4.2.2.2 饱和区

当运算放大器处于开环工作状态或引入了正反馈时，则工作在饱和区，即只要有很小一点输入电压，输出就会达到正饱和电压 $+U_{opp}$ 或负饱和电压 $-U_{opp}$。

运放工作在饱和区时，输入电压和输出电压不再有线性关系，式（4－1）不成立。

理想运放工作在非线性区时，也有两个重要特点：

1）输出电压 u_o 只有两种可能，当 $u_+ > u_-$ 时，$u_o = +U_{opp}$；当 $u_+ < u_-$ 时，$u_o = -U_{opp}$。

2）由于 $r_{id} \to \infty$，两个输入端的输入电流仍近似为零。

4.3 运算放大器应用电路中的反馈

运算放大器作为一个元器件，用它组成的电路是多种多样的，但就反馈类型来说，仍然有交流反馈和直流反馈之分；正反馈和负反馈之分。负反馈的四种方式也一样存在。

4.3.1 有无反馈的判断

要判断电路中是否引入了反馈，关键是看输出端和输入端之间是否存在反馈通路。

图 4－7a 所示电路中，输入信号 u_i 作用于放大电路，得到输出电压 u_o，而输出端到输入回路没有任何通路，没有引入反馈，这是一种开环工作状态。

在图 4－7b、c 所示电路中，R_2 形成了输出和输入间的通路，因而有反馈存在。

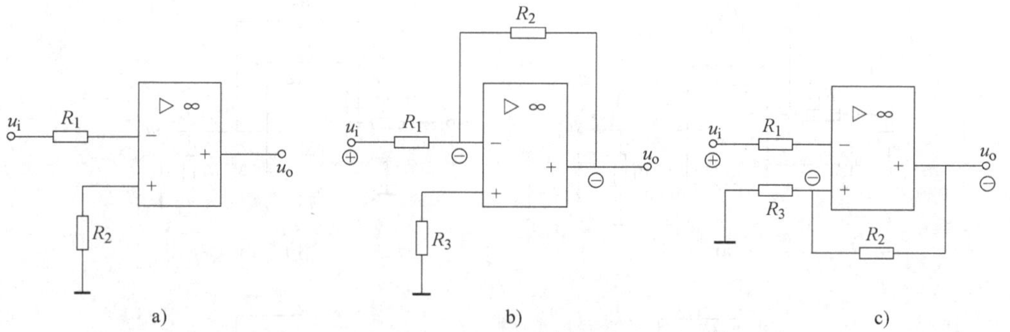

图 4 -7　判断有无反馈

4.3.2　交流反馈和直流反馈的判断

首先要分清电路中的交流通路和直流通路，再看各通路中是否有反馈通路连接输出和输入回路，是否影响净输入量。

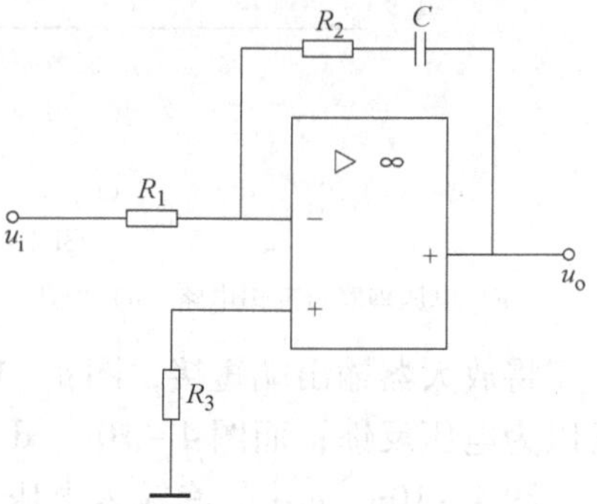

图 4 -8　存在交流反馈

在图 4 -8 所示的电路中，R_2C 支路仅是交流通路，所以电路中只存在交流反馈，而不存在直流反馈。

图 4 -9a 中的直流通路和交流通路分别如图 4 -9b、c 所示，由图 4 -9b 不难看出存在直流反馈；图 4 -9c 中，由于 R_1 被 C 短接，反相输入端接地，输出信号不会影响净输入信号，故没有交流反馈。

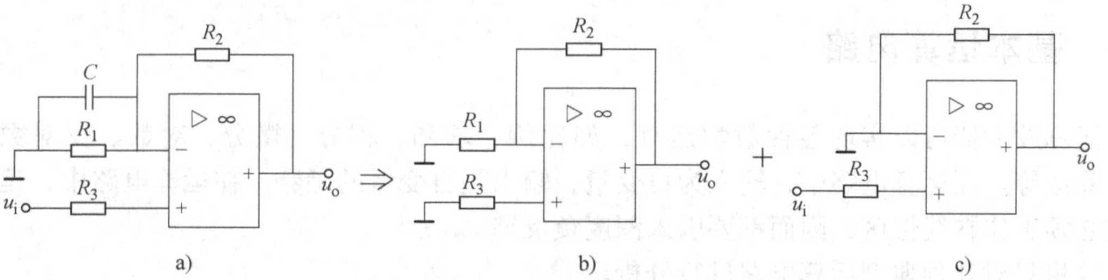

图 4 -9　交、直流反馈的判断

4.3.3　正负反馈的判断

判断正负反馈仍然可以用瞬时极性法。例如图 4 -7b 中，设 u_i 输入电压瞬时极性对地为正，则输出端极性为负，反馈到反相输入端极性也为负，R_1 上压降增加，纯输入量减小，因此该电路引入了负反馈。

在图 4 -7c 中，设 u_i 瞬时极性为正，则输出极性为负，反馈到同相输入端也为负，输入量 u_i 加上 R_3 上产生的反馈电压，净输入量增加了，因此该电路引入了正反馈。

4.3.4　反馈类型的判断

图 4 -10 给出了运算放大器四种负反馈电路的不同形式，判断方法如下：

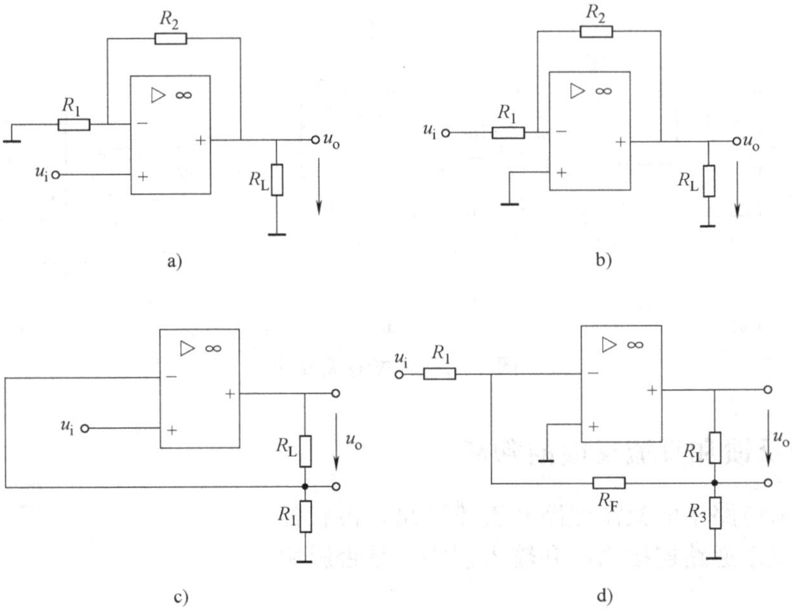

图 4－10 负反馈电路的四种不同形式

a）电压串联负反馈电路 b）电压并联负反馈电路 c）电流串联负反馈电路 d）电流并联负反馈电路

将放大器输出端短接，图 4－10a、b 反馈信号随之为零，说明反馈信号取自输出电压，所以为电压反馈；而图 4－10c、d 反馈信号依然存在，说明电路引入的是电流反馈。

图 4－10a、c 中，净输入电压$|(u_+ - u_-)|$是输入电压与 R_1 上反馈压降的叠加，故为串联反馈；而图 4－10b、d 中净输入电流是输入电流与反馈电流的叠加，故为并联反馈。

4.4 基本运算电路

运算放大器可以实现各种数学运算，如比例、求和、积分、微分、对数、反对数、乘法、除法等。在运算电路中，输入为自变量，输出是自变量的函数。在运算电路中，运算放大器必须工作在线性区，因而都要引入深度负反馈。

这里只对几种典型运算电路进行分析。

4.4.1 比例运算电路

4.4.1.1 反相输入电路

图 4－11 所示为一反相输入比例运算电路。输入电压 u_i 经 R_1 从反相输入端输入，同相输入端经 R_2 接地，R_F 为反馈电阻，跨接于输出端与反相输入端之间。

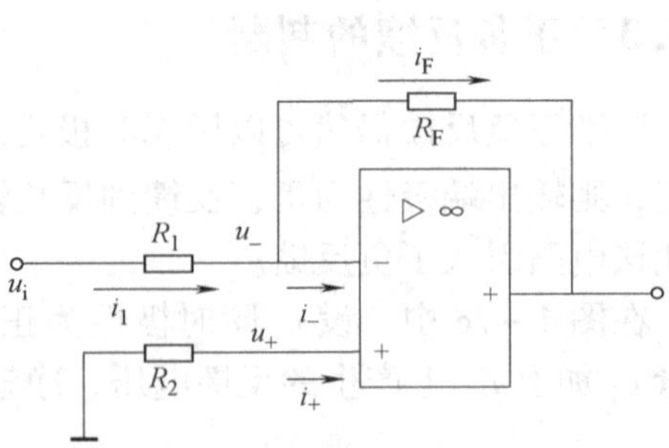

图 4－11 反相输入比例运算电路

通过前面的分析判断，这是一个电压并联负反馈电路。由图可知

$$i_1 = i_- + i_F$$

由于 $$i_- = i_+ \approx 0$$

所以 $$i_1 \approx i_F$$

又因 $$u_+ \approx u_-$$

而 $$u_+ = -i_+ R_2 \approx 0$$

所以 $$u_- \approx 0$$

即反相输入端近似为“地”电位，因此在反相输入时又常把反相输入端称为“虚地”端。于是有

$$i_1 = \frac{u_i - u_-}{R_1} \approx \frac{u_i}{R_1}$$

$$i_F = \frac{u_- - u_o}{R_F} \approx -\frac{u_o}{R_F}$$

所以

$$u_o = -\frac{R_F}{R_1} u_i \tag{4-4}$$

闭环电压放大倍数 A_{uf} 为

$$A_{uf} = \frac{u_o}{u_i} = -\frac{R_F}{R_1} \tag{4-5}$$

上式表明，反相输入电路的闭环电压放大倍数只由电阻 R_F 和 R_1 决定，而与集成运算放大器本身无关。式中的负号表示输出与输入反相。

该电路可以完成反相比例运算，比例系数为 $-\frac{R_F}{R_1}$，比例系数的绝对值可以是小于、等于或大于1的任何值，改变 R_F 和 R_1 的大小，就可使输出与输入满足不同的比例关系。只要 R_1 和 R_F 的阻值精确、稳定，输出和输入的比例关系就是非常精确、稳定的线性关系。

当 $R_F = R_1$ 时，$u_o = -u_i$ 称为反号器或反相器，这是反相输入电路的一个特例。

电路中的 R_2 为平衡电阻，以保证运算放大器输入级差动放大器的对称性，其阻值等于反相输入端各支路电阻的并联等效电阻，这里取

$$R_2 = \frac{R_1 R_F}{R_1 + R_F} \tag{4-6}$$

4.4.1.2 同相输入电路

图4-12所示为一同相输入比例运算电路。输入电压 u_i 经 R_2 从同相端输入，反相端经 R_1 接地，反馈电阻 R_F 仍跨接于输出端与反相输入端之间。

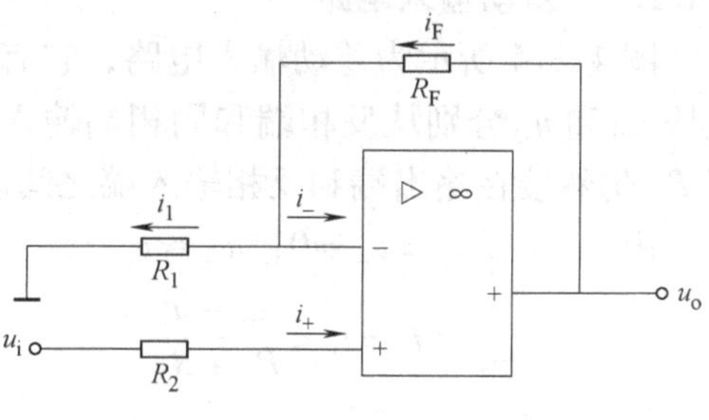

图4-12 同相输入电路

通过前面的分析可知，这是一个电压串联负反馈电路。

由于 $i_- = i_+ \approx 0$ $\quad u_- \approx u_+ = u_i$

所以 $$i_1 = i_F$$

又 $i_1 = \dfrac{u_-}{R_1} = \dfrac{u_i}{R_1}$ $\quad i_F = \dfrac{u_o - u_-}{R_F} = \dfrac{u_o - u_i}{R_F}$

故 $$\frac{u_i}{R_1} = \frac{u_o - u_i}{R_F}$$

所以 $$u_o=\left(1+\frac{R_F}{R_1}\right)u_i \tag{4-7}$$

闭环电压放大倍数 A_{uf} 为 $$A_{uf}=\frac{u_o}{u_i}=1+\frac{R_F}{R_1} \tag{4-8}$$

可见同相输入电路仍为一比例运算电路，输出与输入之间的关系仍取决于 R_F 和 R_1。比例系数为 $1+\frac{R_F}{R_1}$，为正值，表明输出与输入同相，且总是大于或等于 1。

R_2 仍为平衡电阻，其值为$\frac{R_1R_F}{R_1+R_F}$。

当 $R_F=0$ 或 $R_1=\infty$ 时，由式（4-8）可知，此时 $A_{uf}=1$，因此

$$u_o=u_i \tag{4-9}$$

这是同相输入电路的一个特例，称为射极跟随器或同号器。

例 4-1 已知图 4-13 中运算放大器的最大输出电压 $U_{opp}=\pm12V$，求当 u_i 分别为 10mV、-10mV、1V、-1V、5V、-5V 时的输出电压 u_o。

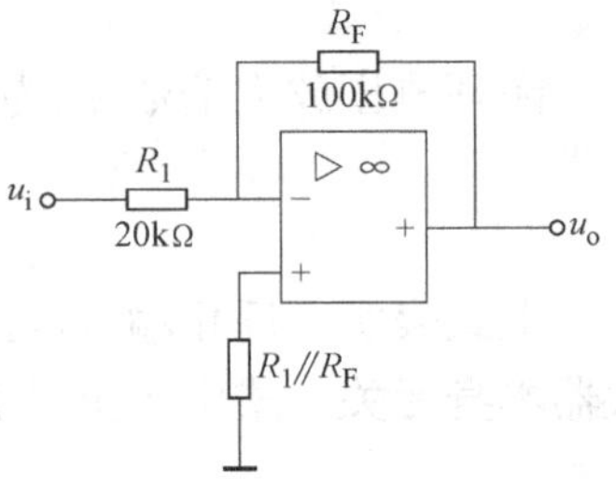

图 4-13 例 4-1 图

解：此电路是反相比例运算电路

当 $u_i=10mV$ 时 $u_o=-\frac{R_F}{R_1}u_i=-\frac{100}{20}\times10mV=-50mV$

当 $u_i=-10mV$ 时 $u_o=-\frac{R_F}{R_1}u_i=-\frac{100}{20}\times-10mV=50mV$

当 $u_i=1V$ 时 $u_o=-\frac{R_F}{R_1}u_i=-\frac{100}{20}\times1V=-5V$

当 $u_i=-1V$ 时 $u_o=-\frac{R_F}{R_1}u_i=-\frac{100}{20}\times(-1)V=5V$

当 $u_i=5V$ 时 $u_o=-\frac{R_F}{R_1}u_i=-\frac{100}{20}\times5V=-12V$ （输出端已达到饱和）

当 $u_i=-5V$ 时 $u_o=-\frac{R_F}{R_1}u_i=-\frac{100}{20}\times(-5)V=12V$ （输出端已达到饱和）

4.4.1.3 差动输入电路

图 4-14 所示为差动输入电路，它有两个输入电压 u_{i1} 和 u_{i2} 分别从反相端和同相端输入，反馈电阻 R_F 仍然接在输出端和反相输入端之间。

由 $$i_+=i_-\approx0,\ u_+\approx u_-$$

$$i_1=i_F=\frac{u_{i1}-u_o}{R_1+R_F}$$

可得 $$u_-=u_{i1}-i_1R_1=u_{i1}-\frac{u_{i1}-u_o}{R_1+R_F}R_1$$

$$u_+=\frac{R_3}{R_2+R_3}u_{i2}$$

因为 $u_-\approx u_+$，故从上列关系式可以得出：

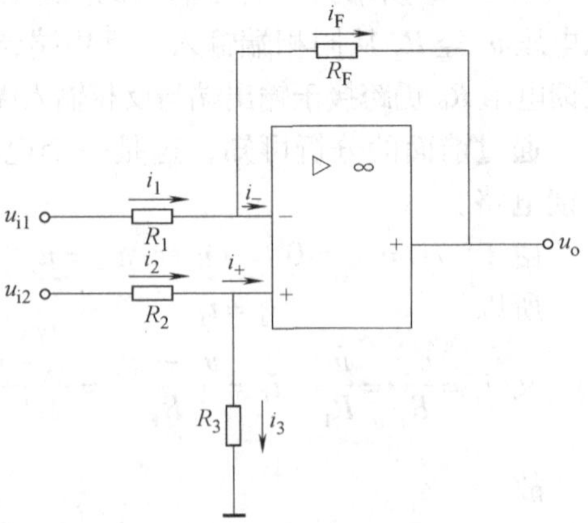

图 4-14 差动输入电路

$$u_o = \left(1 + \frac{R_F}{R_1}\right)\frac{R_3}{R_2 + R_3}u_{i2} - \frac{R_F}{R_1}u_{i1} \tag{4-10}$$

该电路可对 u_{i1} 和 u_{i2} 的差值进行比例运算或比例减法运算。

当 $R_2 = R_1$，$R_3 = R_F$ 时，上式为

$$u_o = \frac{R_F}{R_1}(u_{i2} - u_{i1}) \tag{4-11}$$

当 $R_1 = R_2 = R_3 = R_4$ 时，

$$u_o = u_{i2} - u_{i1} \tag{4-12}$$

式（4－12）为减法运算。

利用叠加原理可以证明，差动输入电路可以看作是反相输入和同相输入相叠加的结果，因而该电路同时存在着电压串联负反馈和电压并联负反馈两种反馈。

例 4－2 图 4－15 所示是一双端输入电路，写出输出电压表达式。

解： 输出表达式为

$u_o = 2(u_{i2} - u_{i1})$

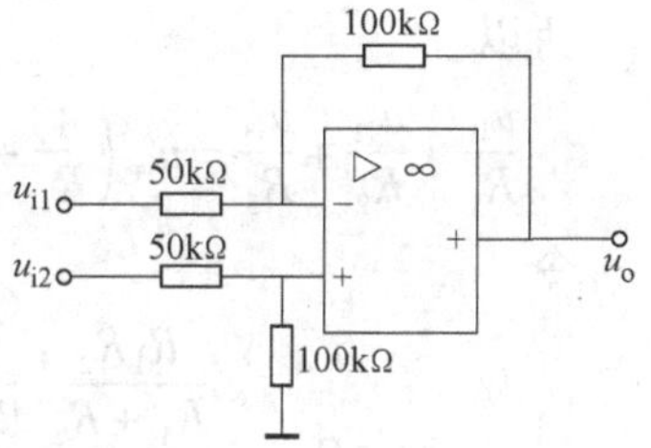

图 4－15 例 4－2 图

4.4.2 求和运算电路

4.4.2.1 反相求和

图 4－16 所示是用反相输入的运算放大器组成的加法器。

因

$$u_- \approx u_+ = 0,\ i_- = 0$$

故

$$i_F = i_1 + i_2 + i_3,\ i_1 = \frac{u_{i1}}{R_1},\ i_2 = \frac{u_{i2}}{R_2},\ i_3 = \frac{u_{i3}}{R_3}$$

$$u_o = -R_F i_F$$

$$i_F = \frac{u_{i1}}{R_1} + \frac{u_{i2}}{R_2} + \frac{u_{i3}}{R_3}$$

所以

$$u_o = -\left(\frac{R_F}{R_1}u_{i1} + \frac{R_F}{R_2}u_{i2} + \frac{R_F}{R_3}u_{i3}\right) \tag{4-13}$$

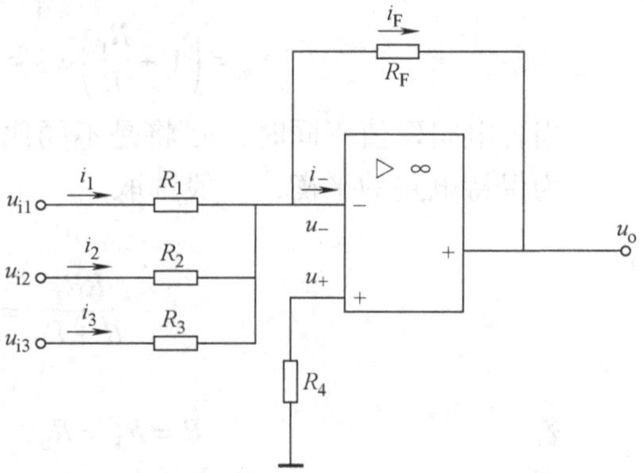

图 4－16 反相求和电路

若令

$$R_1 = R_2 = R_3 = R_F = R$$

则

$$u_o = -(u_{i1} + u_{i2} + u_{i3}) \tag{4-14}$$

可见，用此电路可以实现加法运算或比例加法运算，但相位相反。

平衡电阻

$$R_4 = \frac{\dfrac{R_1R_2}{R_1 + R_2}\ \dfrac{R_3R_4}{R_3 + R_4}}{\dfrac{R_1R_2}{R_1 + R_2} + \dfrac{R_3R_4}{R_3 + R_4}} \tag{4-15}$$

4.4.2.2 同相求和

图 4 – 17 所示是同相输入的求和运算电路。在同相比例运算电路的分析中已经知道：

$$u_o = \left(1 + \frac{R_F}{R}\right)u_+$$

又因

$$i_{R1} + i_{R2} + i_{R3} = i_4$$

即

$$\frac{u_{i1} - u_+}{R_1} + \frac{u_{i2} - u_+}{R_2} + \frac{u_{i3} - u_+}{R_3} = \frac{u_+}{R_4}$$

所以

$$\frac{u_{i1}}{R_1} + \frac{u_{i2}}{R_2} + \frac{u_{i3}}{R_3} = u_+\left(\frac{1}{R_1} + \frac{1}{R_2} + \frac{1}{R_3} + \frac{1}{R_4}\right)$$

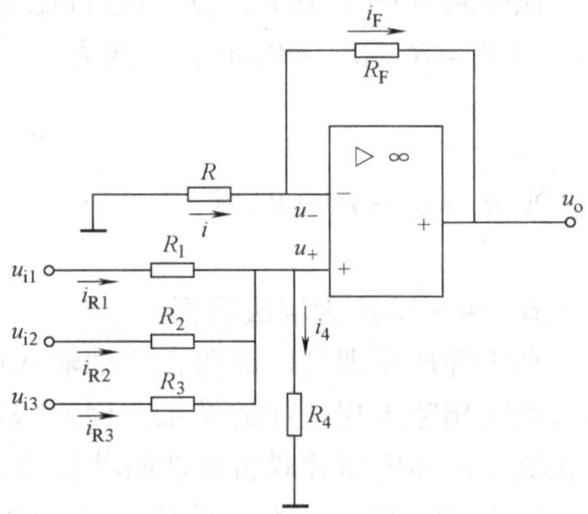

图 4 – 17　同相求和电路

令

$$R_\Sigma = \frac{\frac{R_1R_2}{R_1 + R_2}\frac{R_3R_4}{R_3 + R_4}}{\frac{R_1R_2}{R_1 + R_2} + \frac{R_3R_4}{R_3 + R_4}}$$

则

$$u_+ = R_\Sigma\left(\frac{u_{i1}}{R_1} + \frac{u_{i2}}{R_2} + \frac{u_{i3}}{R_3}\right)$$

所以

$$u_o = \left(1 + \frac{R_F}{R}\right)u_+ = \left(1 + \frac{R_F}{R}\right)R_\Sigma\left(\frac{u_{i1}}{R_1} + \frac{u_{i2}}{R_2} + \frac{u_{i3}}{R_3}\right) \tag{4-16}$$

当各电阻取值不同时，u_o 将是不同比例各输入量之和。

为保持电路的平衡，一般选取

$$\frac{RR_F}{R + R_F} = \frac{\frac{R_1R_2}{R_1 + R_2}\frac{R_3R_4}{R_3 + R_4}}{\frac{R_1R_2}{R_1 + R_2} + \frac{R_3R_4}{R_3 + R_4}}$$

若　$R = R_F = R_S$，$R_1 = R_2 = R_3 = R_4 = 2R_S$

则

$$u_o = \frac{1}{2}(u_{i1} + u_{i2} + u_{i3}) \tag{4-17}$$

例 4 – 3　试计算图 4 – 18 所示电路的输出电压 u_o。

解： 利用叠加原理来求解。当 u_{i1} 作用时，令 $u_{i2} = 0$，有

$$u_o' = \left(1 + \frac{10R}{R}\right)\frac{2R}{3R + 2R}u_{i1} = \frac{22}{5}u_{i1}$$

当 u_{i2} 作用时，令 $u_{i1} = 0$，有

$$u_o'' = \left(1 + \frac{10R}{R}\right)\frac{3R}{3R + 2R}u_{i2} = \frac{33}{5}u_{i2}$$

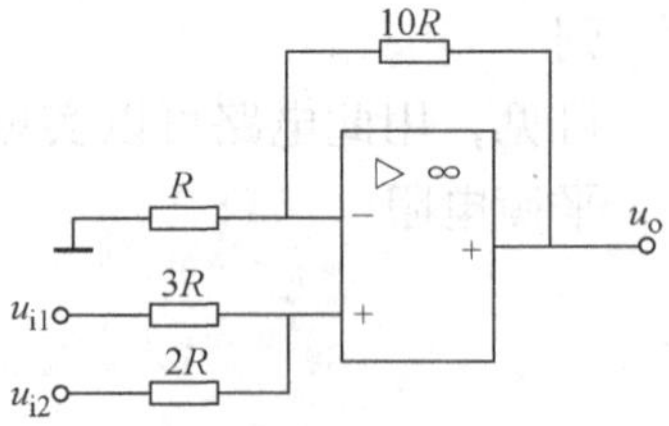

图 4 – 18　例 4 – 3 图

$$\therefore u_o = u_{o'} + u_{o''} = 11\left(\frac{2}{5}u_{i1} + \frac{3}{5}u_{i2}\right)$$

4.4.3　积分运算电路

图 4－19 所示为积分运算电路，其中 C_F 为反馈元件。由于 $i_- \approx 0$，$u_- \approx u_+ = 0$，有 $i_1 \approx i_F$，且 $i_1 \approx \frac{u_i}{R_1}$

所以

$$u_o = -u_C = -\frac{1}{C_F}\int i_F dt = -\frac{1}{C_F R_1}\int u_i dt$$

上式表明，输出电压 u_o 与输入电压 u_i 的积分成比例，负号表示它们在相位上是反相的。

当输入信号 u_i 为图 4－20a 所示的正阶跃电压，在 $t \geqslant 0$ 时，

$$u_o \approx -\frac{U_i}{C_F R_1}t = \frac{U_i}{\tau}t \qquad (4-18)$$

式中，$\tau = R_1 C_F$。

只要运放工作在线性区，输出电压 u_o 与时间 t 就存在上述线性关系。这是由于反馈电容在这种情况下以近似恒定的电流 $\frac{u_i}{R_1}$ 充电的缘故，这与阻容串联电路在阶跃电压作用下，充电电流以指数曲线减少不同。

由于输出电压 $|u_o|$ 的线性增加受饱和电压限制，故输出电压达到饱和值后不再随时间变化，如图 4－20b 所示。

以上分析说明此电路能完成积分运算。一般取 $R_2 = R_1$。

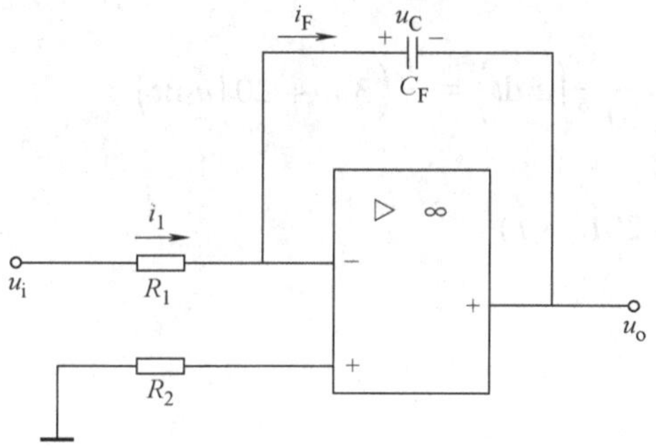

图 4－19　积分运算电路

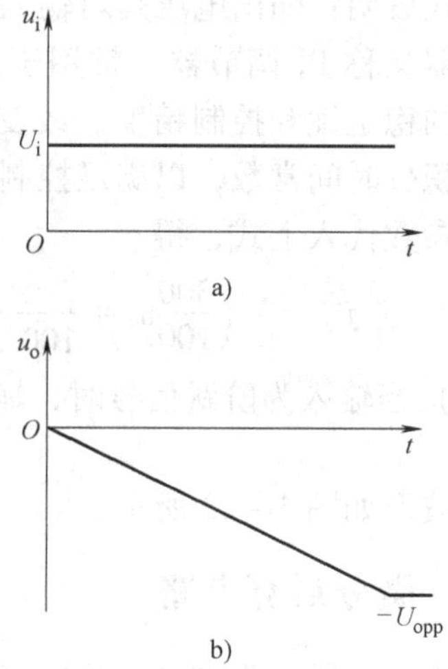

图 4－20　*RC* 积分电路的阶跃响应
a）输入波形　b）输出波形

例 4－4　图 4－21 所示为一求和积分器电路，求其输出电压与输入电压的关系式。

解： 这是个积分运算电路，利用叠加原理可得：

$$u_o = -\frac{1}{C_F}\int\left(\frac{u_{i1}}{R_{11}} + \frac{u_{i2}}{R_{12}}\right)dt$$

例 4－5 图 4－22 所示为比例－积分运算电路，电路参数如下：

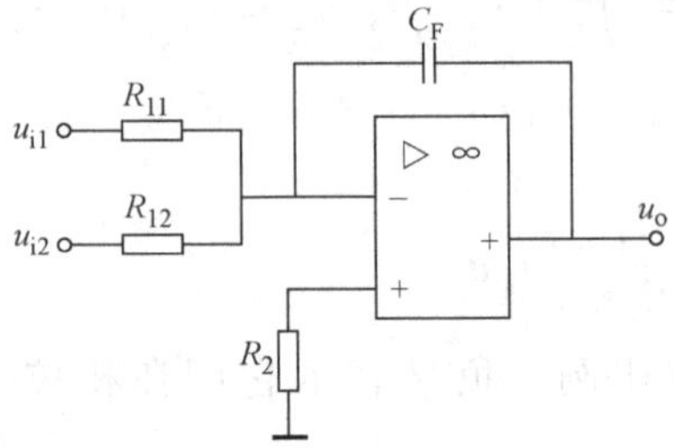

图 4－21 例 4－4 图

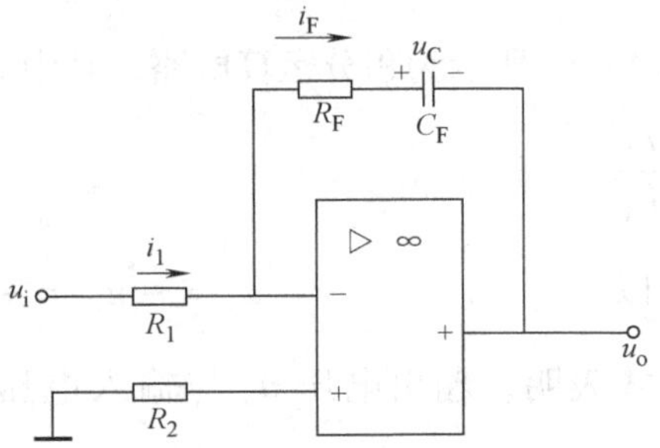

图 4－22 比例－积分运算电路图

$$R_1 = 100k\Omega,\ R_F = 300k\Omega,\ R_2 = 75k\Omega,\ C_F = 0.5\mu F。$$

（1）试求输入输出电压函数表达式。

（2）输入阶跃电压如图 4－23 所示，画出输出电压波形。

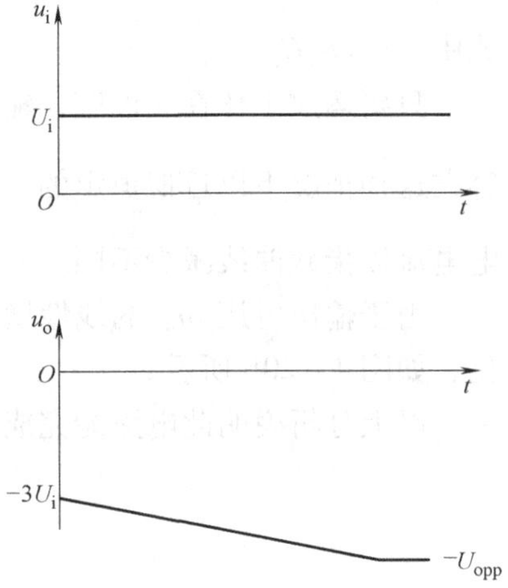

图 4－23 电路的阶跃响应

解：（1）

$$\because i_F = I_1 = \frac{U_i}{R_1}, u_- = 0$$

$$\therefore u_o = -(R_F i_F + u_C)$$

$$= -\left(R_F i_1 + \frac{1}{C_F}\int i_1 dt\right) = -\left(\frac{R_F}{R_1}u_i + \frac{1}{R_1 C_F}\int u_i dt\right)$$

上式表明：输出电压是对输入电压的比例－积分。这种运算器又称 PI 调节器，常用于控制系统中，以保证自控系统的稳定性和控制精度。改变 R_F 和 C_F，可调整比例系数和积分时间常数，以满足控制系统的要求。

将参数代入上式，得

$$u_o = -\left(\frac{300}{100}u_i + \frac{1}{100\times 10^3 \times 0.5\times 10^{-6}}\int u_i dt\right) = -\left(3u_i + 20\int u_i dt\right)$$

（2）当输入为阶跃信号时，输出信号为

$$u_o = -(3U_i + 20U_i \cdot t)$$

其波形如图 4－23 所示。

4.4.4 微分运算电路

图 4－24 所示为微分运算电路。

考虑到 $u_- \approx 0$，$i_C \approx i_F$，$i_C = C\frac{du_c}{dt} = C\frac{du_i}{dt}$

输出电压为

$$u_o = -R_F i_F = -R_F C\frac{du_i}{dt} \qquad (4-19)$$

即输出电压与输入电压对时间的微分成比例。

当输入阶跃电压 u_i 时，考虑到信号源总存在内阻的影响，当 $t=0$ 的瞬间，输出电压跃变到有限值，随着电容器 C 的充电，输出电压 u_o 将逐渐地衰减，最后趋近于零。输出电压 u_o 的波形如图 4－25 所示。

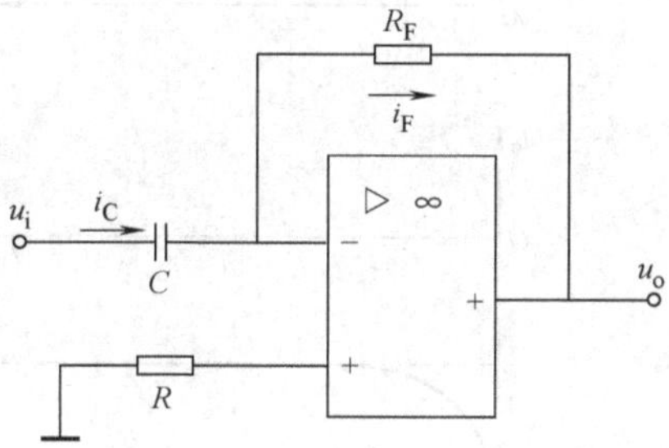

图 4－24　微分运算电路

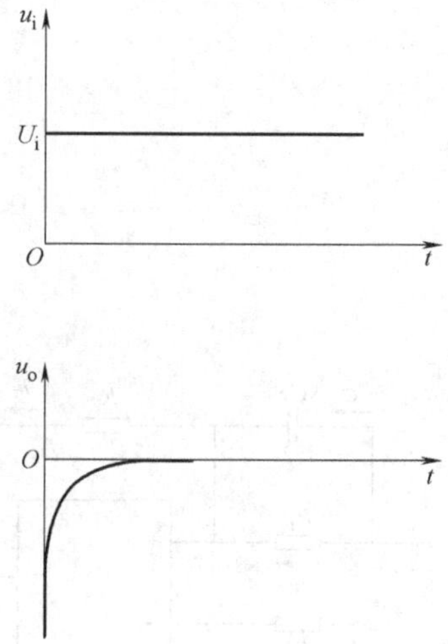

图 4－25　微分电路的阶跃响应

例 4－6　图 4－26 所示的微分电路中，其输入波形如图 4－27 上半部分所示，试求输出电压 u_o 的值，并画出波形。

解：这是个微分运算电路，

$$u_o = -RC\frac{du_i}{dt} = -10\times10^3\times0.001\times10^{-6}\frac{du_i}{dt} = -10^{-5}\frac{du_i}{dt}$$

波形如图 4－27 所示。

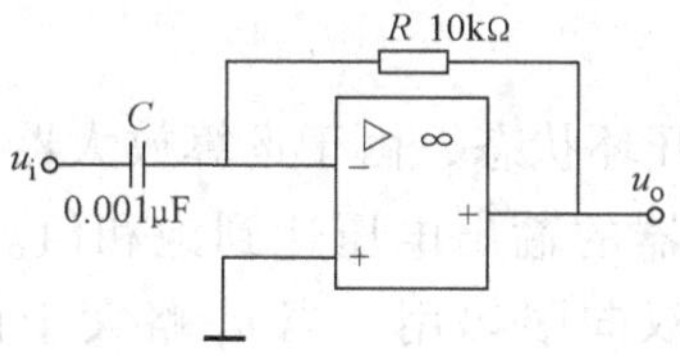

图 4－26　例 4－6 图

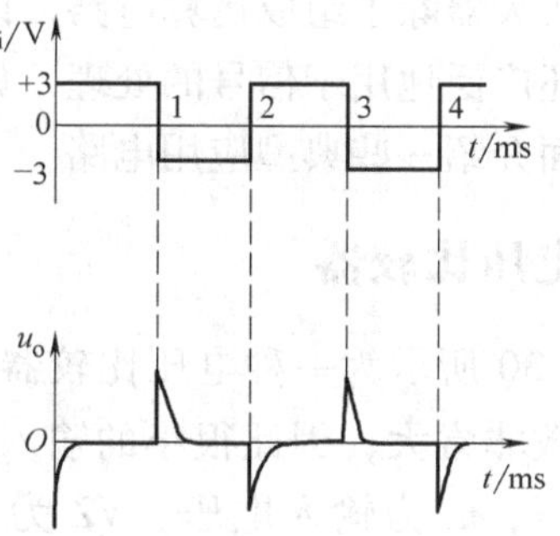

图 4－27　输入输出电压波形图

例 4－7　图 4－28 所示为比例－微分运算电路，试求输出电压和输入电压的关系式。

解：$u_o = -R_F i_F$

$$i_F = i_R + i_C = \frac{u_i}{R_1} + C_1\frac{du_i}{dt}$$

$$u_o = -\left(\frac{R_F}{R_1}u_i + R_F C_1\frac{du_i}{dt}\right)$$

上式表明：输出电压是对输入电压的比例－微分。这种运算器又称 PD 调节器，在控制系统中，PD 调节器在调节过程中起加速作用，即使系统有较快的响应速度和工作稳定性。

当输入电压为阶跃信号时，输入和输出电压波形如图 4－29 所示。

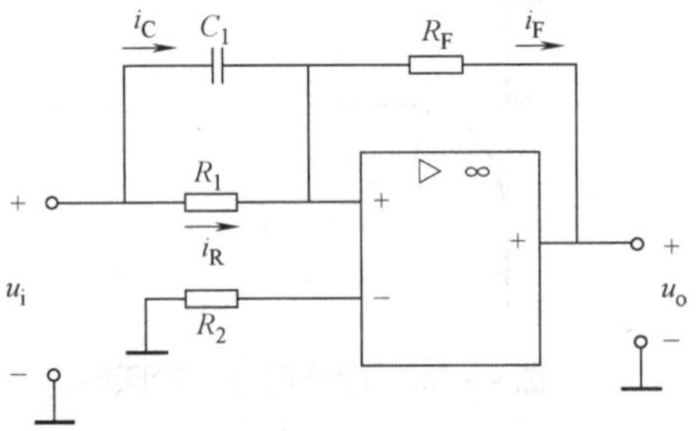

图 4－28　比例－微分运算电路图

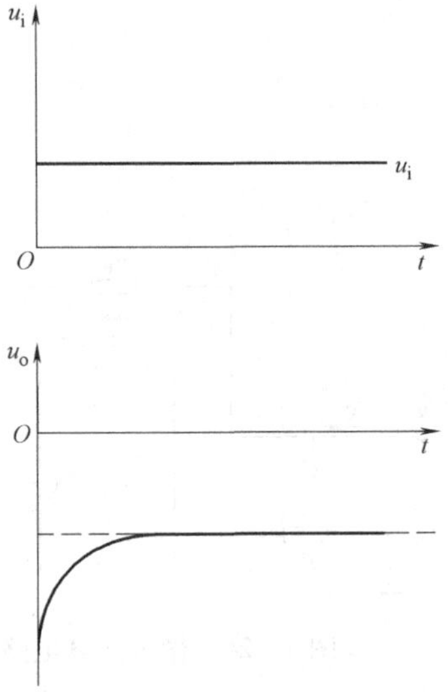

图 4－29　比例－微分电路阶跃输入和输出电压波形

4.5　运算放大器在信号处理方面的应用

运算放大器除了组成运算电路，以完成模拟信号的数学运算外，在工业控制和电子技术领域中，还广泛地用于信号的处理，如信号比较、有源滤波、采样保持、信号放大、精密整流等。下面介绍一些典型应用电路。

4.5.1　电压比较器

图 4－30 所示为一种电压比较器。比较器工作在开环状态，由于运算放大器的开环电压放大倍数非常大，因此很小的输入电压就能使放大器的输出电压达到饱和值。图中 U_R 为比较电压，u_i 为输入电压，VZ 为双向稳压管，作双向限幅用。当 u_i 略大于比较电压 U_R 时，u_o'立即变为负饱和值 $-U_{opp}$。当 u_i 略小于比较电压 U_R 时，则 u_o'立即变为正饱和值 U_{opp}。

即

$$\left.\begin{aligned} u_i > U_R，\ u_o' = -U_{opp} \\ u_i < U_R，\ u_o' = +U_{opp} \end{aligned}\right\} \qquad (4-20)$$

而输出电压 u_o 则为 $\pm U_Z$（双向稳压管的稳压值）。电压比较器的传输特性如图 4－31 所示。

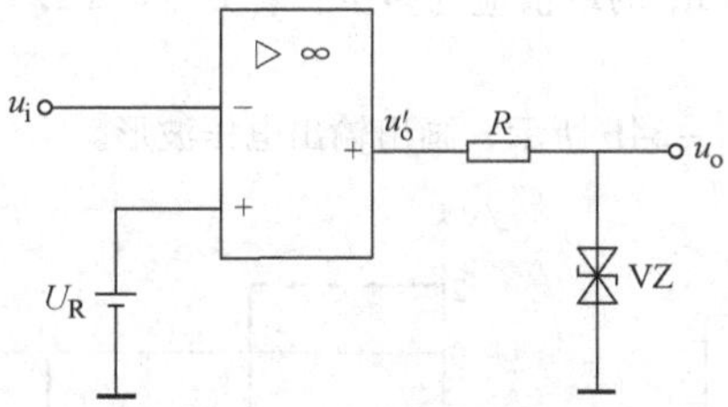

图 4-30　电压比较器

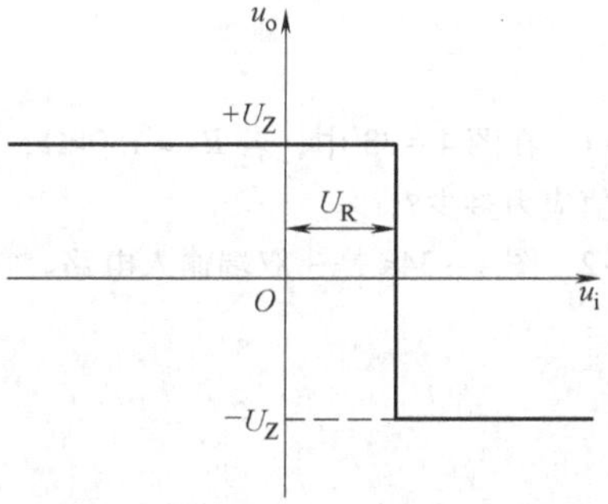

图 4-31　电压比较器的传输特性

4.5.2　有源滤波器

滤波器是一种允许特定频率信号通过，而抑制其他频率信号的电路。由 R、L、C 等元件可以构成无源滤波器，含有有源元件（如运算放大器）的滤波器称为有源滤波器。有源滤波器滤波效果好、体积小，在电子电路中得到了广泛的应用。这里介绍一种低通滤波器，所谓低通就是允许低频信号通过，而滤掉高频信号。图 4-32 所示为有源低通滤波器。设 $\dot{U}_i$ 为正弦量的相量表示。

由于

$$u_- \approx 0$$

$$\dot{I}_1 = \frac{\dot{U}_i}{R_1}, \dot{I}_R = -\frac{\dot{U}_o}{R_F}, \dot{I}_C = -\dot{U}_o(j\omega C_F)$$

又

$$i_+ = i_- \approx 0,$$

所以

$$\dot{I}_1 = \dot{I}_C + \dot{I}_R$$

整理得

$$\frac{\dot{U}_i}{R_1} = -\frac{\dot{U}_o}{R_F} - \dot{U}_o(j\omega C_F)$$

$$\dot{U}_o = -\frac{R_F}{R_1}\frac{1}{1 + j\omega C_F R_F}\dot{U}_i \tag{4-21}$$

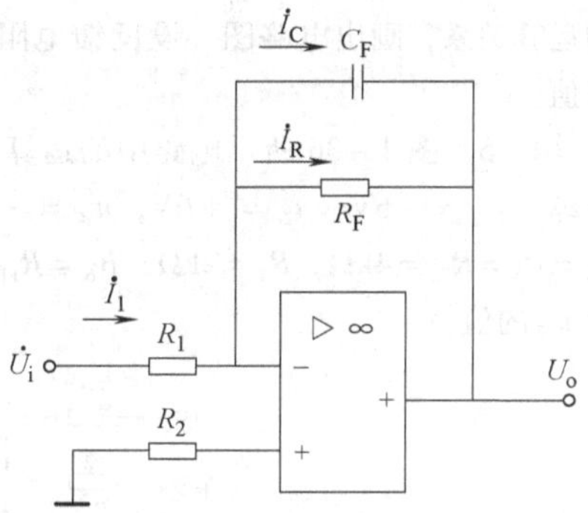

图 4-32　有源低通滤波器

由上式可以看出，当频率高时，$\dot{U}_o$ 的幅值小，当频率低时，$\dot{U}_o$ 的幅值大，所以抑制了高频信号。

当 $\omega = 0$ 时，

$$\dot{U}_o = -\frac{R_F}{R_1}\dot{U}_i, \quad U_o = \frac{R_F}{R_1}U_i$$

当 $\omega = \frac{1}{R_F C_F}$ 时，

$$\dot{U}_o = -\frac{R_F}{R_1}\frac{1}{1+j}\dot{U}_i, \quad U_o = \frac{1}{\sqrt{2}}\left(\frac{R_F}{R_1}\right)U_i$$

我们把 $\omega = \omega_0 = \frac{1}{R_F C_F}$ 称为截止频率，而把 $\omega = 0 \sim \omega_0$ 称为低通滤波器的通频带。

习题

4－1 在图4－33中，若 $R_F=150k\Omega$，欲使 $u_o=16u_i$，则 R_1 的取值应为多少？若 $U_{opp}=\pm12V$，则 u_i 的最大值应为多少？

4－2 图4－34a是一双端输入电路。它的输入电压如图4－34b所示，画出输出电压波形。

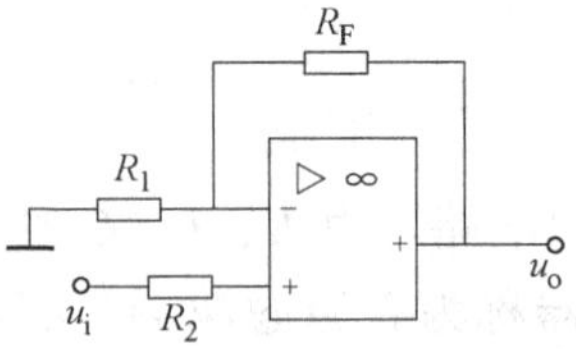

图4－33 习题4－1的图

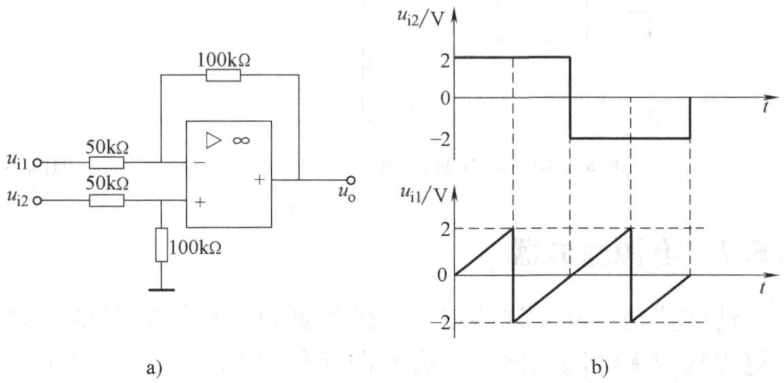

图4－34 习题4－2的图

4－3 写出图4－35所示电路的输出电压 u_o 的表达式。

4－4 试用两个运算放大器及若干个电阻实现 $u_o=3u_{i1}+5u_{i2}-6u_{i3}$ 的运算关系，画出电路图，设反馈电阻 $R_{F1}=R_{F2}=300k\Omega$，计算其他电阻值。

4－5 图4－36所示电路中的运算放大器均为理想组件。已知 $u_{i1}=+2V$，$u_{i2}=-6V$，$u_{i3}=+6V$，$u_{i4}=-1V$，$R_1=R_{F3}=6k\Omega$，$R_2=3k\Omega$，$R_3=R_5=R_{F2}=4k\Omega$，$R_4=2k\Omega$，$R_6=R_{F1}=24k\Omega$，$R_7=12k\Omega$。求 u_{o1}、u_{o2} 及 u_{o3} 的值。

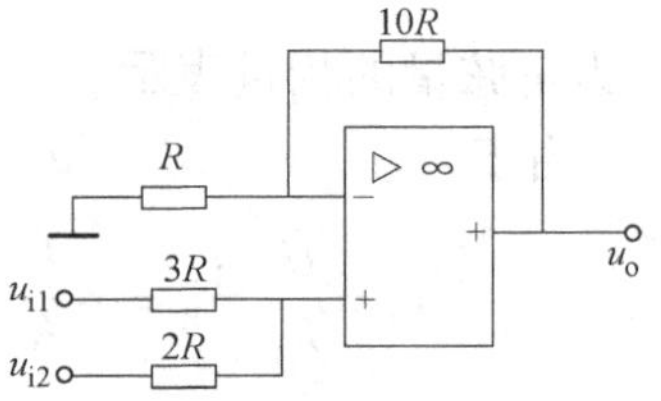

图4－35 习题4－3的图

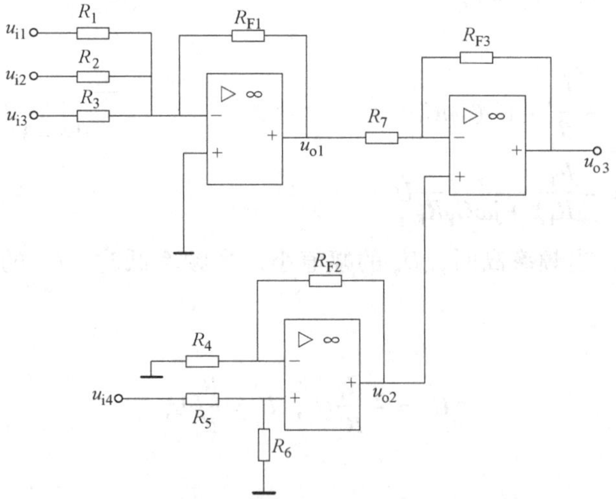

图4－36 习题4－5的图

4－6 运算放大电路如图4－37所示。已知输入电压 u_{i1} 和 u_{i2}，求输出电压 u_o 的表达式。

4－7 运算放大电路如图4－38所示。若 $u_i=-2V$，$R_1=R_2=24k\Omega$，$R_3=R_4=2k\Omega$，$R_F=R_5=8k\Omega$，$C_F=10\mu F$。问需多长时间才能使 $u_o=12V$。

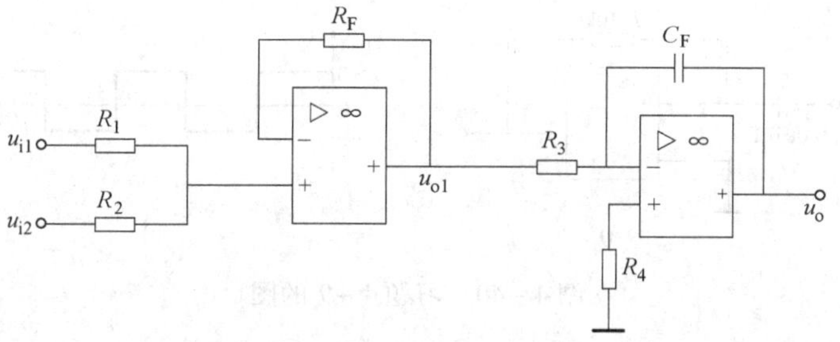

图 4－37　习题 4－6 的图

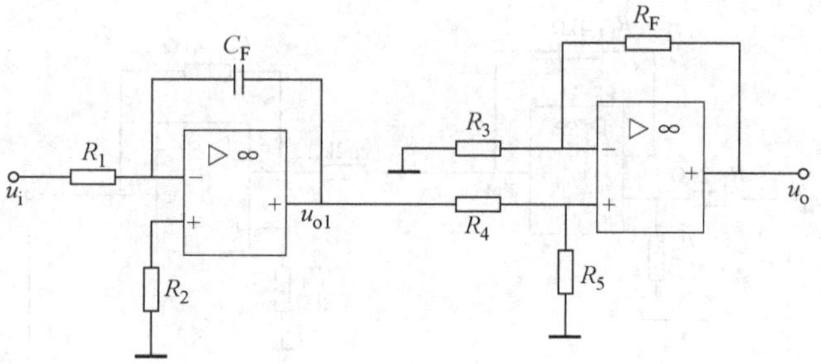

图 4－38　习题 4－7 的图

4－8　运算放大电路如图 4－39a 所示，输入电压 u_i 的波形如图 4－39b 所示，已知 $R_1=R_2=R_{F2}=10\text{k}\Omega$，$R_3=R_5=R_{F1}=100\text{k}\Omega$，$R_4=R_6=20\text{k}\Omega$，$C=10\mu\text{F}$，运算放大器的饱和电压 $U_{opp}=\pm4\text{V}$。(1) 求各输出端电压 u_{o1}、u_{o2}、u_{o3} 及 u_o 的值或表达式；(2) 画出各输出端电压的波形；(3) 当 $t=1\text{s}$、3s、5s 时，u_{o1}、u_{o2}、u_{o3}、u_o 的值为多少？

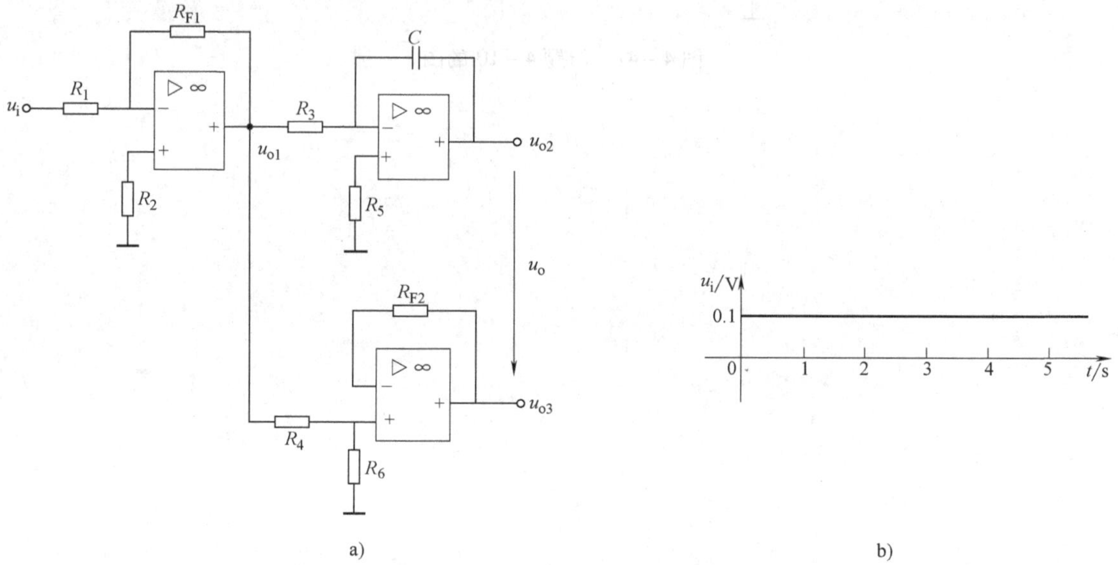

a)　　b)

图 4－39　习题 4－8 的图

4－9　图 4－40a 所示的微分电路中，其输入波形如图 4－40b 所示，试求输出电压 u_o 的值，并画出波形。

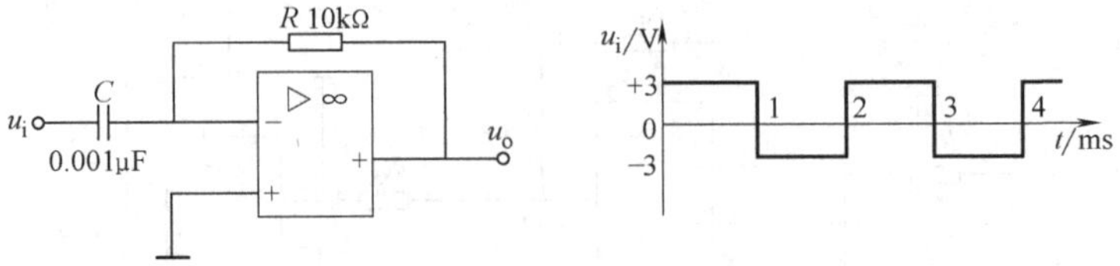

a)　　　　　　　　　　b)

图 4－40　习题 4－9 的图

4－10　运算放大电路如图 4－41 所示，已知 U_{opp} = ±10V，u_{i1} = 6V，u_{i2} = 1V，求（1）u_{o1}、u_{o2}、u_{o3}、u_{o4}的值或表达式。（2）t = 1s 时，u_o 的值是多少？t = 4s 时，u_o 的值是多少？

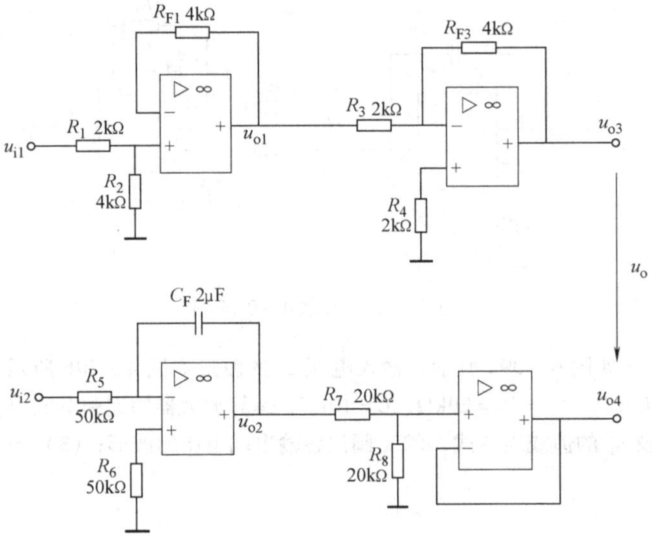

图 4－41　习题 4－10 的图

第 5 章　信号产生电路

信号产生电路是一种将直流电转换成一定频率和幅度的交流输出信号的电路。按输出信号波形的种类不同可分为正弦波振荡电路和非正弦波振荡电路。正弦波振荡电路输出正弦波信号，有 *RC* 振荡电路和 *LC* 振荡电路。非正弦波振荡电路输出方波、三角波、阶梯波等信号。它们广泛应用于通信、广播、计算机和自动控制等系统中。

5.1　自激振荡

放大电路在输入端不外接信号时，在输出端仍有一定频率和幅度的信号输出，这种现象叫放大器的自激振荡。振荡器利用正反馈的原理，在没有输入信号的情况下，本身产生自激振荡，从而将电源的直流电能转变为交流电能供负载使用。振荡的幅值和频率一般都能在一定范围内进行调节。在放大器中要防止自激振荡产生，而在振荡电路中则是利用自激振荡工作，要充分满足自激振荡的条件，使其产生所需要频率和幅度的交流信号。

5.1.1　自激振荡条件

为了说明自激振荡现象，需要进一步分析产生振荡的具体条件。

在图 5-1 所示的框图中，A_0 为放大器开环放大倍数，F 为反馈网络的反馈系数，$\dot{U}_i$ 为输入的正弦信号电压。当开关 S 合到 1 端时，在 $\dot{U}_i$ 的作用下，输出电压 $\dot{U}_o = A_0\dot{U}_i$，反馈电压为 $\dot{U}_f = F\dot{U}_o = A_0F\dot{U}_i$。若将开关 S 换接到 2 端，输出电压仍为 $\dot{U}_o$ 时，则必须使 $\dot{U}_f = \dot{U}_i$，由此得

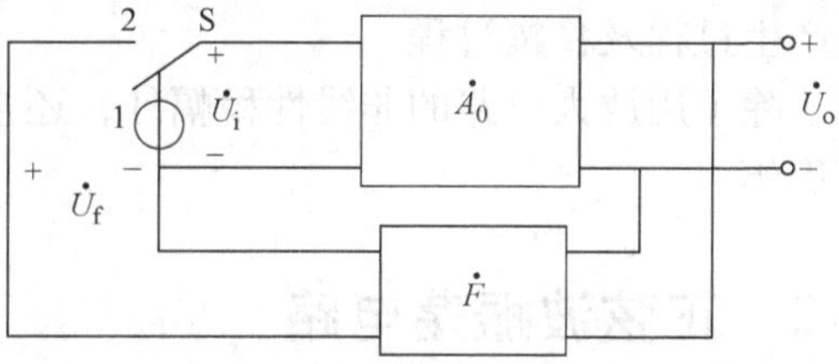

图 5-1　反馈放大器产生振荡的框图

$$A_0F\dot{U}_i = \dot{U}_i$$

即

$$A_0\dot{F} = 1 \tag{5-1}$$

这时，即使没有输入电压 $\dot{U}_i$，也有输出电压 $\dot{U}_o$。反馈电压 $\dot{U}_f$ 代替了 $\dot{U}_i$ 的作用。

式（5-1）就是具有反馈放大电路产生自激振荡的条件。在该式中，$A_0 = |A_0|\angle\varphi_{A_0}$，$F = |F|\angle\varphi_F$，这样式（5-1）可写成

$$A_0F = |A_0F|\angle\varphi_{A_0}+\varphi_F = 1$$

它包含两个方面的条件，必须同时满足。

（1）振幅平衡条件

$$|A_0F| = 1 \tag{5-2}$$

这个条件说明反馈电压的大小与所需要的输入电压相等。此时无外加信号，反馈电压也

能维持放大电路有稳定的输出，即成为振荡器。

（2）相位平衡条件

$$\underline{/\varphi_{A_0}+\varphi_F} = 2\pi n \qquad (n=0,\ 1,\ 2,\ \cdots) \tag{5-3}$$

这个条件使得反馈电压的相位与所需的输入电压相位相同。也就是说，信号经过放大电路 A_0 和反馈电路 F 循环一周，其相位移为0°或360°的整数倍。

5.1.2 自激振荡建立过程

由于放大器中有非线性元件（如晶体管、运算放大器等），所以其幅度特性 $u_o=f(u_i)=f(u_f)$ 为非线性曲线；而反馈网络一般由线性元件组成，所以其反馈特性 $u_f=f(u_o)$ 为直线，如图5-2所示。

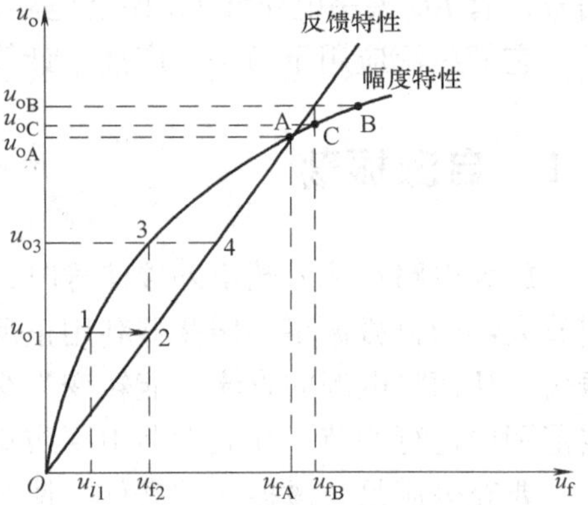

图5-2 稳幅过程

在振荡电路刚刚接通时，电路受到一个电冲击，使得在输入端产生一个微弱电压 u_{i1}，这个电压经过放大输出 u_{o1}，即幅度特性上1点处。u_{o1} 通过反馈在反馈特性上2点处求得放大器下一次的输入电压 u_{f2}。u_{f2} 经过放大得到 u_{o3}。依此类推，当输出电压增长到两条特性交点A时达到稳幅振荡。如果因某种原因，振荡幅度突然超过 u_{oA} 变为 u_{oB}，这个电压经过反馈送至放大电路输入端，电压为 u_{fB}，经过放大后输出 u_{oC}，显然 $u_{oC}<u_{oB}$，如此继续下去，最后必然仍回到A点，反之亦然。这就是振荡的产生过程及稳幅过程。

除了用放大电路的非线性稳幅外，还常采用负反馈方法，自动偏压法或稳压电源法等进行稳幅。

5.2 正弦波振荡电路

常用的正弦波振荡器有 *RC* 振荡器和 *LC* 振荡器两种，前者输出功率较小，频率较低，一般在几赫到几十千赫；后者输出功率较大，频率也较高，一般在几千赫到上百兆赫。计算机及自动控制系统中则普遍使用石英晶体振荡器，其振荡频率较高且稳定度很高。

正弦波振荡电路一般由四个主要部分组成：

1）电压放大电路，这是正弦波振荡电路中最主要的部分。

2）正反馈网络，引入正反馈，满足振荡的幅度和相位平衡条件。

3）选频网络，确定振荡频率，使电路只产生单一频率的正弦振荡，采用 *RC* 选频网络的电路叫 *RC* 振荡电路，采用 *LC* 选频网络的电路叫 *LC* 振荡电路。

在大多数常见电路中选频网络和正反馈网络是合二为一的。

4）非线性环节，其作用是限制输出电压幅值。

5.2.1 *RC* 正弦波振荡器

图5-3所示为用运算放大器组成的桥式振荡器。其中，*RC* 串并联电路组成选频网络，

形成电压串联正反馈，R_F 和 R_1 组成负反馈网络，形成电压串联负反馈，起稳幅作用。

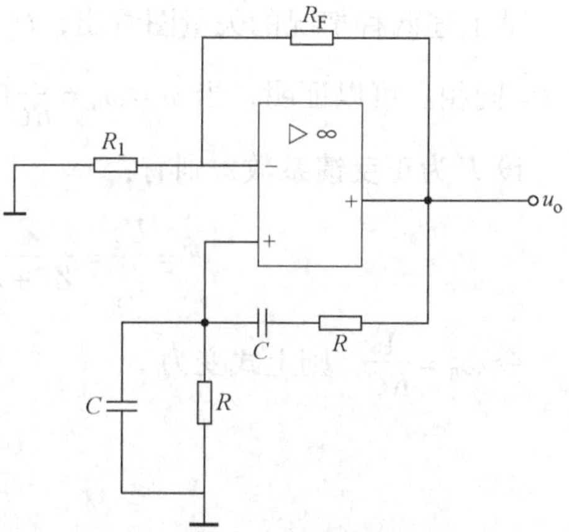

图 5－3　RC 正弦波振荡器

图 5－4a 所示为桥式振荡器中所用的 RC 串并联选频网络。这个电路的频率响应特性是不均匀的，不同频率的信号输入后，在输出端所得的结果是不同的。如果输入电压 $\dot{U}_1$ 是正弦波信号电压，其频率可变，而幅度保持恒定。

（1）当 $\dot{U}_1$ 频率较低时，有 $\frac{1}{\omega C} \gg R$，则

$$Z_1 = R + \frac{1}{j\omega C} \approx \frac{1}{j\omega C}$$

$$Z_2 = \frac{R\frac{1}{j\omega C}}{R + \frac{1}{j\omega C}} \approx R$$

此时选频网络相当于图 5－4b。此时 $\dot{U}_2$ 很小，相位引前 $\dot{U}_1$ 一个 φ_F 角，且 φ_F 角较大，接近 90°。

（2）当 $\dot{U}_1$ 频率较高时，有 $\frac{1}{\omega C} \ll R$，则

$$Z_1 = R + \frac{1}{j\omega C} \approx R$$

$$Z_2 = \frac{R\frac{1}{j\omega C}}{R + \frac{1}{j\omega C}} \approx \frac{1}{j\omega C}$$

此时选频网络相当于图 5－4c，且 $\dot{U}_2$ 的幅值也很小，相位落后 $\dot{U}_1$ 一个 φ_F 角，φ_F 角较大，接近 －90°。

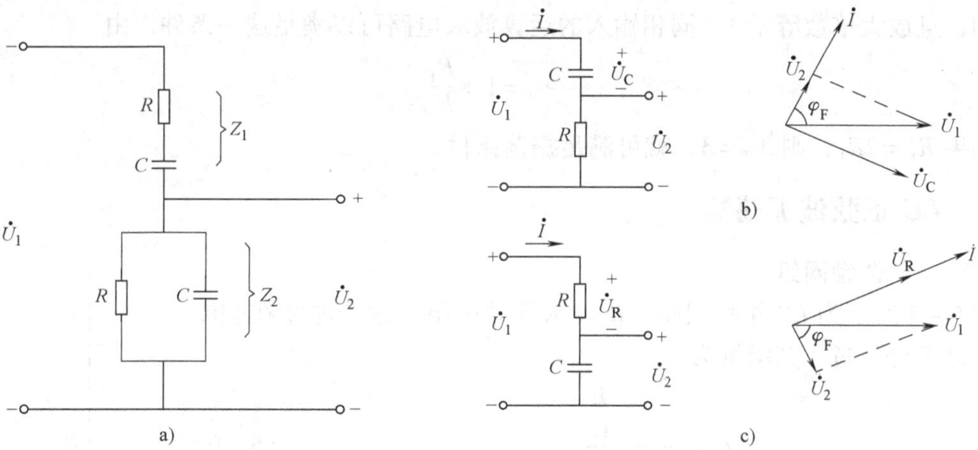

图 5－4　RC 串并联选频网络

a）电路图　b）低频等效电路及矢量图　c）高频等效电路及矢量图

从上述两种情况的矢量图看出，$\dot{U}_2$ 由超前 $\dot{U}_1$ 变化到滞后 $\dot{U}_1$，中间必有一频率，使 $\dot{U}_1$ 与 $\dot{U}_2$ 同相。可以证明，当 $\omega=\omega_0=\frac{1}{RC}$时，$\dot{U}_1$ 和 $\dot{U}_2$ 同相位，且 $\dot{U}_2$ 幅度达到最大。

设 F 为正反馈系数，则有：

$$F=\frac{\dot{U}_2}{\dot{U}_1}=\frac{Z_2}{Z_1+Z_2}=\frac{\mathrm{j}\omega RC}{(1-\omega^2R^2C^2)+\mathrm{j}3\omega RC} \tag{5-4}$$

令 $\omega_0=\frac{1}{RC}$，则上式变为

$$F=\frac{1}{3+\mathrm{j}\left(\frac{\omega}{\omega_0}-\frac{\omega_0}{\omega}\right)} \tag{5-5}$$

由此可得幅频特性为

$$|F|=\frac{1}{\sqrt{3^2+\left(\frac{\omega}{\omega_0}-\frac{\omega_0}{\omega}\right)^2}} \tag{5-6}$$

相频特性为

$$\varphi_{\mathrm{F}}=-\arctan\frac{\frac{\omega}{\omega_0}-\frac{\omega_0}{\omega}}{3} \tag{5-7}$$

当 $\omega=\omega_0=\frac{1}{RC}$时，$F=\frac{1}{3}$，此时 F 的幅值最大，相角为零

$$|F|=\frac{1}{3},\quad \varphi_{\mathrm{F}}=0 \tag{5-8}$$

这就是说，当 $\omega=\omega_0=\frac{1}{RC}$时，$\dot{U}_2$ 的幅值最大，是 $\dot{U}_1$ 幅值的$\frac{1}{3}$，且 $\dot{U}_2$ 和 $\dot{U}_1$ 同相。

由此可见 RC 串并联电路具有选频特性，改变选频网络 RC 的参数，可以改变振荡频率。

根据产生自激振荡的条件 $|AF|=1$，则 $A=3$，说明要求放大电路的输出电压与输入电压同相，且放大倍数等于3。同相输入的运算放大电路可以满足这一条件，由

$$A_{\mathrm{uf}}=1+\frac{R_{\mathrm{F}}}{R_1}$$

如果 $R_{\mathrm{F}}=2R_1$，则 $A_{\mathrm{uf}}=3$，就可满足振荡条件。

5.2.2 LC 正弦波振荡器

5.2.2.1 LC 选频网络

图 5-5 所示为 LC 并联回路，R 表示等效电阻。这个电路在交流电路中已经分析过，其阻抗为

$$Z\approx\frac{\frac{L}{C}}{R+\mathrm{j}\left(\omega L-\frac{1}{\omega C}\right)} \tag{5-9}$$

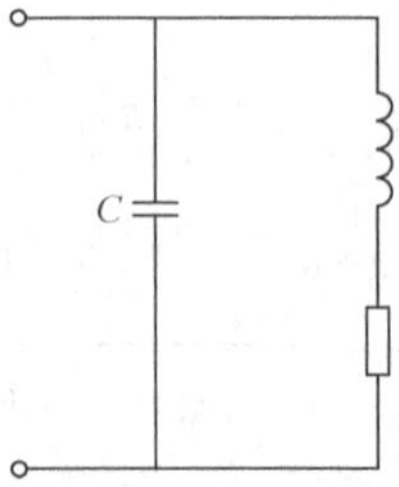

图 5-5 LC 并联电路

当 $\omega L-\dfrac{1}{\omega C}=0$ 时，产生并联谐振，其谐振频率为

$$f_0=\frac{1}{2\pi\sqrt{LC}}$$

在谐振状态，回路的等效阻抗为纯电阻，其值最大

$$Z=\frac{L}{RC} \tag{5-10}$$

LC 振荡电路的选频特性，决定于 LC 选频网络的品质因数 Q：

$$Q=\frac{\omega_0 L}{R}=\frac{1}{\omega_0 CR} \tag{5-11}$$

Q 值越大，其谐振曲线越尖锐，选频能力就越强。

5.2.2.2　变压器反馈式振荡电路

图 5-6 所示为变压器反馈式振荡电路。它由晶体管放大器、变压器反馈电路和 LC 选频电路三部分组成。

变压器一次绕组的电感 L 与电容 C 组成并联谐振电路，作为选频网络。同时并联谐振时的等效电阻作为晶体管集电极负载电阻，变压器另两个绕组一个作为反馈绕组（N_2），一个作为输出绕组，接负载电阻 R_L。反馈电压 u_f 加到晶体管输入端。图中 R_{B1}、R_{B2} 和 R_E 组成放大器的偏置电路，C_1 是输入耦合电容，C_E 是射极旁路电容。

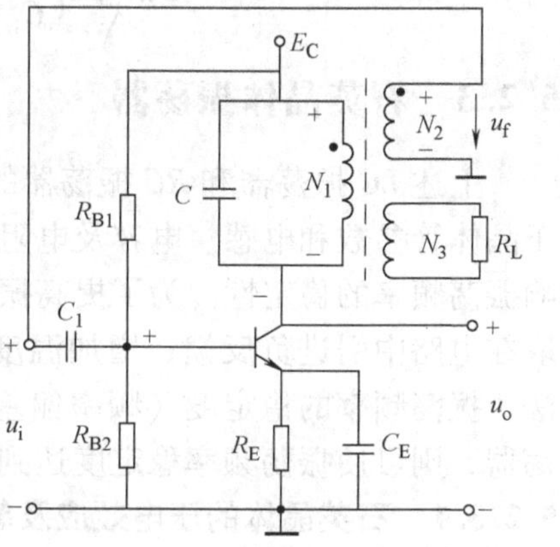

图 5-6　变压器反馈式振荡电路

反馈电压一定要满足振荡的相位条件。这里变压器线圈上的“·”为同名端，它们有相同的瞬时极性。可以用瞬时极性法判别是否满足相位条件。当输入端为“+”时，集电极端为“-”，变压器绕组 L 上感应电压为上“+”下“-”，因而 N_2 绕组同名端也为“+”，说明反馈电压加到输入端为正反馈，与输入电压同相，满足相位条件。

反馈电压要满足振荡的振幅条件，可通过适当地选择 N_2 的匝数，得到适当的电压比，使具有足够大的反馈电压幅度。

该振荡器满足相位和振幅条件，振荡频率决定于 L、C 的大小，其公式为

$$f_0=\frac{1}{2\pi\sqrt{LC}} \tag{5-12}$$

5.2.2.3　LC 振荡器的基本电路

（1）电感三点式 LC 振荡器

图 5-7 所示为电感三点式 LC 振荡器。从图中可以看到，用一个有中间抽头的线圈来代替有两个绕组的变压器，同样可以获得正反馈，以构成振荡电路。电感上也标有同名端。当输入端极性为“+”时，则晶体管集电极的极性为“-”，电感两部分都是上“+”下“-”，反馈电压为 L_2 上电压，“+”端反馈到输入端，所以为正反馈，满足振荡条件。振荡频率为

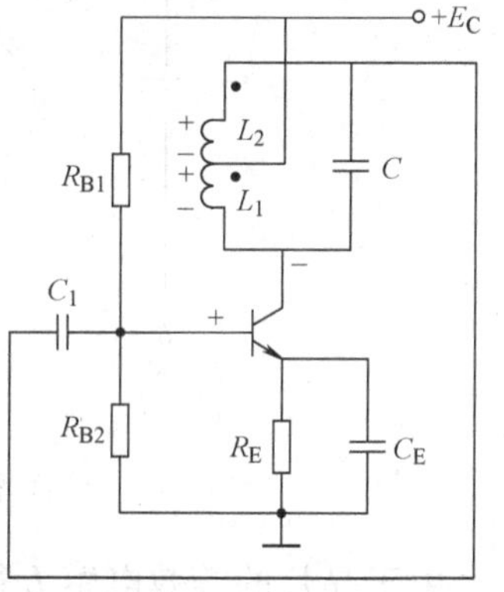

图 5-7　电感三点式 LC 振荡器

$$f_0 = \frac{1}{2\pi\sqrt{(L_1 + L_2 + 2M)C}} \tag{5-13}$$

式中，L_1、L_2 是电感；M 是互感系数。

（2）电容三点式 LC 振荡器

为了实现正反馈，也可以用电容作为反馈元件，如图 5-8 所示。反馈电压从 C_2 上取出，显然满足正反馈条件。电容三点式 LC 振荡器振荡频率为

$$f_0 = \frac{1}{2\pi\sqrt{L\left(\frac{C_1C_2}{C_1 + C_2}\right)}} \tag{5-14}$$

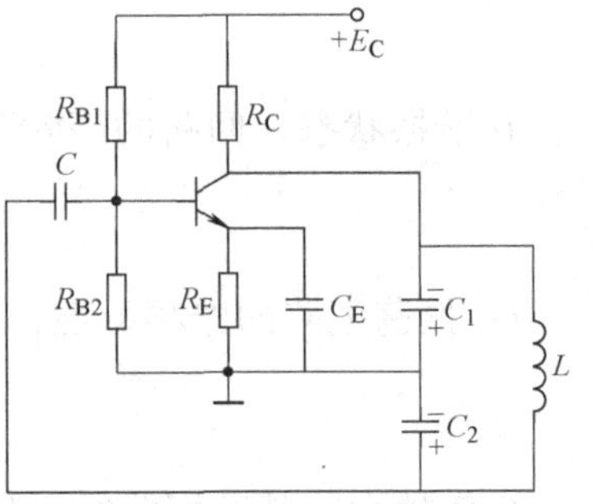

图 5-8 电容三点式 LC 振荡器

5.2.3 石英晶体振荡器

上述 LC 振荡器和 RC 振荡器的振荡频率虽然主要取决于选频网络元件的参数值，但由于晶体管参数和电感、电容及电阻参数值都会受电源电压、温度等因素变化的影响，从而影响振荡频率的稳定性。为了提高振荡频率的稳定性，可以提高振荡回路品质因数 Q，或者采取在电路中引进负反馈、增加温度补偿、提高电源电压稳定性等方法。但尽管采取这些办法，振荡频率的稳定度（频率偏差/额定频率）最高也不过 10^{-4}左右。如果采用石英晶体振荡器，则可使振荡频率稳定度达到 $10^{-6}\sim10^{-8}$，甚至更高。

5.2.3.1 石英晶体的压电效应及等效电路

若在石英晶片两极加一电场，晶片会产生机械变形。反之在晶片上施加机械压力，晶片也会产生一定的电场。这种物理现象就称为压电效应。因此，当晶片的两极加上交变电压时，晶片就会产生机械变形振动，同时晶片的机械振动又会产生交变电场。在一般情况下，晶片的机械振动的振幅和交变电场的振幅都非常小，只有在外加交变电压的频率为某一特定频率时，振幅才突然加大，比一般情况下的振幅大得多，这种现象称为压电谐振。这和 LC 回路的谐振现象十分相似，因此石英晶体又称为石英谐振器。

石英谐振器的符号和等效电路如图 5-9 所示。

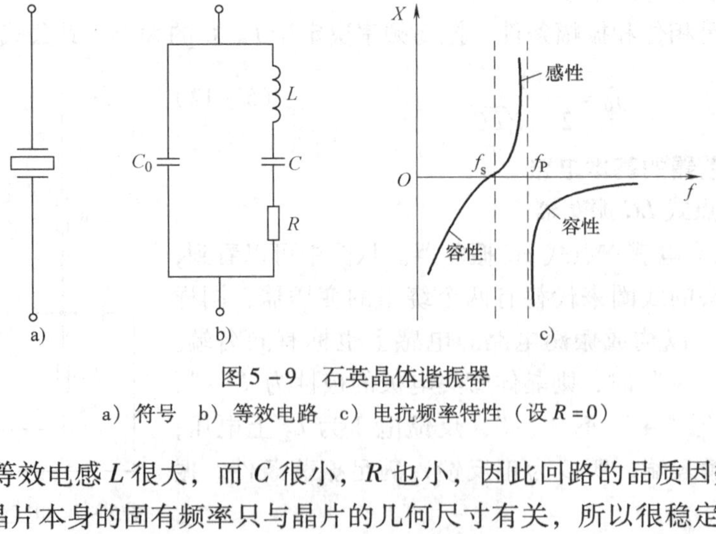

图 5-9 石英晶体谐振器

a）符号 b）等效电路 c）电抗频率特性（设 $R=0$）

由于晶片的等效电感 L 很大，而 C 很小，R 也小，因此回路的品质因数 Q 很大，可达 $10^4\sim10^6$。加上晶片本身的固有频率只与晶片的几何尺寸有关，所以很稳定，而且可做得很

精确。利用石英谐振器组成振荡电路，可获得很高的频率稳定性。

从石英谐振器的等效电路可知，这个电路有两个谐振频率，当 L、C、R 支路串联谐振时，等效电路的阻抗最小（等于 R），串联谐振频率为

$$f_s=\frac{1}{2\pi\sqrt{LC}} \tag{5-15}$$

当等效电路并联谐振时，并联谐振频率为：

$$f_p=\frac{1}{2\pi\sqrt{L\dfrac{CC_0}{C+C_0}}}=f_s\sqrt{1+\frac{C}{C_0}} \tag{5-16}$$

由于 $C \ll C_0$，因此 f_s 和 f_p 两个频率非常接近。图 5-9c 为石英谐振器的电抗频率特性，在 f_s 和 f_p 之间为电感性，在此区间外为电容性。

5.2.3.2　石英晶体振荡电路

石英晶体振荡电路的形式是多种多样的，但其基本电路只有两类，即并联晶体振荡电路和串联晶体振荡电路。前者石英晶体工作在 f_s 与 f_p 之间，利用晶体作为一个电感来组成振荡电路，而后者则工作于串联谐振频率 f_s 处，利用阻抗最小的特性来组成振荡电路。

（1）并联石英晶体振荡电路

晶体谐振器工作在并联谐振频率 f_p 时相当于电感，并显示最大的阻抗，因此在电路中它是并联连接。图 5-10 所示是利用晶体代替电容三点式改进电路中电感的并联石英晶体振荡电路。图中 R_{B1}、R_{B2}、R_E 为直流偏置电阻，C_B 为旁路电容。

当频率接近晶体的并联谐振频率 f_p 时，晶体两端出现最大电压，并通过 C_1 和 C_2 组成的电容分压器耦合到基-射极间，从晶体两端输出频率等于晶体并联谐振频率的输出电压。

（2）串联石英晶体振荡电路

图 5-11 所示是利用石英晶体组成的串联型晶体振荡电路。VT_1、VT_2 组成两级直接耦合放大器，晶体接在两管发射极之间，组成电压串联正反馈电路。当振荡频率等于晶体的串联谐振频率 f_s 时，晶体阻抗最小且为纯阻，这时正反馈最强，相移为零，电路满足自激振荡条件而振荡。对于 f_s 以外的其他频率，晶体的阻抗增大，相移不为零，不满足自激振荡条件。因此，振荡频率等于 f_s。调节电阻 R 可调节反馈量大小，以获得良好的正弦波输出，防止输出波形失真。

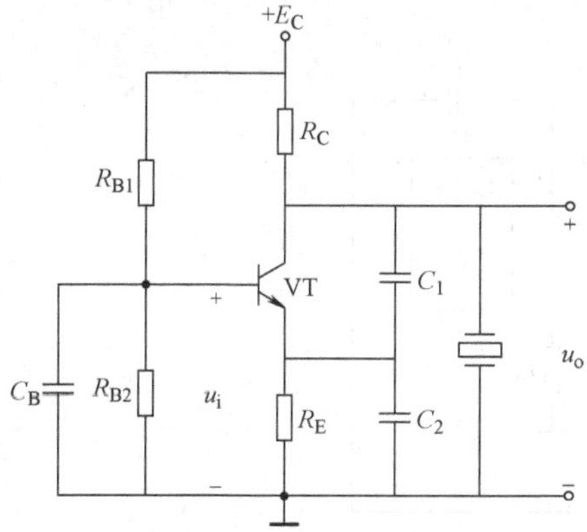

图 5-10　并联型晶体振荡电路

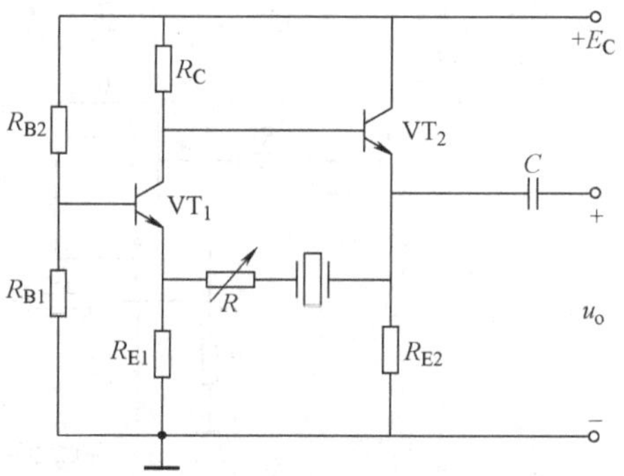

图 5-11　串联型晶体振荡电路

5.3 非正弦波信号产生电路

5.3.1 方波发生器

图 5－12 所示电路为方波发生器，VZ 为双向稳压管，输出电压为 $\pm U_Z$。两个输入端的电位 u_- 和 u_+ 相比较，其差值决定输出电压的极性，$U_{opp}=\pm U_Z$，而 $u_+=\pm\dfrac{R_1}{R_1+R_2}U_Z=U_T$。

设 $t=0$ 时，$u_o=+U_Z$，则 $u_+=+U_T$，u_o 通过 R_F 对电容 C 充电，即 u_- 升高，一旦 $u_->U_T$，u_o 就从 $+U_Z$ 翻转到 $-U_Z$，$u_o=-U_Z$，而 $u_+=-U_T$，此后电容 C 又反向充电，当 $u_-<-U_T$ 时，到达新的翻转点。这样周而复始，电路产生自激振荡，即电路无外加输入电压，而在输出端也有一定频率和幅度的信号输出。图 5－13 为振荡波形曲线。

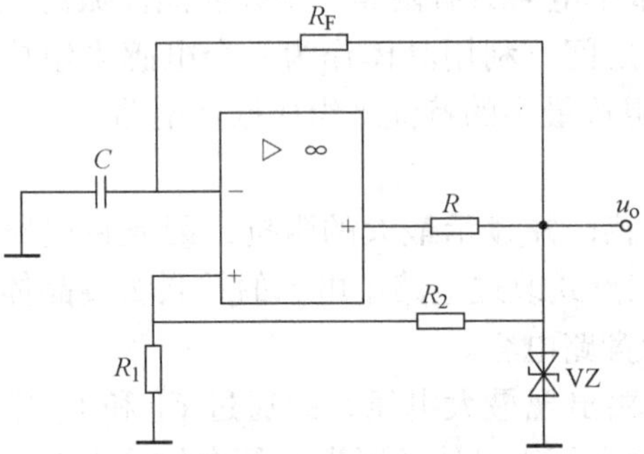

图 5－12　方波发生器

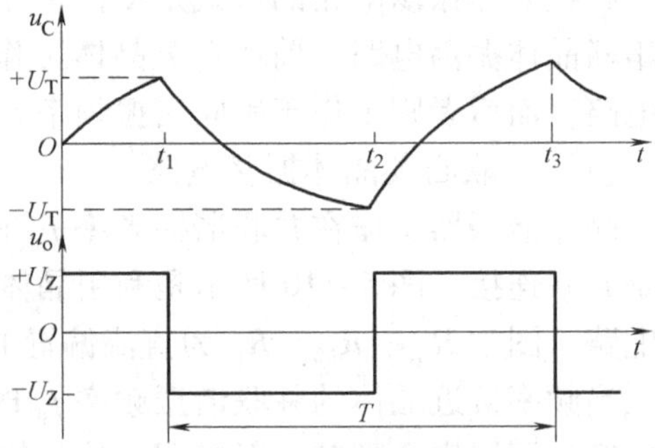

图 5－13　方波振荡曲线

可以计算，输出方波的周期为

$$T=2R_FC\ln\left(1+\frac{R_1}{R_2}\right) \tag{5-17}$$

5.3.2 三角波发生器

图 5－14 所示的三角波发生器由两级运算放大器组成，A_1 为滞回比较器，A_2 为积分器。VZ 为双向稳压管，输出电压为 $\pm U_Z$。

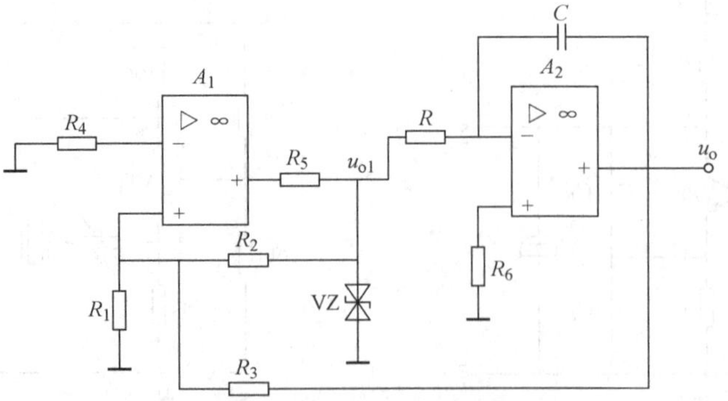

图 5－14　三角波发生器

$$u_{o1} = \pm U_Z$$

$$u_o = -\frac{1}{RC}\int u_{o1}\mathrm{d}t$$

两级输出电压分别通过 R_2 和 R_3 反馈到 A_1 的同相端，受正反馈影响，u_{o1} 为方波，对方波积分后，u_o 输出三角波。为简单起见，设 $R_2 = R_3$，则十分明显，当 $|u_{o1}| = |u_o|$ 时，振荡器发生翻转。设 $t = 0$ 时 $u_{o1} = +U_Z$，$u_o = 0$，$t = t_1$ 时积分器输出 $u_o = -U_Z$，这时两输出端反馈到 A_1 同相端的电压之和刚好等于零，只要 $|u_o|$ 稍大于 U_Z，比较器立刻翻转到 $u_{o1} = -U_Z$，积分器开始反向积分，当 $t = t_2$ 时，$u_o = +U_Z$，再次使 u_{o1} 翻转。重复上述过程，因此电路产生自激振荡。调节 R 可以调节振荡频率。可以证明，在此情况下，振荡频率为

$$f = \frac{1}{4RC} \tag{5-18}$$

u_{o1} 和 u_o 的波形图如图 5－15 所示。

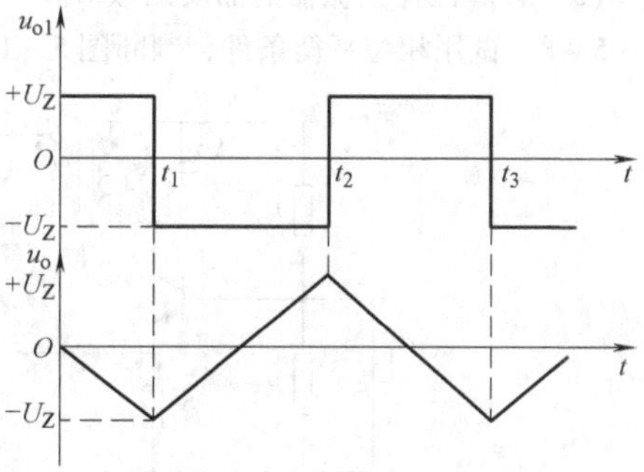

图 5－15　三角波振荡曲线

习　　题

5－1　在电阻为 5Ω，电感为 8mH 的线圈中串联电容 C 组成一个选频电路，此时得到谐振频率 $f_0 =$ 500kHz。求电容 C 的值。

5－2　当振荡电路的输出电压 $U_o = 10\text{V}$，电压放大倍数 $A_u = 20$ 时，为了维持振荡，求反馈系数 F 应为多大，其最小的反馈量为多少伏。

5－3　在图 5－16 所示电路中，试算出在可变电容 C 的变化范围内，其振荡频率的可调范围为多少？

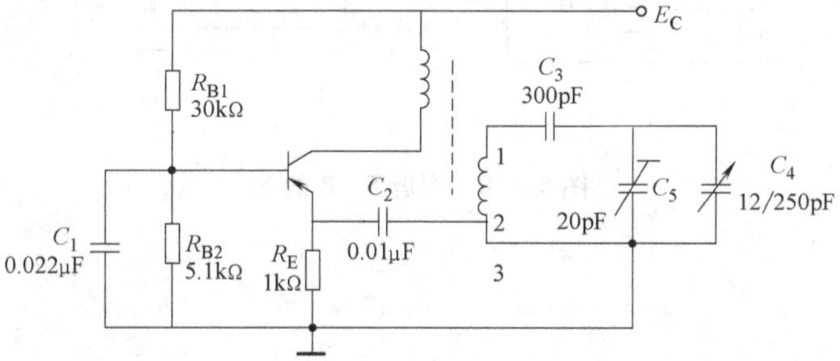

图 5－16　习题 5－3 的图

5－4　在图 5－17 所示电路中，A、B 之间接入下列元件时，能否构成正弦波振荡电路，如能，其振荡频率 f_0 是多少？

（1）A、B 之间接一个 0.2mH 的电感线圈 L；

（2）A、B 之间接一个 0.5kΩ 的电阻。

5－5　试说明 RC 串并联选频特性。有一文氏电桥振荡器，已知 $R = 120\text{k}\Omega$，$C = 0.001\mu\text{F}$，求振荡频率的大小。

5－6　有一电感反馈 LC 振荡器，振荡回路中电感抽头两侧线圈的电感均为 20mH，电感之间互感为零，

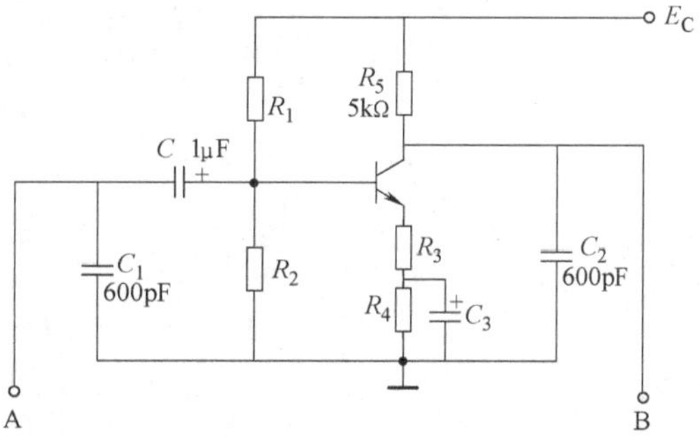

图 5－17　习题 5－4 的图

振荡回路的电容为0.1μF，不计损耗，试求振荡器的振荡频率。

5-7　石英振荡器有几种形式，振荡频率有什么不同？设某振荡器用的石英晶体有下列参数：$L=0.33\text{H}$，$C=0.065\text{pF}$，$C_0=1\text{pF}$，$R=5.5\text{k}\Omega$。

（1）求晶体振荡器的串联谐振频率；

（2）求并联谐振频率；

（3）计算晶体谐振器的品质因数 Q。

5-8　试用相位平衡条件，判断图5-18所示电路中哪些能产生正弦波振荡？哪些不能？并说明理由。

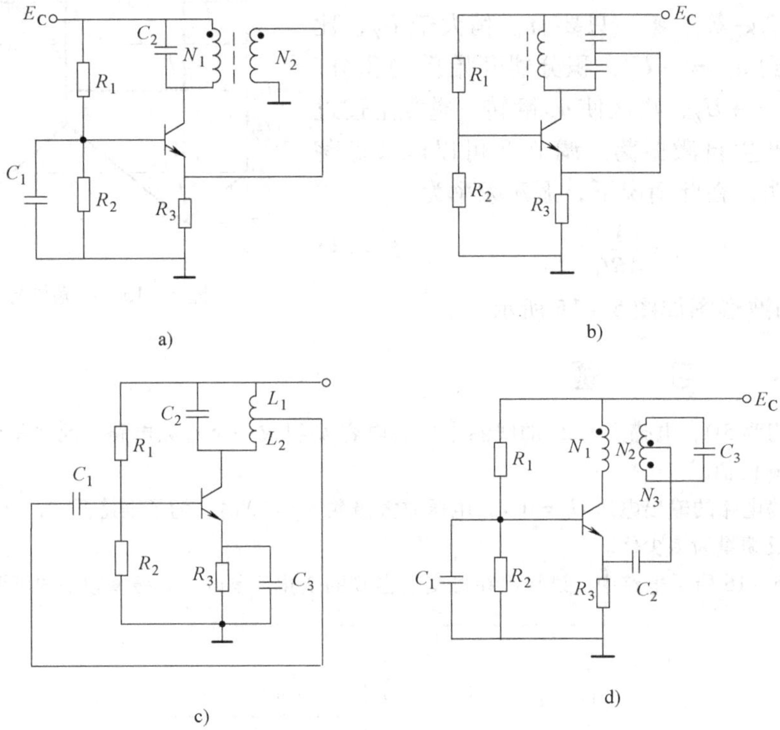

图5-18　习题5-8的图

第 6 章　整流电路和直流稳压电源

电子设备中所用的直流电源，通常是由电网提供的交流电经过整流、滤波和稳压以后得到的。对于直流电源的主要要求是：输出电压幅值稳定、脉动成分小等。

直流稳压电源电路一般由以下几部分组成：降低电压及隔离作用的变压器、把交流变成脉动直流的整流电路、滤除交流成分的滤波电路、稳定输出电压的稳压电路等，其原理框图如图 6-1 所示。

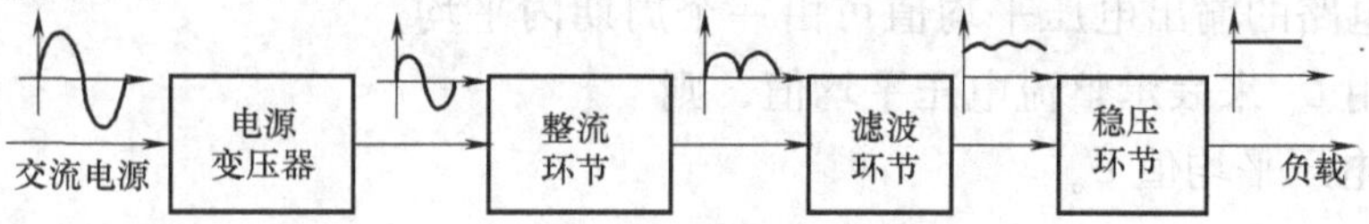

图 6-1　直流稳压电源框图

本章主要介绍单相整流电路、滤波与简单稳压电路及集成稳压电源电路。

6.1　整流电路

单相整流电路有单相半波、单相全波及单相桥式整流电路。

6.1.1　单相半波整流电路

单相半波整流电路如图 6-2 所示。在单相半波整流电路中，T_r 为变压器，它把电源电压 u_1 变成适合整流电路要求的交流电压 u_2；VD 为整流二极管，它将交流电压 u_2 变换成脉动的直流电压；R_L 为负载电阻，负载上电压即为整流后得到的脉动直流电压。

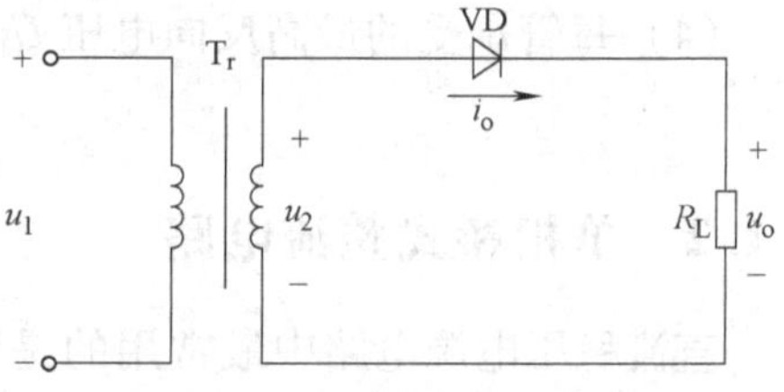

图 6-2　单相半波整流电路

(1) 当交流电压 u_2 为正半周时，电流流通路径如图 6-3a 所示。

此时变压器二次侧 a 点电位高于 b 点，二极管 VD 因承受正向电压而导通，电流流通路径为 a-VD-R_L-b。电流的实际方向如图 6-3a 中箭头所示。如果忽略二极管的正向压降，则负载电阻 R_L 上得到 u_2 正半周的电压，极性如图 6-3a 所示。

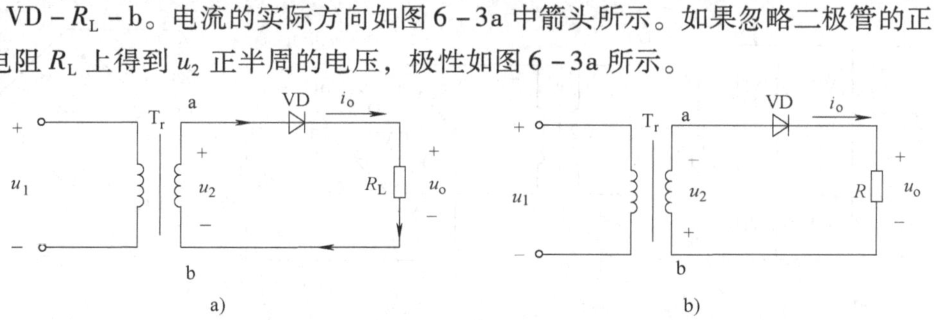

图 6-3　单相半波整流电路的电流流通路径

a）电压正半周时电流流通路径　b）电压负半周时电流流通路径

（2）当交流电压 u_2 为负半周时，由于变压器 b 点电位高于 a 点电位，因此二极管 VD 因承受反向电压而截止。此时电流为零，负载电阻 R_L 上电压为零，如图 6－3b 所示。

整流以后输出电压波形、二极管承受电压波形如图 6－4所示。二极管电流为零时表示二极管截止，二极管电压为零时表示二极管导通，电压为负时表示二极管承受的电压实际方向与规定的正方向相反，即承受反向电压。

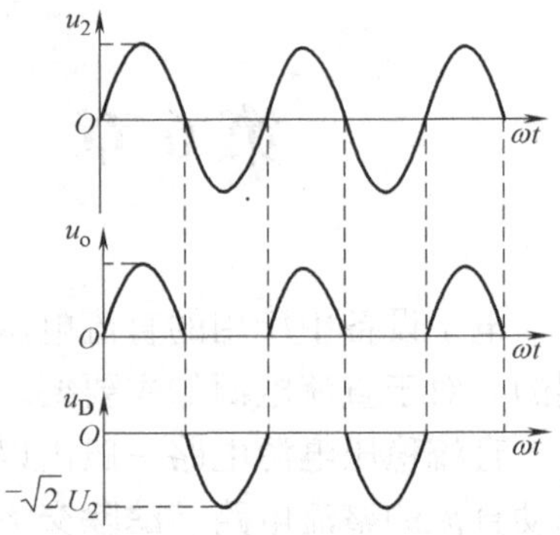

图 6－4　半波整流输出电压和二极管电压波形

负载上得到的电压和电流是单方向的，是一种脉动的直流。对于脉动直流电压，通常用平均值来表示其大小。单相半波整流电路的输出电压平均值可由一个周期内平均值求得。如果用 U_o 来表示整流电压平均值，则

（1）整流电压平均值 U_o

$$U_o = \frac{1}{2\pi}\int_0^{\pi}\sqrt{2}U_2\sin\omega t\mathrm{d}(\omega t) = \frac{\sqrt{2}}{\pi}U_2 = 0.45U_2 \tag{6-1}$$

（2）整流电流平均值 I_o

$$I_o = \frac{U_o}{R_L} = 0.45\frac{U_2}{R_L} \tag{6-2}$$

（3）流过二极管电流平均值 I_D

$$I_D = I_o \tag{6-3}$$

（4）每管承受的最高反向电压 U_{DRM}

$$U_{DRM} = \sqrt{2}U_2 \tag{6-4}$$

6.1.2　单相桥式整流电路

直流稳压电源电路中最常用的是单相桥式整流电路。单相桥式整流电路如图 6－5a 所示。图中 Tr 为变压器，它把电源电压 u_1 变成适合整流电路要求的交流电压 u_2；VD_1、VD_2、VD_3、VD_4 为组成桥臂的二极管，它们将交流电压 u_2 变换成脉动的直流电压；R_L 为负载电阻，负载上电压即为整流后得到的脉动直流电压。图 6－5b、c 为桥式整流电路的另外两种画法。

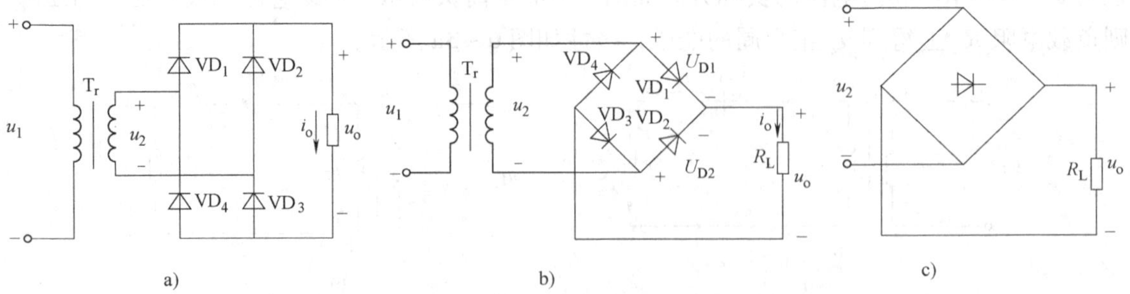

图 6－5　单相桥式整流电路

a）电路图　b）另一种画法　c）简略画法

1）u_2 为正半周时，变压器二次侧 a 点电位高于 b 点，二极管 VD_1、VD_3 因承受正向电压而导通，而二极管 VD_2、VD_4 因承受反向电压而截止，电流流通路径为 $a-VD_1-R_L-VD_3-b$，电流的实际方向如图 6－6 中箭头所示。如果忽略二极管的正向压降，则负载电阻 R_L 上得到 u_2 正半周的电压，极性如图 6－6 所示。

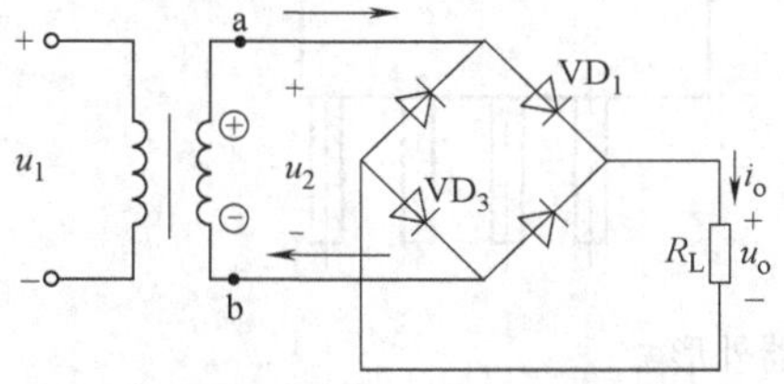

图 6－6　正半周时 VD_1、VD_3 导通

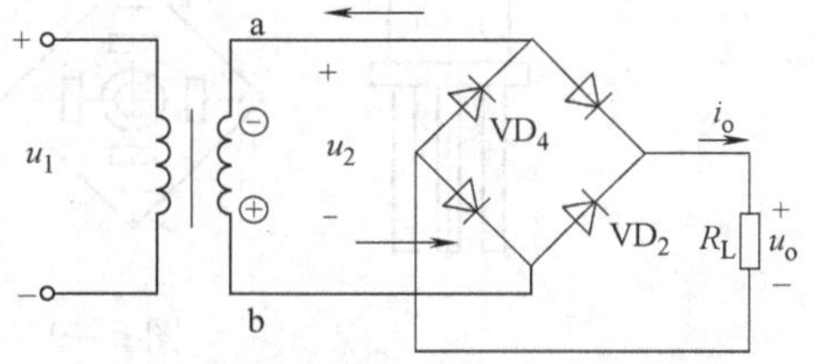

图 6－7　负半周时 VD_2、VD_4 导通

2）u_2 为负半周时，由于变压器 b 点电位高于 a 点，二极管 VD_2、VD_4 因承受正向电压而导通，而二极管 VD_1、VD_3 因承受反向电压而截止，电流流通路径为 $b-VD_2-R_L-VD_4-a$。电流的实际方向如图 6－7 中箭头所示。负载电阻 R_L 上得到 u_2 负半周的电压，极性如图所示。

可见，无论在电源的正半周或负半周，负载电阻 R_L 中的电流方向是一致的，其电压极性也一致。

整流以后输出电流和电压波形如图 6－8b 所示，流过二极管电流的波形如图 6－8c、d 所示，二极管承受电压波形如图 6－8e、f 所示。

如果用 U_o 来表示整流电压平均值，则

$$U_o = \frac{1}{\pi}\int_0^{\pi}\sqrt{2}U_2\sin\omega t\mathrm{d}\omega t = \frac{2\sqrt{2}}{\pi}U_2 = 0.9U_2 \tag{6-5}$$

整流电流的平均值为

$$I_o = \frac{U_o}{R_L} = 0.9\frac{U_2}{R_L} \tag{6-6}$$

在桥式整流电路中，每个二极管只导电半周，所以每个二极管流过电流的平均值为

$$I_D = \frac{I_o}{2} = 0.45\frac{U_2}{R_L} \tag{6-7}$$

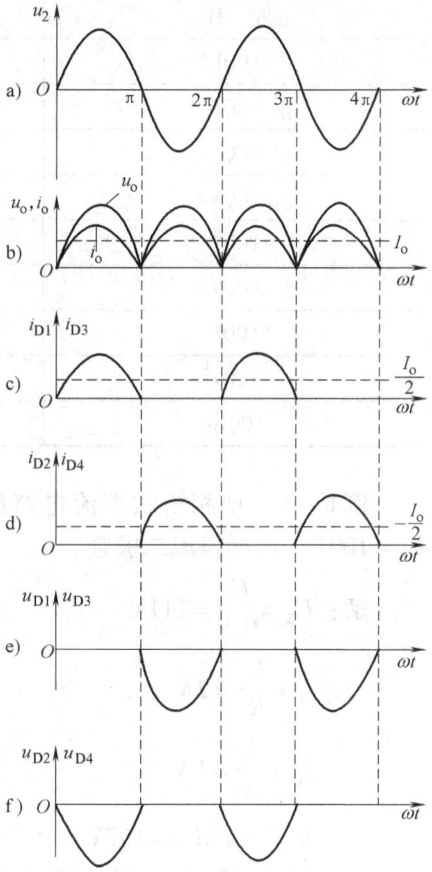

图 6－8　单相桥式整流电路波形

二极管截止时所承受反向电压的最大值为 u_2 交流电压的峰值：

$$U_{DRM} = U_{2m} = \sqrt{2}U_2 \tag{6-8}$$

在单相桥式整流电路中，所选择的整流二极管参数必须满足：

1）最大整流电流　　$I_{OM} \geqslant I_D$

2）最高反方向工作电压　　$U_{RM} \geqslant U_{DRM}$

现在单相桥式整流电路大多采用硅桥式整流器。硅桥式整流器实际上就是把连接成桥式电路的四只二极管集成为一个整体，这就给使用者带来很多方便，硅桥式整流器外形如图 6－9 所示，其参数见表 6－1。

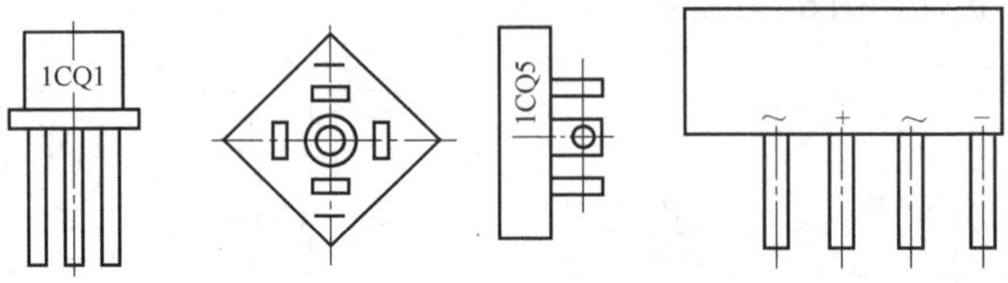

图 6－9 硅桥式整流器外形

表 6－1 国产整流桥堆型号及规格

<table>
<tr><th>型 号</th><th>输出直流电流/A</th><th></th></tr>
<tr><td>1CQ1</td><td>0.05</td><td rowspan="9">最高反向工作电压分 A（25V）、B（50V）、C（100V）、D（200V）、E（300V）、F（400V）6 挡</td></tr>
<tr><td>1CQ2</td><td>0.1</td></tr>
<tr><td>1CQ3</td><td>0.2</td></tr>
<tr><td>1CQ4</td><td>0.3</td></tr>
<tr><td>1CQ5</td><td>0.5</td></tr>
<tr><td>1CQ6</td><td>1</td></tr>
<tr><td>1CQ7</td><td>2</td></tr>
<tr><td>1CQ9</td><td>5</td></tr>
<tr><td>1CQ10</td><td>10</td></tr>
</table>

例 6－1 单相桥式整流电路如图 6－5a 所示，已知：负载电阻 $R_L = 50\Omega$，负载电压 $U_o = 100V$，选择整流二极管。

解： $U_2 = \dfrac{U_o}{0.9} = 111V$

$$I_o = \frac{U_o}{R_L} = 2A$$

$$I_D = \frac{I_o}{2} = 1A$$

$$U_{DRM} = \sqrt{2}U_2 = 157V$$

可选用二极管 2CZ12D，其最大整流电流为 3A，反向工作峰值电压为 300V。

6.2 滤波电路

整流电路输出的是单方向脉动直流，含有较强的交流分量。这些脉动电压作为电源对某些负载（如蓄电池）充电还可以使用。而对于大多数电子设备来说，所需电源则是波动程度很小的较为理想的直流电源，这就要在整流之后加以滤波，尽量减小输出电压的交流成分。下面介绍几种常用的滤波电路。

6.2.1　电容滤波电路

电容滤波电路就是在整流电路的输出端与负载电阻之间并联一个电容器 C。图 6-10 所示为单相桥式整流电容滤波电路。

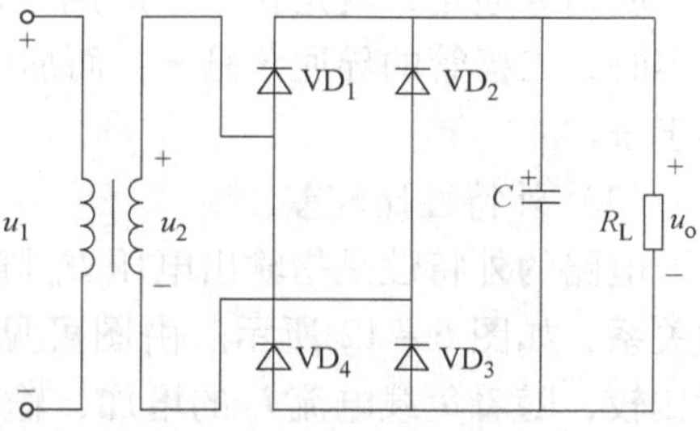

图 6-10　电容滤波电路

负载电阻两端没有并联电容器时的电压波形如图 6-11 中的虚线所示，并联电容器后的电压波形如图 6-11 中的实线所示。具体分析如下：

假定电路接通交流电源时，u_2 从零开始上升，VD_1、VD_3 受正向电压作用而导通，电源除向负载 R_L 供电外，还要对电容充电。由于二极管的正向电阻和电源内阻很小，故充电时间常数很小，充电很快结束。所以电容 C 两端电压基本等于电源电压，电容 C 的电压随着电源电压 u_2 按正弦规律上升，在二极管导通条件下电容 C 上电压为电源电压 u_2。到达最大值 A 点后，电源电压开始下降。在某一点 B 之后，u_2 的下降速度超过 u_C 的下降速度，则 u_2 开始小于 u_C，因此二极管开始截止，电容 C 又经负载电阻放电，u_C 按指数规律下降，时间常数 $\tau = R_LC$。只要放电时间常数足够大，放电速度就会很慢，电容两端电压就下降不多，到达 G 点后，u_2 又大于 u_C，二极管又开始导通，电源又对电容 C 充电而重复上述过程。可见二极管导通，电容 C 充电，u_C 上电压为电源电压；二极管截止，电容 C 放电，负载两端电压等于 u_C。如此进行下去，就得到了比较平稳的输出电压 u_o，如图 6-11 所示。

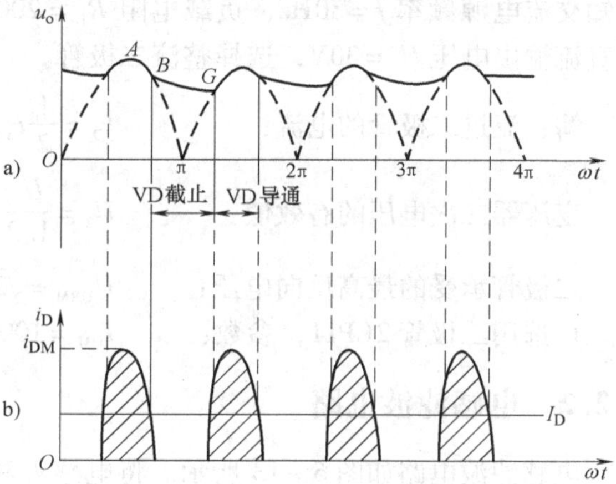

图 6-11　电容滤波电路波形
a）输出电压波形　b）二极管电流波形

由上述分析可以看出，电容滤波的特点是：

（1）输出电压 u_o 的平均值 U_o 增加

当电容量 C 较小时，滤波作用几乎为 0，输出电压平均值 $U_o = 0.9U_2$；当电容量 C 较大，且 $R_L = \infty$ 时，$I_o = 0$，$U_o = \sqrt{2}U_Z$，因此输出电压 u_o 大小范围为

$$0.9U_2 \leqslant U_o \leqslant \sqrt{2}U_2$$

若取

$$R_LC = (3 \sim 5)T/2 \tag{6-9}$$

输出电压平均值的大小取中间值，则滤波效果基本满足要求，因此一般取

$$U_o = 1.2U_2\ （全波）$$
$$U_o = U_2\ （半波） \tag{6-10}$$

显然输出电压 u_o 的平均值 U_o 较无电容滤波时增加。

（2）二极管的导通角减小

所谓导通角，就是在一个周期（2π）中，二极管导通时间所对应的角度。在没加滤波电容时，二极管的导通角是π，而加了滤波电容之后，由图6-11b可以看出，导通角总是小于π。

（3）外特性比较差

电路的外特性是指输出电压U_o随输出电流I_o变化的关系，如图6-12所示。由图可见，与无电容滤波时比较，随着负载电流I_o的增加，输出电压U_o下降较大。这样的外特性比较差，即带负载能力较差，当负载变动较大时，输出电压不稳定。所以电容滤波电路一般适用于负载电流较小且变化不大的场合。

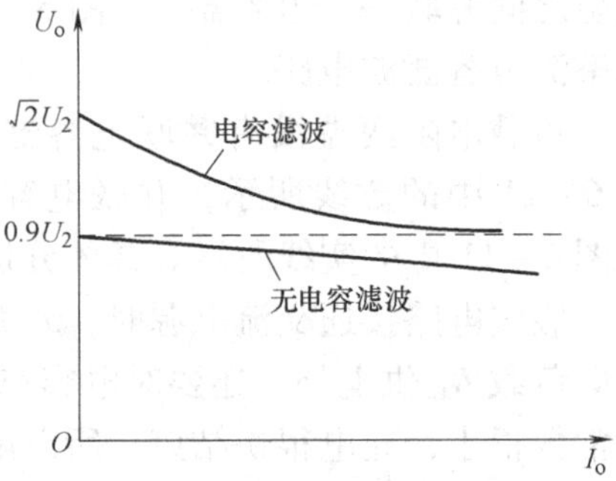

图6-12 电阻负载和电容滤波的单相桥式整流电路的外特性

电容C常取几十微法到几百微法的电解电容，其耐压要大于输出电压最大值。

例6-2 单相桥式整流滤波电路如图6-10所示，已知交流电源频率$f=50\text{Hz}$，负载电阻$R_L=200\Omega$，要求直流输出电压$U_o=30\text{V}$，选择整流二极管。

解：流过二极管的电流：$I_D=\frac{1}{2}I_o=\frac{1}{2}\times\frac{U_o}{R_L}=0.075\text{A}$

变压器二次电压的有效值：$U_2=\frac{U_o}{1.2}=\frac{30}{1.2}\text{V}=25\text{V}$

二极管承受的最高反向电压：$U_{DRM}=\sqrt{2}U_2=35\text{V}$

可选用二极管2CP11，参数：$I_{OM}=100\text{mA}$，$U_{DRM}=50\text{V}$。

6.2.2 电感滤波电路

电感滤波电路如图6-13所示。将电感L和负载R_L串联可减小输出电压u_o的脉动程度。

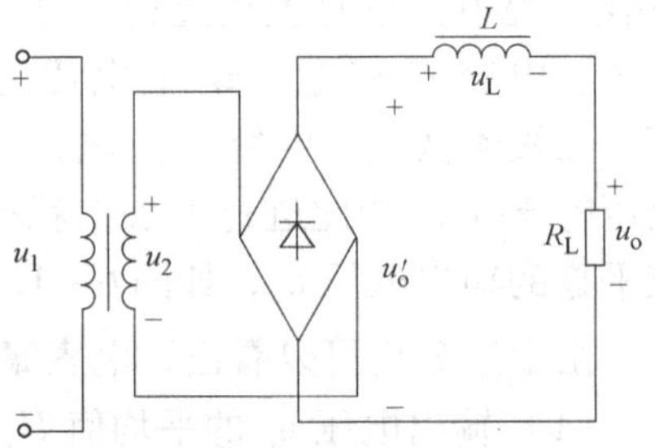

图6-13 电感滤波电路

在图6-13中，输出电压u_o等于整流电压u_o'与电感上压降u_L之差，即$u_o=u_o'-u_L$

整流输出电压u_o是脉动直流，根据傅里叶级数可以分解为直流分量和谐波分量（交流分量）之和。由于电感对交流分量具有感抗（ωL），在感抗比负载电阻R_L大得多的情况下，则可认为u'_o的交流分量基本上都降落在电感上。如果忽略电感线圈本身的电阻，则直流分量主要降落在R_L负载电阻上。因此负载电流和负载电压的脉动程度大为减小。

电感滤波的特点：

1）输出电压的平均值基本上等于无滤波时的平均值，也就是说有：

$$u_o\approx0.9u_2$$

2）外特性较硬。当负载电阻R_L变化时，只要R_L比电感线圈电阻大得多，则输出电压平均值变化就较小。

3）铁心电感线圈体积大，成本高。因此电感滤波一般适用于负载电流较大且变化较大的场合。

6.2.3　π 形滤波电路

为了输出电压的波形更加平直，可以将电感和电容组合应用，其滤波效果更好，图 6-14 所示为 π 形连接的 LC 滤波电路。由于交流分量被 C_1 和 C_2 旁路，而且电感 L 上也会产生交流压降，所以负载上可以得到脉动很小的电压。但这种电路对整流管的冲击电流也很大，同时铁心电感体积大。

更常用的一种 π 形滤波电路是用电阻 R 代替电感 L，组成 π 形 RC 滤波电路，如图 6-15所示。电阻对于交、直流电流都具有同样的降压作用，当 $R_L \gg R$ 时，直流压降主要降落在 R_L 两端，这种电路适用于负载电流较小的场合。

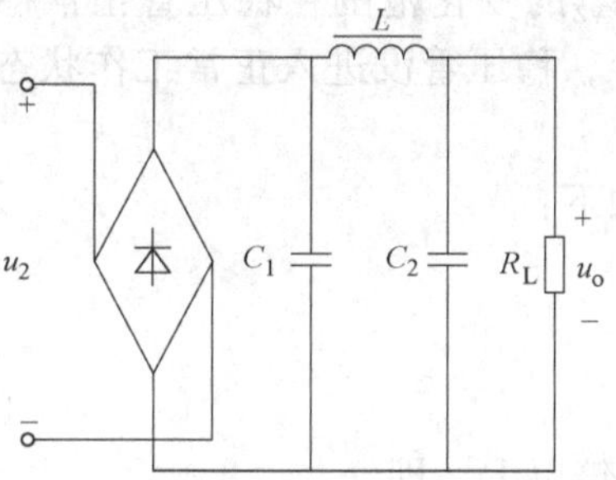

图 6-14　π 形 LC 滤波电路

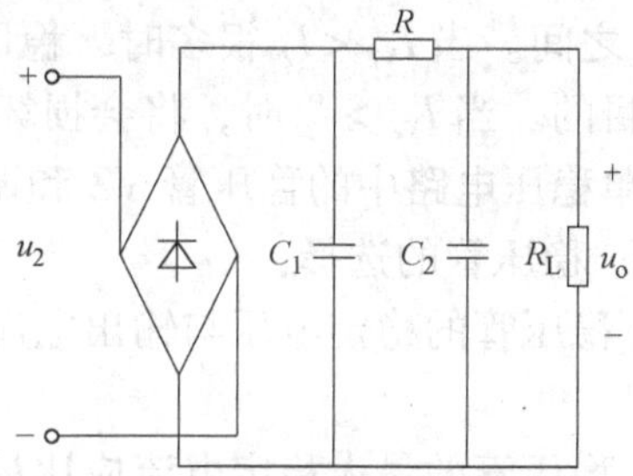

图 6-15　π 形 RC 滤波电路

6.3　简单稳压电路

整流滤波以后输出的直流电压虽然减小了脉动程度，但并不稳定。当电源电压波动和负载改变时，输出电压将跟着改变。为了保证输出稳定的电压，在整流和滤波电路后常接稳压电路。

最简单的稳压电路是采用稳压管和电阻组成的稳压电路，如图 6-16 所示。

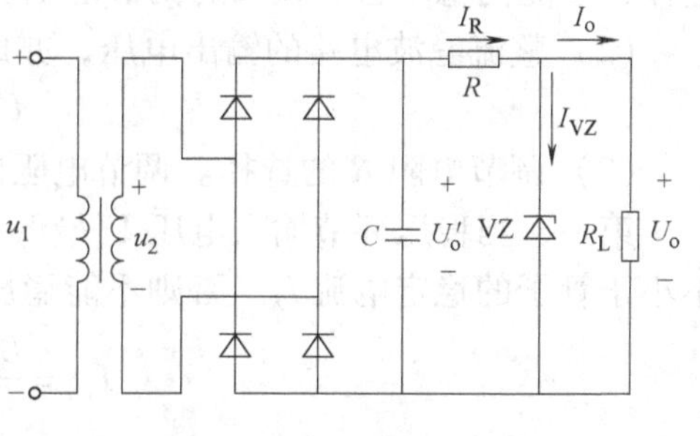

图 6-16　简单稳压电路

这里 C 为滤波电容，VZ 为稳压管，R 为调节电阻，也称为 VZ 的限流电阻，R_L 为负载电阻。根据图 6-16 得，输出电压为

$$U_o = U'_o - I_R R = U'_o - (I_{VZ} + I_o) R \tag{6-11}$$

式中，I_{VZ}是稳压管电流；I_o 是负载电流。

稳压管正常工作状态是工作在反向击穿区，当稳压管两端电压稍有变化时，稳压管的电流将急剧变化。简单稳压电路就是利用稳压管的这一特点来实现稳压的。下面分析稳压过程：

1）当负载 R_L 一定而交流电源电压升高而使 U_o 稍有升高时，与负载电阻 R_L 并联的稳压管中的电流 I_{VZ}将急剧增加，于是 $I_R = I_{VZ} + I_o$ 增大，调节电阻 R 上的压降 $I_R R$ 增加，因此限制了 U_o 的过多增加，使输出电压基本不变。电源电压下降时亦有相应的调节过程。稳压过程如下：

$$\begin{array}{l} U_1\uparrow\rightarrow U_Z\uparrow\rightarrow I_{VZ}\uparrow\rightarrow I_R\uparrow \\ U_o\text{基本不变}\leftarrow I_RR\uparrow \end{array}$$

2）当整流滤波后输出的 U'_o一定而 R_L 减小引起负载电流 I_o 增大时，由于 $I_R=I_{VZ}+I_o$ 增加，调节电阻 R 上的压降增加，使输出电压 U_o 减小。但只要 U_o 略有减小．将导致 I_{VZ}显著减小，使$(I_{VZ}+I_o)R$ 也随之减小，从而限制了 U_o 的减小，使输出电压基本稳定。同理 I_o 减小时，I_{VZ}增加，亦能稳定输出电压。稳压过程如下：

$$\begin{array}{l} R_L\downarrow(I_o\uparrow)\rightarrow I_R\uparrow\rightarrow U_o(U_Z)\downarrow\rightarrow I_{VZ}\downarrow \\ U_o\text{基本不变}\leftarrow I_R(I_RR)\text{基本不变} \end{array}$$

显然，要想使稳压管能正常起到稳压作用，要求 I_{VZ}的变化范围在稳压管正常稳定电流 I_Z 和 I_{Zm}之间。当 $I_{VZ}<I_Z$ 很多时，稳压管不能反向击穿，稳压管没进入正常工作状态，达不到稳压目的。当 $I_{VZ}>I_Z$ 时，将会损坏稳压管。

简单稳压电路中的稳压管 VZ 和调节电阻 R 选择如下：

（1）稳压管的选择：

1）稳压管的稳定电压与输出电压相同：

$$U_Z=U_o \tag{6-12}$$

2）稳压管的最大稳定电流应比最大负载电流大两倍以上，即

$$I_{Zm}\geqslant 2I_{omax} \tag{6-13}$$

这样，才能使稳压管有较大的调节范围。

（2）整流滤波电路的输出电压，亦即稳压环节输入电压 U'_o。一般取：

$$U'_o=(2\sim3)U_o \tag{6-14}$$

（3）调节电阻 R 的选择。调节电阻的选择要满足以下几点：

第一，当稳压环节输入电压 U'_o最低（U'_{omin}）而负载电流 I_o 最大（I_{omax}）时，应保证 I_{VZ} 不小于管子的稳定电流 I_Z，否则不能稳压，即

$$I_{VZ}=\frac{U'_{omin}-U_o}{R}-I_{omax}>I_Z$$

可得出

$$R<\frac{U'_{omin}-U_o}{I_Z+I_{omax}} \tag{6-15}$$

第二，当 U'_o最高（U'_{omax}）而负载电流 I_o 最小（I_{omin}）时，流过稳压管的电流 I_{VZ}不能超过管子的最大稳定电流 I_{Zm}，即

$$I_{VZ}=\frac{U'_{omax}-U_o}{R}-I_{omin}<I_{Zm}$$

可得出

$$R>\frac{U'_{omax}-U_o}{I_{Zm}+I_{omin}} \tag{6-16}$$

因此限流电阻的取值范围为

$$\frac{U'_{omin}-U_o}{I_Z+I_{omax}}>R>\frac{U'_{omax}-U_o}{I_{Zm}+I_{omin}} \tag{6-17}$$

另外还要注意电阻要取标称值。

第三，限流电阻的功率应按电阻 R 上最大耗散功率的 2～3 倍来选择。

例 6－3　整流稳压电路如图 6－17 所示。已知整流电压 $U'_o = 27V$；2CW16 型稳压管的稳压电压为 9V，稳压电流为 5mA；最大稳定电流为 26mA；限流电阻 $R = 0.6k\Omega$，负载电阻 $R_L = 1k\Omega$。

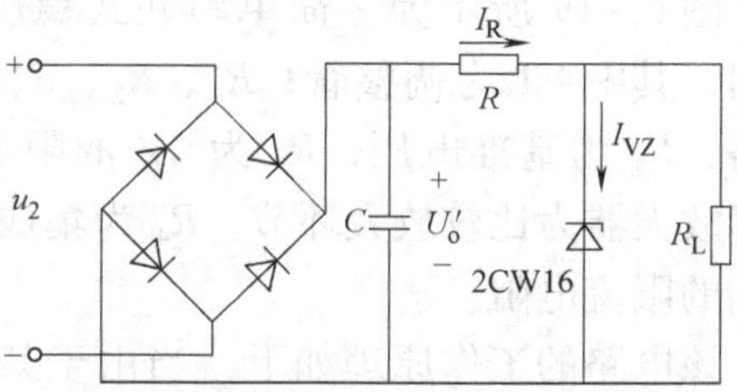

图 6－17　例 6－3 电路图

求：(1) 电流 I_o、I_{VZ} 和 I_R；

(2) 如负载开路，稳压管能否正常工作？为什么？

(3) 如电源电压不变，该稳压电路允许负载电阻变动的范围是多少？

解：(1) $I_o = \dfrac{U_o}{R_L} = \dfrac{9}{1}mA = 9mA$

$$I_R = \frac{U'_o - U_o}{R} = \frac{27-9}{0.6}mA = 30mA$$

$$I_{VZ} = I_R - I_o = (30-9)\ mA = 21mA$$

(2) 若 R_L 开路，则 $I_o = 0$，此时 $I_{VZ} = I_R = 30mA > I_{Zm} = 26mA$

$\therefore$ 稳压管不能正常工作。

(3) U_2 不变，$U_o = U_Z = 9V$

$$I_{VZ} = I_R - I_o = 30 - \frac{U_o}{R_L} = 30 - \frac{9}{R_L}$$

$\because I_{VZ}$ 应满足 $I_Z < I_{VZ} < I_{Zm}$

$\therefore 5 < 30 - \dfrac{9}{R_L} < 26$，求解可得 $0.36k\Omega < R_L < 2.25k\Omega$。

6.4　串联式稳压电路

上面讨论的简单稳压电源电路中，稳压管 VZ 和负载电阻 R_L 并联。它的稳压性能和带负载能力都很有限。而串联式稳压电路的稳压性能和输出电流都大大增加，且输出电压可作一定的调节，因而使用非常广泛。

6.4.1　串联晶体管的调整作用

当晶体管工作在放大区时，集－射极之间相当于一个可变电阻，如果把它与负载电阻 R_L 串联接在直流电压上（见图 6－18），则只要控制晶体管基极电流 I_B 的大小，就可改变集－射极之间电压 U_{CE}，就相当于接入一个可变电阻，使负载得到稳定的输出电压 U_o。由于晶体管在这里起调整作用，通常称为调整管。

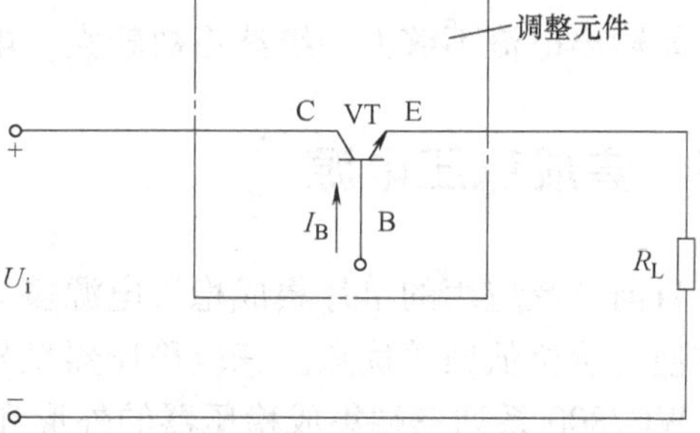

图 6－18　串联式稳压原理

6.4.2 简单串联式稳压电路

图6－19所示为一简单串联式稳压电源原理图，其中VT为调整管；R_1、R_2、R_3为采样电路；U_Z为基准电压，R_5为VZ的限流电阻，运算放大器为比较放大环节，R_4为集成运放输出端的限流电阻。

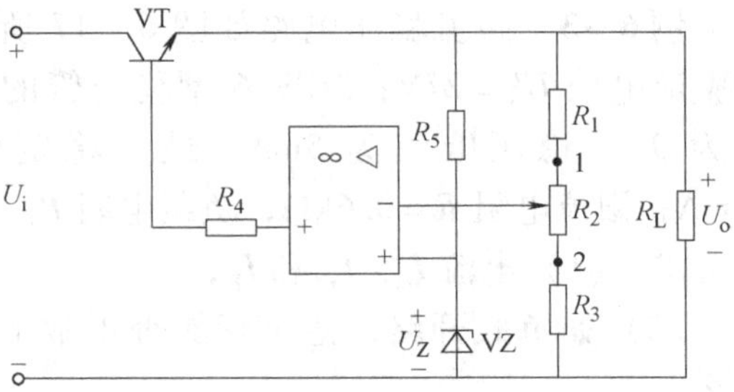

图6－19 简单串联式稳压电路

该电路的工作原理如下：当由于某种原因使输出电压U_o升高（降低）时，由采样电路将U_o的一部分送到集成运放的反相输入端，与同相输入端的基准电压U_Z进行比较放大，使放大器的输出电压降低（升高），即控制调整管的基极电流，使调整管管压降U_{CE}增加（降低），故输出电压U_o必然降低（升高），从而使U_o基本稳定。

分析电路的结构，可以看出这个电路和同相比例运算电路的结构一样，因此可以得到输出电压U_o和同相输入电压U_Z的关系。当电位器的R_2滑动端在“1”的位置时有

$$U_o = \left(1 + \frac{R_1}{R_2 + R_3}\right)U_Z$$

当R_2滑动端在“2”的位置时有

$$U_o = \left(1 + \frac{R_1 + R_2}{R_3}\right)U_Z$$

所以输出电压的调整范围为

$$\left(1 + \frac{R_1}{R_2 + R_3}\right)U_Z \leqslant U_o \leqslant \left(1 + \frac{R_1 + R_2}{R_3}\right)U_Z$$

若

$$R_1 = R_2 = R_3 = 300\Omega,\ U_Z = 6\text{V}$$

则

$$6 \times \left(1 + \frac{300}{300 + 300}\right) \leqslant U_o \leqslant \left(1 + \frac{300 + 300}{300}\right) \times 6$$

$$9\text{V} \leqslant U_o \leqslant 18\text{V}$$

由以上分析可以看出，串联式稳压电源的输出电压具有一定的调节范围。

串联式稳压电源由于电路比较简单，因而有着广泛的应用，但也存在着不可克服的缺点，如输出电流不够大，纹波系数较大，电路没有保护环节等。

6.5 集成稳压电源

目前广泛应用的单片集成稳压电源多为三端集成稳压器，它具有体积小、可靠性高、使用方便、价格低廉等优点。三端稳压器型号较多，本节主要介绍常见的WC7800系列。

WC7800系列三端集成稳压器的外形和框图如图6－20所示。

三端集成稳压器内部是串联型晶体管稳压电路，具有基准电压、比较放大环节、调整

管、保护环节等电路，只是将这些电路集成制作在一片芯片上，外部只有三个引出端：输入端（1）、输出端（2）、公共端（3）。

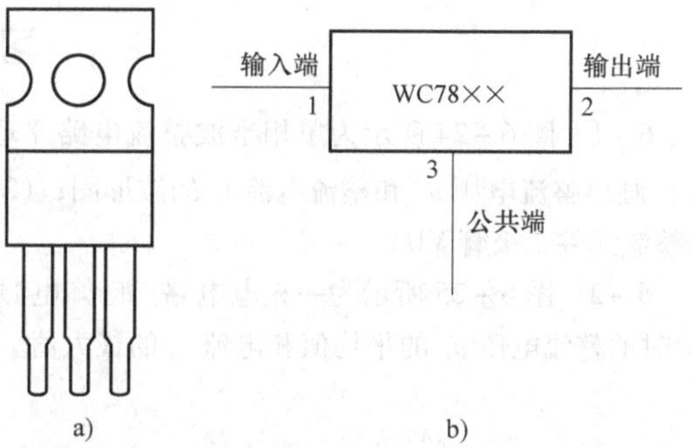

图 6－20　WC7800 系列稳压器外形及框图

WC7800 系列三端稳压器输出固定的正电压，有 5V、6V、9V、12V、15V、18V、24V 等多种。型号的最后两位数表示输出的电压值，如 WC7809 的输出电压为 +9V。

图 6－21 所示为由 WC7800 系列三端稳压器组成稳压电源的基本应用电路。其中，U_i 是整流滤波后的直流电压；C_1 用以抵消输入端接线较长时产生的电感效应，防止产生自激震荡，取值一般在 0.1～1μF 之间；C_2 是防止负载电流瞬时增减时不致引起输出电压有较大的波动，取值一般可用 1μF。

图 6－22 所示为由三端稳压器组成的具有固定输出电压的稳压电源的原理图，WC7805 的输出电压为 +5V，最大输出电流可达 1.5A，C 取 1000μF，U_2 可取 7～8V。

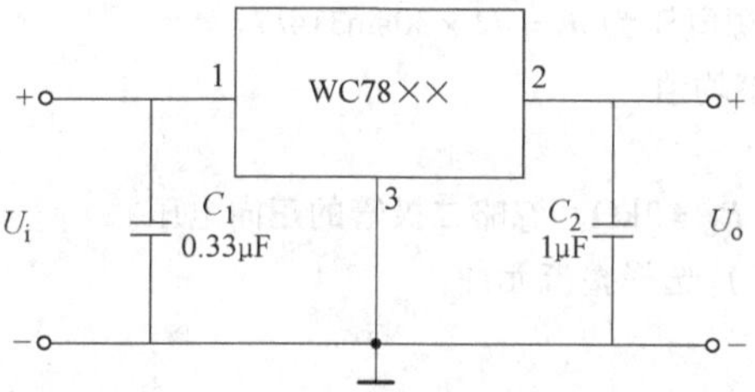

图 6－21　三端稳压器接线图

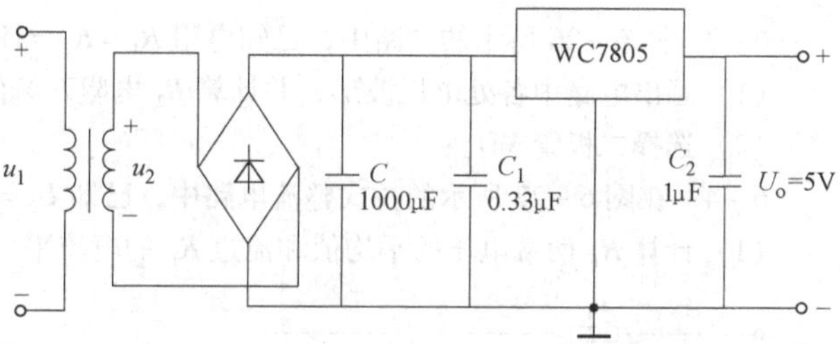

图 6－22　具有固定输出电压的稳压电源

图 6－23 所示为能扩大输出电流的稳压电源，其输出电压也是固定的。由于采用了外接大功率晶体管 VT，可以使输出电流扩大。由电路可知，使晶体管导通时发射结压降 U_{BE} 与二极管导通压降 U_D 相等，则必有 $R_1I_E=R_2I_D$，因 $I_C\approx I_E$，当忽略晶体管基极电流 I_B 时，$I_1\approx I_D$，又因稳压器输入输出电流近似相等，即 $I_1\approx I_2$，所以

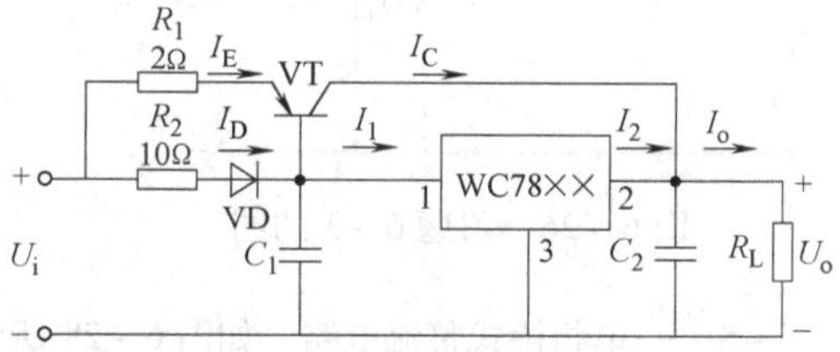

图 6－23　扩大输出电流的稳压电源

$$R_1I_C=R_2I_2$$

$$I_o=I_C+I_2=\left(1+\frac{R_2}{R_1}\right)I_2$$

只要合理选择 R_1、R_2，就可获得较大的负载电流。

图 6－23 中，$R_1=2\Omega$，$R_2=10\Omega$，设 WC78××输出电流 $I_2=1A$，则可以得到稳压电源输出电流为

$$I_o=\left(1+\frac{10}{2}\right)\times 1A=6A$$

习　题

6－1　图6－24所示为单相半波整流电路原理图。设交流电源 $u=220\sqrt{2}\sin\omega t\text{V}$，负载电阻 $R_L=99\Omega$。(1) 画出整流电压 u_o 和整流电流 i_o 的波形图；(2) 计算整流电压平均值 U_o 和整流电流平均值 I_o；(3) 选择整流元件二极管VD。

6－2　图6－25所示为一充电电路。已知电源电压有效值 $U_2=18\text{V}$，限流电阻 $R=100\Omega$，求电动势 $E=6\text{V}$ 时的整流电压 u_o 的平均值和电流 i_o 的最大值。

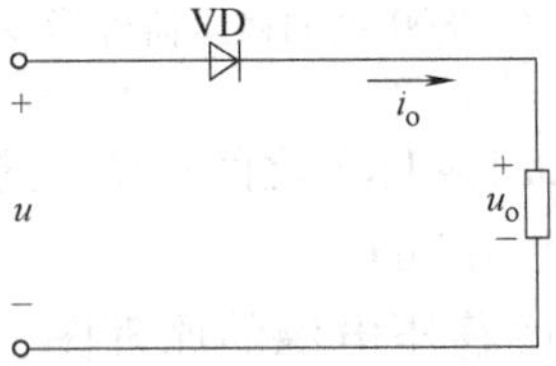

图6－24　习题6－1的图

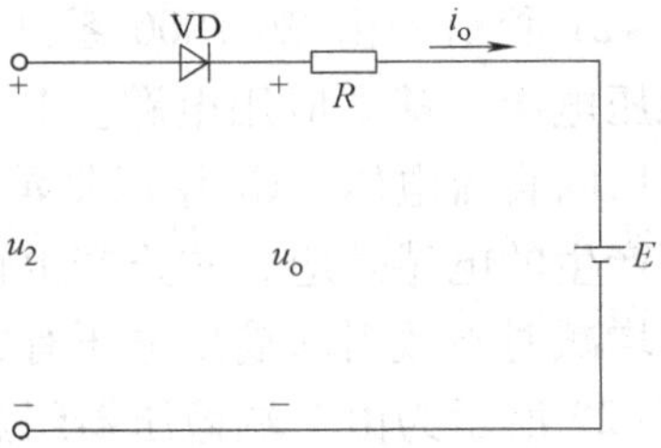

图6－25　习题6－2的图

6－3　图6－26所示的电路中，已知电阻 $R_1=R_2=1\text{k}\Omega$，电源电压为 $u_2=\sqrt{2}\times 30\sin 314t\text{V}$。

(1) 画出电路中各处电压波形，并计算 R_2 电阻两端的电压平均值；

(2) 选择二极管VD。

6－4　在图6－27所示的桥式整流电路中，已知 $U_2=100\text{V}$，$R_L=2\text{k}\Omega$。忽略二极管的正向电压。

(1) 计算 R_L 两端电压的平均值和流过 R_L 的电流平均值；(2) 选择整流元件。

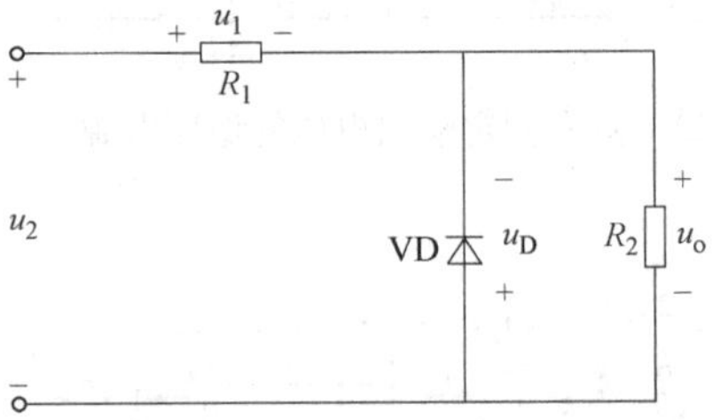

图6－26　习题6－3的图

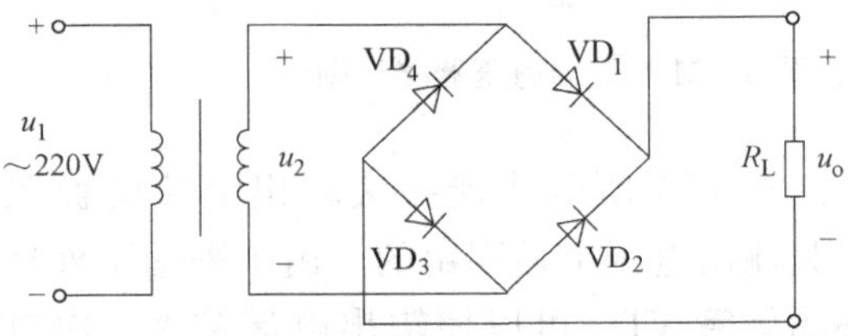

图6－27　习题6－4的图

6－5　一单相桥式整流电路，如图6－28所示。已知电源电压有效值 $U=220\text{V}$，$R_1=1\text{k}\Omega$，$R_2=2\text{k}\Omega$，试求：(1) 电流 i_1 的有效值、i_2 的平均值及 R_1 两端电压；(2) 选择整流元件。

6－6　有一单相桥式整流电路，如图6－29所示。已知变压器二次电压 u_2 的最大值比负载反电动势 E 大，试画出电压 u_o 与电流 i_o 的波形。

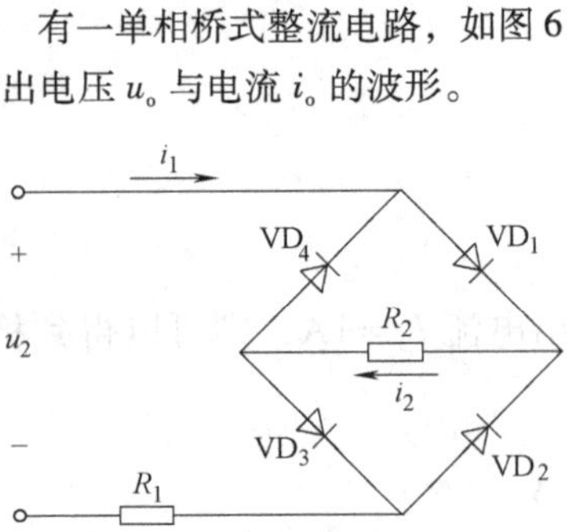

图6－28　习题6－5的图

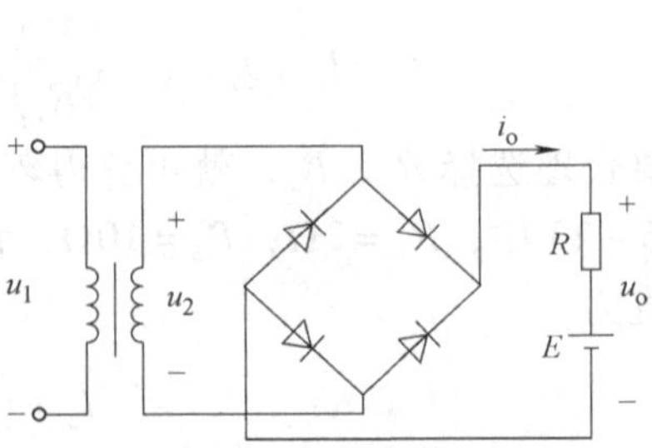

图6－29　习题6－6的图

6-7　电路如图 6-30 所示，已知 $u_{21}=20\sqrt{2}\sin\omega t\mathrm{V}$，$u_{22}=10\sqrt{2}\sin\omega t\mathrm{V}$，$R_{L1}=R_{L2}=10\Omega$，设二极管为理想元件，画出 u_{o1}、u_{o2} 的波形。

6-8　全波整流电容滤波电路如图 6-31 所示，已知：$U_2=15\mathrm{V}$，$f=50\mathrm{Hz}$，$R_L=600\Omega$，$C=200\mu\mathrm{F}$，

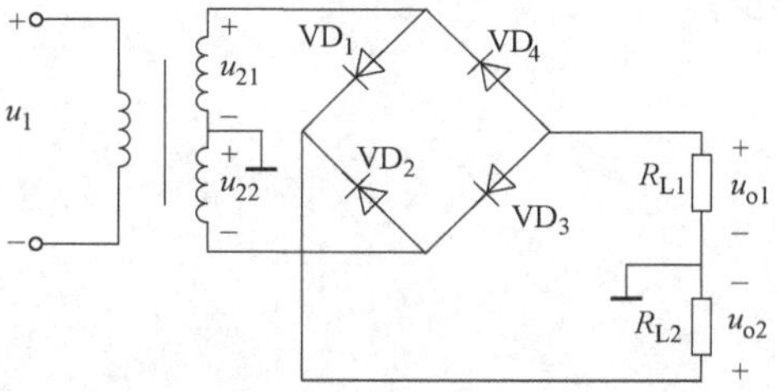

图 6-30　习题 6-7 的图

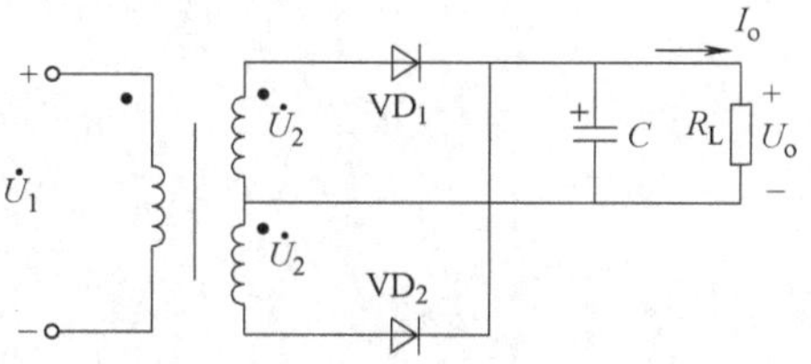

图 6-31　习题 6-8 的图

求：(1) 二极管最高反向电压 U_{DRM}；(2) 输出电压平均值 U_o；(3) C 开路时的 U_o；(4) R_L 开路时的 U_o；(5) VD_1 开路时的 U_o；(6) VD_1 和 C 都开路时的 U_o。

6-9　图 6-32 所示是具有电容滤波的桥式整流电路。设滤波电容 $C=100\mu\mathrm{F}$，交流电源频率 $f=50\mathrm{Hz}$，$R_L=1\mathrm{k}\Omega$。

(1) 要求输出 $U_o=18\mathrm{V}$，U_2 需要多少伏？

(2) 该电路在工作过程中，若 R_L 增大，输出直流电压 U_o 是增大还是减小？二极管的导电角是增大还是减小？

(3) 该电路在工作过程中，若电容 C 脱焊（相当于把电容 C 去掉），此时 U_o 是升高还是降低？二极管的导电角是增大还是减小？

6-10　在图 6-33 所示的电路中，设 R_L 很大，可视为开路，正弦波电压 u_2 的有效值为 200V。试求：

(1) R_L 两端的电压；

(2) 各电容上的直流电压，并分别注明其极性（用+、-号在图中标出）；

(3) 每个二极管承受的最高反向电压。

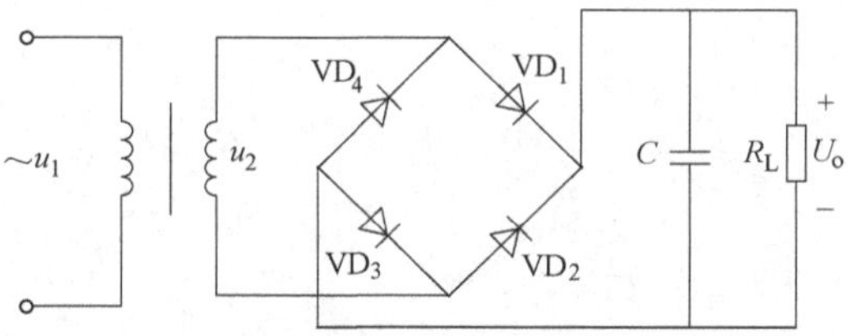

图 6-32　习题 6-9 的图

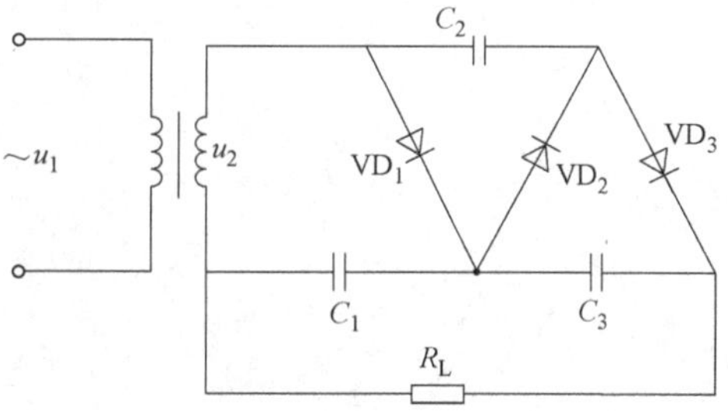

图 6-33　习题 6-10 的图

6-11　电路如图 6-34 所示，已知 $R=1\mathrm{k}\Omega$，$R_L=2\mathrm{k}\Omega$，$u_2=25\sqrt{2}\sin\omega t\mathrm{V}$，稳压管的参数为 $U_Z=10\mathrm{V}$，$I_Z=5\mathrm{mA}$，$I_{ZM}=20\mathrm{mA}$。求：

(1) S 闭合时 U_o'、二极管最大反向电压 U_{DRM}；

(2) S 打开时的 U_o'；此时稳压管能否正常工作？为什么？

6-12　在图 6-19 所示电路中，已知 $R_1=R_3=200\Omega$，欲使输出电压 U_o 的调节范围为 10～20V。试求电阻 R_2 的阻值和稳压管 VZ 的稳压值。

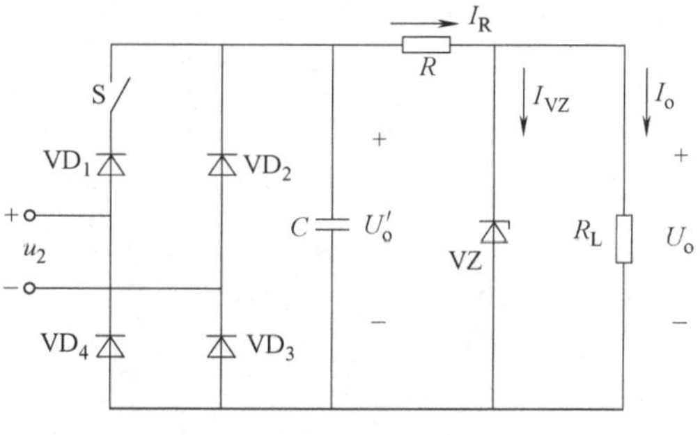

图 6-34　习题 6-11 的图

6-13 在图 6-23 所示电路中，如所采用三端稳压组件为 WC7812，WC7812 最大输出电流为 1.5A，如 $R_1=4\Omega$，$R_2=8\Omega$，求：

(1) 稳压电源输出电压和所能输出的最大电流各为多少？

(2) 当负载 $R_L=10\Omega$ 时，输出电压和负载电流各为多少？

第 7 章 晶闸管及其应用

晶闸管（Silicon Controlled Rectifier）是一种大功率半导体可控开关元件。它的出现使半导体的应用从弱电领域进入了强电领域，电力电子技术也进入了飞速发展的时期。晶闸管具有体积小、重量轻、效率高、控制灵活等优点，故在电路中得到了广泛的应用，主要有以下几方面：

1）整流器。把交流电变换成大小可调的直流电，如晶闸管直流传动系统。

2）逆变器。把直流电变换成交流电。

3）变频器。把一种频率的交流电变换成另一种频率或频率可调的交流电，如用于冶炼、热处理的中频电源，用于交流电动机调速的变频电源等。

4）交流调压器。把有效值固定的交流电压变换成有效值可调的交流电压。

5）无触点开关。代替交流接触器，可实现系统中的通断控制。

大容量的普通晶闸管（额定值已达到6000V，4000A）已广泛地应用于各种电源装置、无功补偿、电力传动、电力牵引、家用电器以及冶炼、焊接、电镀和电解等各生产领域。

晶闸管属于半导体器件，与晶体二极管和晶体管类似，也有过载能力差、工作中易受干扰、控制电路复杂等缺点。

本章主要介绍普通晶闸管的工作原理和特性，单相可控整流电路、触发电路的工作原理和实际应用举例。

7.1 晶闸管

7.1.1 晶闸管的导电特性及工作原理

晶闸管器件主要有两种结构：螺栓式，如图 7－1a 所示，其额定电流较小；平板式，多为电流在 100A 以上的大电流器件，如图 7－1b 所示。两种晶闸管虽然外形不同，但它们的内部结构和符号是完全一样的，如图 7－2 所示。从图 7－2 中可以看出，晶闸管是一个三极四层半导体器件，从阳极到阴极共有三个 PN 结。晶闸管都具有一个阴极、一个阳极和一个门极。在螺栓式晶闸管上，螺栓的那一端是阳极引线，并利用它与散热器固定，另一端粗引线是阴极，细引线是门极。在平板式晶闸管上，中间金属环的引线为门极，两侧平面分别为阳极和阴极。

在图 7－3 所示的实验电路中，E_a 为晶闸管的直流工作电源；E_g 为门极电源；L 为灯泡；RP 为可变电阻。图中，RP＝0，开关 S_1、S_2 均打开。然后，进行如下操作，并观察现象。

先将 S_1 闭合，晶闸管承受正向电压。此时，灯泡不亮，说明晶闸管没有导通。再把 S_2 也闭合，灯泡就亮了，即晶闸管处于导通状态。晶闸管导通之后，再把 S_2 打开，或反接 E_g，灯泡仍然会亮，说明晶闸管仍继续导通。

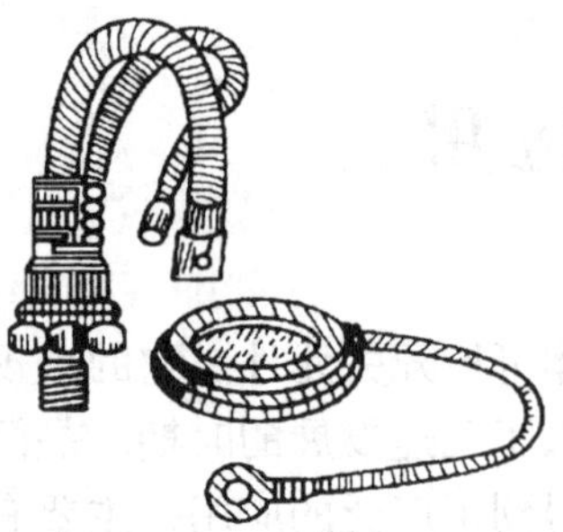

a) b)

图 7－1 晶闸管的外形结构

a）螺栓式 b）平板式

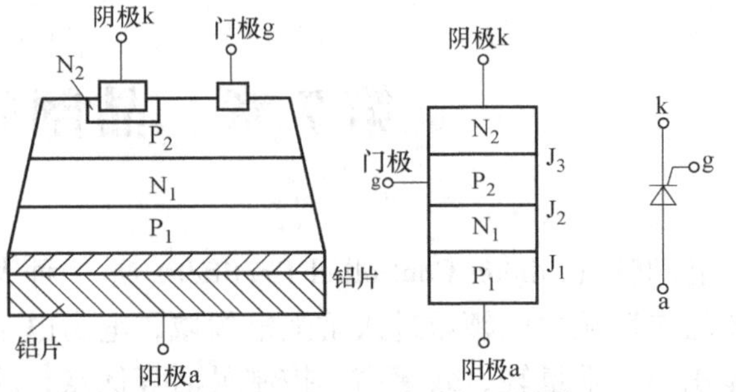

a) b)

图 7－2 晶闸管的内部结构示意图和符号

a）结构示意图 b）符号

上述实验表明：晶闸管阳极与阴极之间加上正向电压后，晶闸管并没有导通，此时必须在门极和阴极间加正向电压（触发电压），晶闸管才会导通；晶闸管导通后，触发电压失去控制作用。通常，触发电压也可以采用脉冲信号（又称为触发脉冲）。

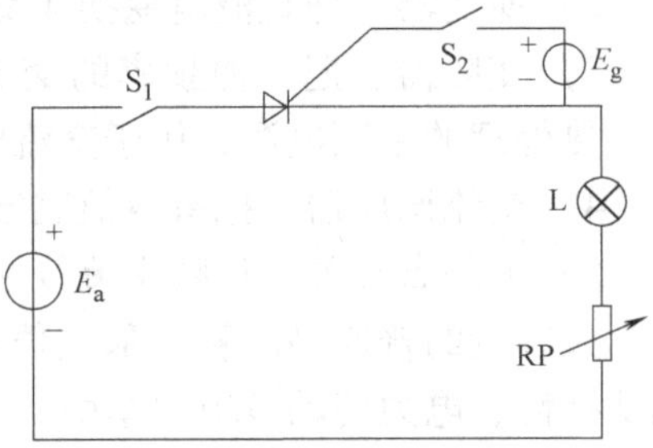

图 7－3 晶闸管实验电路

如果晶闸管加反向电压（晶闸管阳极接电源 E_a 的负极，阴极接 E_a 的正极），不管门极和阴极之间所加控制电压 E_g 的极性如何，灯都不会亮。此时。晶闸管均不导通。因此，晶闸管阳极与阴极之间加反向电压时，晶闸管处于关断状态。

在晶闸管加上正向电压触发导通后，调节 RP 使其阻值增加，灯泡亮度逐渐减弱。当 RP 阻值增大到某一数值时，电路中的电流已减小到某一数值，灯泡会灭掉。此时，晶闸管已经自行关断。

综上所述，可以得出晶闸管正常工作情况下的导通条件是：晶闸管阳极和阴极之间加正向电压，且门极和阴极之间加适当的正向电压或电流（称为触发电压或触发电流）。晶闸管正常工作情况下的关断条件仅需满足下列条件之一：在晶闸管阳极和阴极之间加反向电压，或流过晶闸管的电流小于某一电流（称为维持电流）。

需要注意的是，若晶闸管的正向电压超过允许值，虽然门极没加触发电压，晶闸管也会导通；当反向电压超过允许值时，晶闸管也会因过电压而突然导通，造成永久性损坏。

7.1.2 晶闸管的工作原理

以普通晶闸管的工作情况为例。一个晶闸管器件可以看作是由一对互补晶体管（见图 7－4）构成，一个是 $P_1N_1P_2$ 管，另一个是 $N_1P_2N_2$ 管，每一个晶体管的基极与另一个晶体管的集电极相连。阳极 a 相当于 VT_1 管的发射极，阴极 k 相当于 VT_2 管的发射极。当门极未加触发电压，只在阳极和阴极加正向电压时，有一个 P_2N_1 结处于反向偏置，流过管子的电流仅是反向微弱的漏电流，a、k 之间不导通，晶闸管处于正向阻断状态。

如果在阳极和阴极之间加上正电压的同时，在门极和阴极之间也加上正向触发电压，如图 7－5 所示，则从门极有电流 I_g 流入 VT_2 管的基极。设 VT_2 管的电流放大系数为 β_2，则

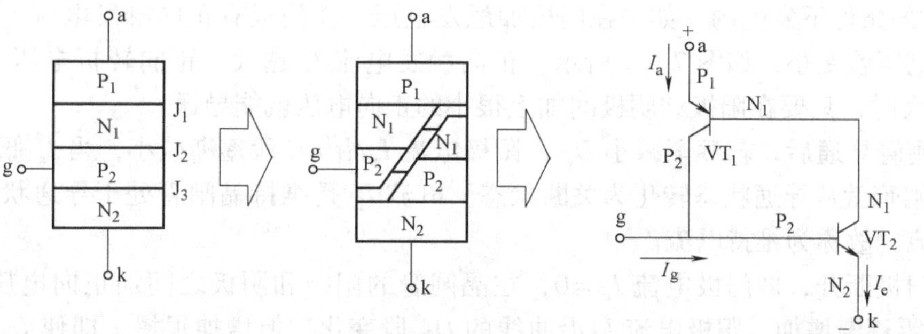

图 7-4　晶闸管的等效电路

VT_2 的集电极电流 $I_{C2}=\beta_2 I_g$。I_{C2} 又是 VT_1 管的基极电流，若 VT_1 的电流放大系数是 β_1，则 VT_1 的集电极电流 $I_{C1}=\beta_1 I_{C2}=\beta_1\beta_2 I_g$。因 VT_1 管集电极与 VT_2 管的基极相连，I_{C1} 流入 VT_2 基极进行第二次放大，使集电极电流进一步加大，由此形成强烈的正反馈过程，使两个晶体管很快进入饱和状态。饱和导通后管压降很低，约为1V左右，电源电压 E_a 几乎全部加到负载电阻 R 上，流过晶闸管的电流大小取决于 E_a 和 R 的数值。这就是晶闸管的导通原理。

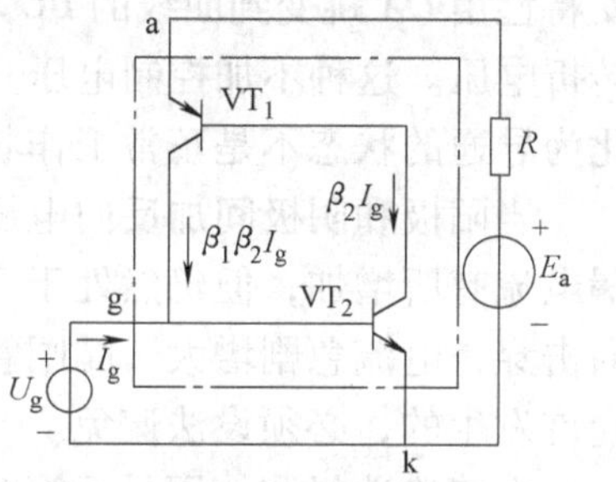

图 7-5　晶闸管加触发后的示意图

从图 7-5 中可以看出，VT_2 的基极电流 $I_{b2}=I_g+I_{C1}$，触发电流 I_g 由触发电压 U_g 产生，当正反馈形成后 $I_{C1}>I_g$，所以晶闸管导通后，即使断开门极电源 U_g，晶闸管仍然可以继续导通。若负载电阻增加，流过晶闸管的电流将减少，当电流小于某一数值时，正反馈已不能维持，晶闸管会自行关断。能保证晶闸管维持导通状态的最小电流，称为维持电流，用 I_H 表示。

晶闸管阳极与阴极之间加反向电压时，两个晶体管均处于反向状态，失去放大作用，因此不会导通。

7.1.3　晶闸管的伏安特性与主要参数

阳极电流 I_a 和电压 U_{ak} 的关系曲线被称为晶闸管的伏安特性，如图 7-6 所示。

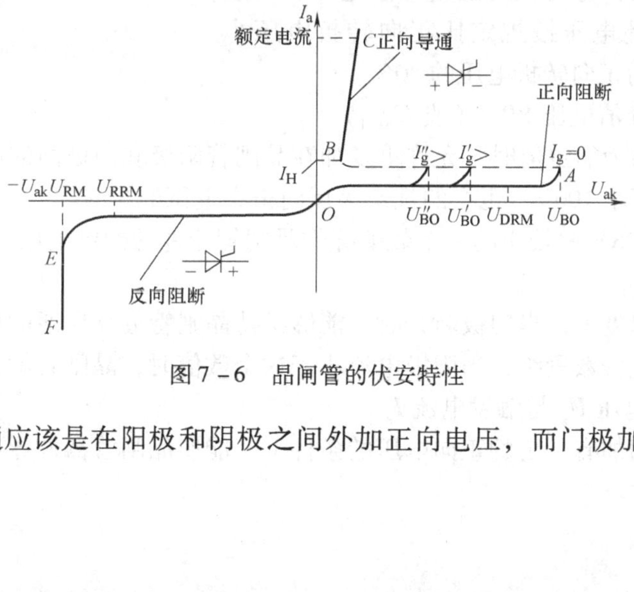

图 7-6　晶闸管的伏安特性

晶闸管正常导通应该是在阳极和阴极之间外加正向电压，而门极加触发电压（触发电

流 $I_g>0$）的条件下发生的。如果在门极加触发电压，使门极有正向触发电流 I_g，则晶闸管正向转折电压就变小，如图 7-6 所示。正向触发电流 I_g 越大，正向转折电压 U_{BO} 就越小，当 I_g 足够大时，只要在阳极和阴极间加上很小的正向电压就能导通。

在晶闸管导通后，若逐渐减小 U_{ak}，阳极电流 I_a 沿 BC 段逐渐减小，当 I_a 低于维持电流 I_H 时，晶闸管就从导通状态转化为关断状态。电流 I_H 是维持晶闸管处于导通状态的最小正向阳极电流，故称为维持电流。

如果门极断开，即门极电流 $I_g=0$，在晶闸管的阳极和阴极之间加正向电压 U_{ak}，改变 U_{ak} 使其从零逐渐增加，阳极电流 I_a 沿曲线的 OA 段变化，但增加很慢，即使 U_{ak} 已较大，I_a 仍然很小，只有几个毫安（称为正向漏电流）。这时晶闸管阳极和阴极之间处于正向阻断状态。待 U_{ak} 升到某一数值时，阳极电流 I_a 突然增大，晶闸管由阻断状态转化为导通状态，伏安特性由 OA 跳变到曲线的 BC 段工作。晶闸管导通后 U_{ak} 很小，约为 1V 左右。U_{BO} 称为正向转折电压。这种不加控制电压（$I_g=0$），而是在很大的阳极电压作用下，使晶闸管从关断转化为导通的状态不是正常工作状态，因为此时晶闸管已失去控制作用。

当阳极和阴极间加反向电压时，特性曲线和硅二极管一样，随着反向电压的升高，反向漏电流有所增加，但仍然处于反向阻断状态。当反向电压超过击穿电压 U_{RM} 时，晶闸管被反向击穿，电流急剧增大，晶闸管器件极易损坏。这种由反向阻断转化为反向击穿的情况是不允许发生的，必须设法避免。

在正确选择和使用晶闸管时，应了解晶闸管的主要参数：

（1）额定正向平均电流 I_F

I_F 是指在规定的环境温度、结温和冷却条件下，晶闸管器件可以连续通过工频正弦半波电流在一个周期内的平均值，简称额定电流，如图 7-7所示。

$$I_F = \frac{1}{2\pi}\int_0^{\pi} I_m \sin\omega t \mathrm{d}\omega t = \frac{I_m}{\pi} \qquad (7-1)$$

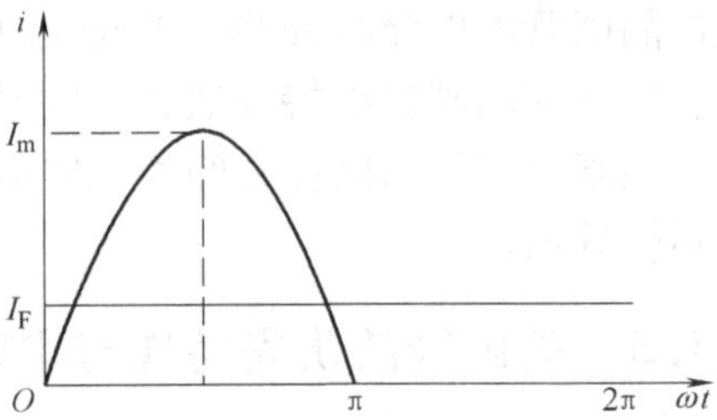

图 7-7　晶闸管的平均电流值

（2）正向阻断峰值电压 PFV（或 U_{DRM}）

晶闸管器件结温为额定值时，在门极开路和晶闸管正向阻断的条件下，允许重复加在晶闸管阳极与阴极间的正向峰值电压，称为正向阻断峰值电压。一般由生产厂家规定。此电压按规定比正向转折电压小 100V，也有的规定为正向转折电压的 80%。

（3）反向阻断峰值电压 PRV（或 U_{RRM}）

门极开路、结温为额定值时，允许重复加在晶闸管阳极和阴极间的反向峰值电压，一般规定比反向击穿电压小 100V，也有的规定为反向击穿电压的 80%。

通常把 PFV 和 PRV 中较小的一个数值标作晶闸管器件的额定电压。

（4）维持电流 I_H

在规定的环境温度下，当门极断开时，能够维持晶闸管继续导通的最小阳极电流，称为维持电流。一般为毫安数量级，当阳极电流小于这个数值时，晶闸管就会自动关断。

（5）门极触发电压 U_g 与触发电流 I_g

在阳极和阴极间加有一定的正向电压的条件下，能使晶闸管器件导通的最小控制电压和电流，分别称为触发电压和触发电流。触发电压一般为 1 ~ 5V，触发电流从几毫安到几百毫安，它们与晶闸管的大小有关。

（6）普通型晶闸管器件的型号及含义

晶闸管器件的型号为 3CT 或 KP。例如，3CT20/600 表示额定正向平均电流为 20A、正反向阻断电压为 600V 晶闸管器件。

7.2　晶闸管整流电路

7.2.1　单相半波可控整流电路

采用晶闸管器件组成的可控整流电路，其整流电压的大小是可以调节的。下面分析这种电路在电阻性负载和电感性负载时的工作情况。

7.2.1.1　电阻性负载

图 7 - 8a 是接电阻性负载的单相半波可控整流电路图。R_L 为负载电阻，SCR 是晶闸管器件，图 7 - 8b 是输入交流电压 u_2 的波形，图 7 - 8c 是门极外加触发电压的波形。触发电压是尖脉冲，因此又称触发脉冲。从图中可见，在输入交流电压 u_2 正半周时，晶闸管 SCR 承受正向电压，在 $0 \sim \omega t_1$ 区间内，由于门极没加触发电压，晶闸管 SCR 不导通，i_o 和 u_o 都等于零。因此，晶闸管阳极和阴极之间的电压 $u_{SCR} = u_2$，其波形如图 7 - 8e 所示。

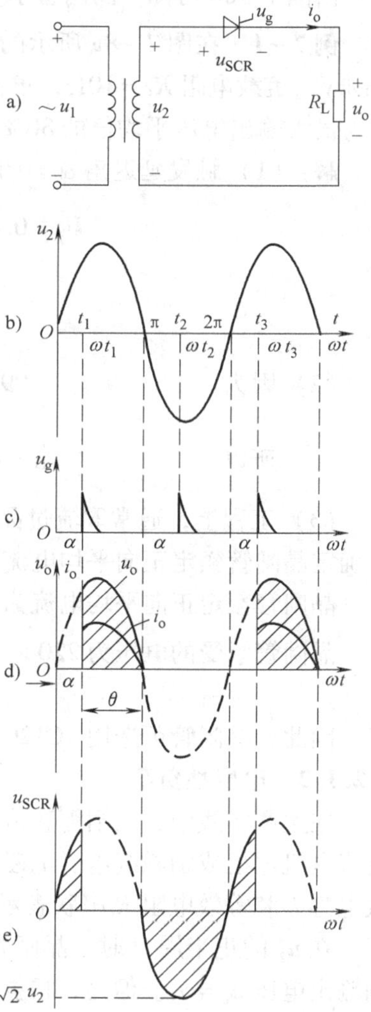

图 7 - 8　单相半波可控整流电路
a）电路图　b）~ e）波形图

假如在 t_1 时刻（见图 7 - 8b）给门极加上触发电压 u_g（见图 7 - 8c），晶闸管导通。导通后，晶闸管正向压降很小，$u_{SCR} \approx 0$，交流电压 u_2 基本上全部加到负载电阻 R_L 上，$u_o \approx u_2 \approx i_o R_L$。当交流电压 u_2 下降到接近于零时，$i_o = \dfrac{u_2}{R_L}$会小于晶闸管的维持电流，因而晶闸管自行关断。由于负载为电阻性负载，故 i_o 与 u_o 波形相似，如图7 - 8d 所示。在交流电压 u_2 负半周内，晶闸管承受的是反向电压，即使在 t_2 时刻有触发电压加在门极，晶闸管也不会导通，负载电压 u_o 和负载电流 i_o 均为零，交流电压全部加在晶闸管上。当输入电压下一个正半周来到时，在 t_3 时刻晶闸管再度被触发而导通，如此重复进行。由图可见，只要改变触发电压的输入时刻，或者说移动触发脉冲的相位，就可以改变晶闸管导通时间的长短，负载电压波形相应变化，输出直流电压的平均值也就得到控制。

晶闸管从开始承受正向电压到触发导通区间称为移相角或触发延迟角，用 α 表示。晶闸管的导通范围称为导通角，用 θ 表示。

显然 $\alpha+\theta=\pi$。由图 7－8d 可以看出，输出电压平均值为

$$U_o = \frac{1}{2\pi}\int_{\alpha}^{\pi}\sqrt{2}U_2\sin\omega t\mathrm{d}\omega t$$

$$= \frac{\sqrt{2}U_2}{2\pi}(1+\cos\alpha) = 0.45U_2\frac{1+\cos\alpha}{2} \quad (7-2)$$

触发延迟角 α 愈小，导通角 θ 愈大，输出电压平均值 U_o 愈大。当 $\alpha=0°$（$\theta=180°$）时，输出电压 $U_o=0.45U_2$ 最大；当 $\alpha=180°$（$\theta=0°$）时，$U_o=0$；令 α 在 $0°\sim180°$范围内变化，则输出电压 U_o 在 $0.45U_2\sim0$ 之间变动。α 变化范围称为触发脉冲移相范围，单相半波可控整流电路最大移相范围为 180°。

通过晶闸管的电流平均值 I_o 即为输出电流（负载电流）的平均值：

$$I_o=\frac{U_o}{R_L}=0.45\frac{U_2}{R_2}\frac{1+\cos\alpha}{2} \quad (7-3)$$

由图 7－8e 可知，晶闸管承受的最大反向电压为$\sqrt{2}U_2$。

例 7－1 在图 7－8a 所示的单相半波晶闸管整流电路中，已知输入交流电压 $u=220\sqrt{2}\sin\omega t\mathrm{V}$，负载电阻 $R_L=10\Omega$，求：（1）最大输出电压和输出电流的平均值；（2）当输出电压为最大输出电压平均值的 30% 时的控制角；（3）选择合适的晶闸管。

解：（1）触发延迟角 $\alpha=0°$时输出电压和输出电流最大，它们的值分别为

$$U_o=0.45U_2\frac{1+\cos0°}{2}=0.45\times220\mathrm{V}=99\mathrm{V}$$

$$I_o=\frac{U_o}{R_L}=\frac{99}{10}\mathrm{A}=9.9\mathrm{A}$$

（2）因为

$$99\times30\%=0.45\times220\times\frac{1+\cos\alpha}{2}$$

所以

$$\alpha=\cos^{-1}\left(\frac{2\times99\times0.3}{0.45\times220}-1\right)=113.6°$$

（3）工程上，通常取流过晶闸管的最大平均电流值乘以安全系数 K（一般 K 取 1.5～2）来确定晶闸管额定正向平均电流。即

晶闸管额定正向平均电流为 $I_F=9.9\mathrm{A}\times2\approx20\mathrm{A}$

晶闸管承受的电压为 $220\times\sqrt{2}\mathrm{V}\approx311\mathrm{V}$，工程上再乘以安全系数 K，即

$$U_{DRM}=311\mathrm{V}\times2=622\mathrm{V}$$

因此，晶闸管可选用 3CT20/600 型。

7.2.1.2 电感性负载

在生产实践中，晶闸管整流电路除向纯电阻性负载供电外，还大量用于电感性负载，如直流电机电枢或励磁绕组、电磁铁、各种电感线圈等。这类负载既有电感又有电阻，可用等效电感 L 和等效电阻 R 串联表示。这样的晶闸管整流电路如图 7－9a 所示。

在 u_2 的正半周 t_1 时，晶闸管门极加触发电压，晶闸管导通。如果忽略晶闸管正向压降，则输出电压 $u_o=u_2$。但是，根据电感中的电流不能突变的原则，输出电流 i_o 只能从零开始逐渐增加，并在电感中产生感应电动势 e_L，它的实际极性为上“＋”下“－”，如图 7－9a 所示，其作用是阻碍电流增长。在 i_o 减小过程中，e_L 的实际极性为上“－”下“＋”，如

图 7 - 9a 括号中所示的极性，其作用为阻碍电流 i_o 减小。当交流电压 u_2 过零变负后，电流 i_o 要滞后电压 u_2 一个角度才能等于零。在 u_2 过零变负到电流 i_o 等于零这段时间内，晶闸管仍然承受正向电压（此时 $e_L > |u_2|$），继续保持导通状态，$\alpha + \theta > 180°$。输出电压 $u_o = u_2$ 出现了负电压，如图 7 - 9 所示。直到 $i_o \approx 0$（实际上 i_o 小于维持电流 I_H）时晶闸管方能自行关断，并立即承受反向电压。电感 L 愈大，$e_L = -L\dfrac{di_o}{dt}$ 也愈大，在电压 u_2 过零变负后，维持晶闸管继续导通的时间也愈长，在一个周期内，输出电压 u_o 的负值的比例也愈大，故输出整流电压和电流的平均值愈小。当电感 L 足够大时，可能造成晶闸管不能自行关断，因而失去控制作用。

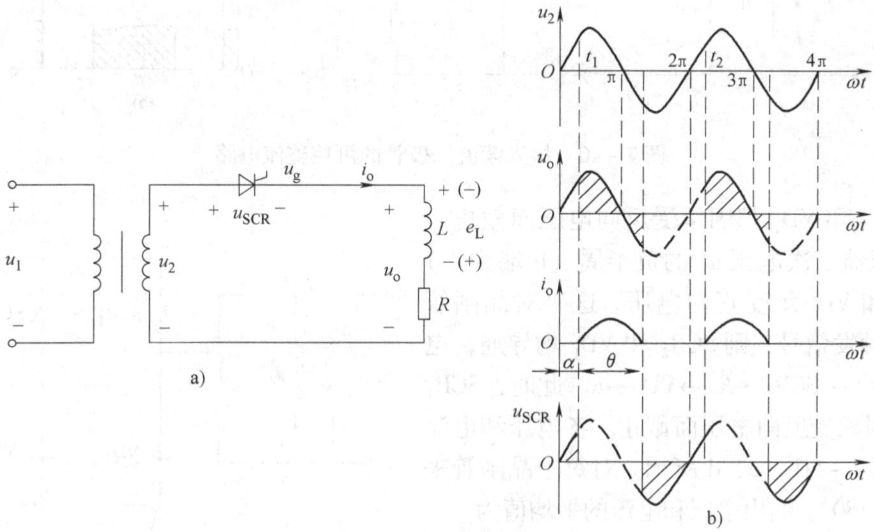

图 7 - 9　电感性负载晶闸管整流电路

a）电路图　b）波形图

为了能使晶闸管在电源电压 u_2 降到零值时及时自行关断，可在感性负载两端并联一个二极管 VD，如图 7 - 10a 所示。接入二极管 VD 后，当电源电压 u_2 过零变负时，二极管 VD 因承受正向电压而导通。于是负载上由感应电动势 e_L 产生的电流经这个二极管形成回路。而晶闸管因承受反向电压而关断，电感中释放出的能量消耗在负载电阻 R 上。输出电压 u_o 和 i_o 的波形如图 7 - 10b 所示。输出电压 u_o 的波形与接电阻性负载时一样，而电流波形则很不一样，当 $\omega L \gg R$ 时，i_o 波形是连续的，而且接近于平行时间轴的直线。二极管 VD 在晶闸管关断后给 i_o 续流，故称“续流二极管”。

7.2.2　单相半控桥式整流电路

单相半控桥式整流电路如图 7 - 11 所示。其中两个桥臂用晶闸管，两个桥臂用二极管，负载为电阻性负载。分析方法与二极管桥式整流电路相似，只是每当晶闸管承受正向电压时，晶闸管的门极加上触发电压后，电路才能导通。

在变压器二次电压 u_2 的正半周（a 端为正）时，SCR_1 和 VD_2 承受正向电压。这时对晶闸管 SCR_1 引入触发信号，则 SCR_1 和 VD_2 均导通，电路的通路为 $a \rightarrow SCR_1 \rightarrow R_L \rightarrow VD_2 \rightarrow b$。

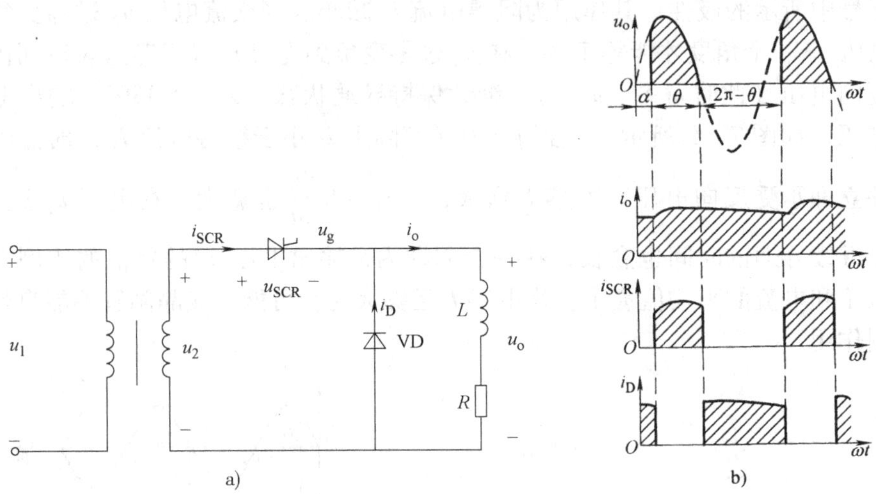

图 7-10　接入续流二极管的可控整流电路

此时，SCR_2 和 VD_1 都因承受反向电压而截止。

在变压器二次电压 u_2 的负半周（b 端为正）时，SCR_2 和 VD_1 承受正向电压。这时对晶闸管 SCR_2 引入触发信号，则 SCR_2 和 VD_1 均导通，电路的通路为 b→SCR_2→R_L→VD_1→a。此时，SCR_1 和 VD_2 都因承受反向电压而截止。各电压和电流的波形如图 7-11b、c、d 所示。对每个晶闸管来说，$\alpha+\theta=180°$。输出电压和电流的平均值为

$$U_o = \frac{1}{\pi}\int_\alpha^\pi \sqrt{2}U_2\sin\omega t\mathrm{d}\omega t = 0.9U_2\frac{1+\cos\alpha}{2} \quad (7-4)$$

$$I_o = \frac{U_o}{R_L} = 0.9\frac{U_2}{R_L}\frac{1+\cos\alpha}{2} \quad (7-5)$$

例 7-2　在一个单相半控桥式整流电路中，如图 7-11a 所示，其输入电压 $U=220V$。若带电阻负载，$R_L=7.5\Omega$，输出电压 $U_o=150V$。求晶闸管的导通角 θ 和流过的平均电流。

解：根据单相半控桥式可控整流电路输出电压 U_o 与输入电压 U 的关系得

$$U_o = 0.9U\frac{1+\cos\alpha}{2}$$

有　$\cos\alpha = \frac{2U_o}{0.9U} - 1 = \frac{2\times150}{0.9\times220} - 1 = 0.515$

所以，触发延迟角　$\alpha=59°$

对应的导通角为　$\theta=180°-59°=121°$

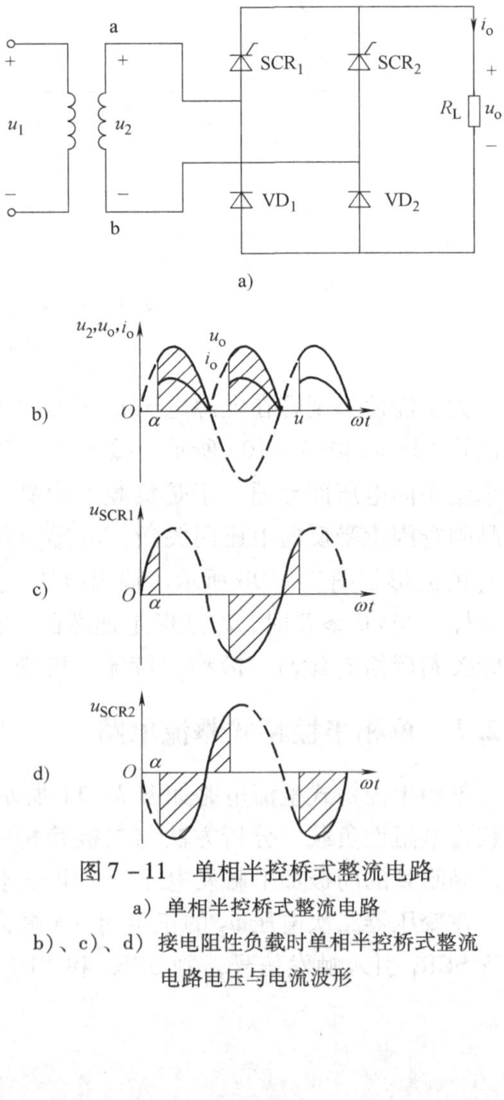

图 7-11　单相半控桥式整流电路

a）单相半控桥式整流电路

b）、c）、d）接电阻性负载时单相半控桥式整流电路电压与电流波形

流过晶闸管的平均电流为

$$I_T = \frac{1}{2}I_o = \frac{1}{2} \times \frac{U_o}{R_L} = \frac{1}{2} \times \frac{150}{7.5}\text{A} = 10\text{A}$$

7.3　逆变电路

逆变是整流的逆过程，即将直流电变换成交流电的过程。实现逆变的变换电路称为逆变电路，同一套晶闸管电路，既可以用作整流，又可以用作逆变，简称变流器。逆变技术被广泛应用于交流异步电动机变频调速、功率超声波电源、高频逆变电机、不间断电源等领域。下面简单介绍几个常用的逆变电路。

7.3.1　无源逆变

无源逆变或变频是把逆变得到的交流电直接供给负载使用，它主要用作不同频率的交流电源。图 7-12 所示为单相并联逆变电路。

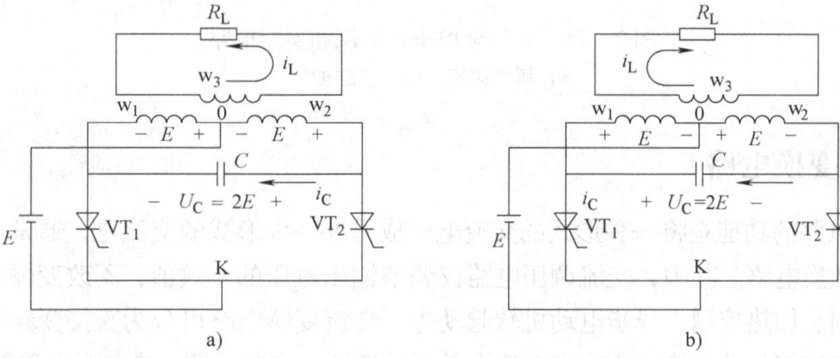

图 7-12　单相并联逆变电路
a）VT_1 导通，VT_2 关断　b）VT_2 导通，VT_1 关断

逆变变压器的一次侧有中心抽头，w_1、w_2、和 w_3 分别为 3 个绕组。C 为换向电容，用来关断晶闸管。初始状态时，图 7-12a 中的晶闸管 VT_1 和 VT_2 截止，w_1、w_2、和 w_3 中无电流，$U_C=0$，VT_1 和 VT_2 两端均承受正向压降。若此时 VT_1 被触发导通，则电流路径为 $0 \to w_1 \to VT_1 \to K$。同时在 w_1、w_2 两个绕组中感应出大小为 E 的感应电动势，这两个电动势使电容 C 充电达到 $U_C=2E$，其极性如图 7-12a 中所示；同时 w_3 绕组中感应出大小为 $E_3=N_3E/N_1$ 的感应电动势（N_1 为 w_1 绕组匝数，N_3 为 w_3 绕组匝数），并产生电流 i_L，为关断 VT_1 做好准备。

如图 7-12b 所示，若此时 VT_2 被触发导通，电容 C 两端的电压反向加到 VT_1 的两端，则 VT_1 截止，此时电流的路径为 $0 \to w_2 \to VT_2 \to K$，各绕组中的电动势方向、负载中的电流方向都与 VT_1 导通时相反。同时电容 C 反向充电到 $2E$，极性为左“+”右“-”，为重新开通 VT_1、关断 VT_2 做好准备。

如上所述，交替触发晶闸管 VT_1 和 VT_2 即可实现直流到交流的转换。当触发晶闸管 VT_1 和 VT_2 的交替导通的频率改变时，就可得到不同频率的交流电压。

7.3.2　有源逆变

有源逆变是把直流电变成同一频率的交流电，它主要用作交流绕线转子异步电动机的串级调速、直流电机可逆调速等。

图 7－13 所示为单相全控桥式整流和逆变电路。该变流器直流侧需外接电源 E_M，其方向与通过晶闸管的电流方向相同，数值大于整流输出电压平均值 U_o，提供逆变能量。变流器的触发延迟角 α 的移相范围为 90°～180°，使 $U_o<0$，才能把直流功率逆变为交流功率。

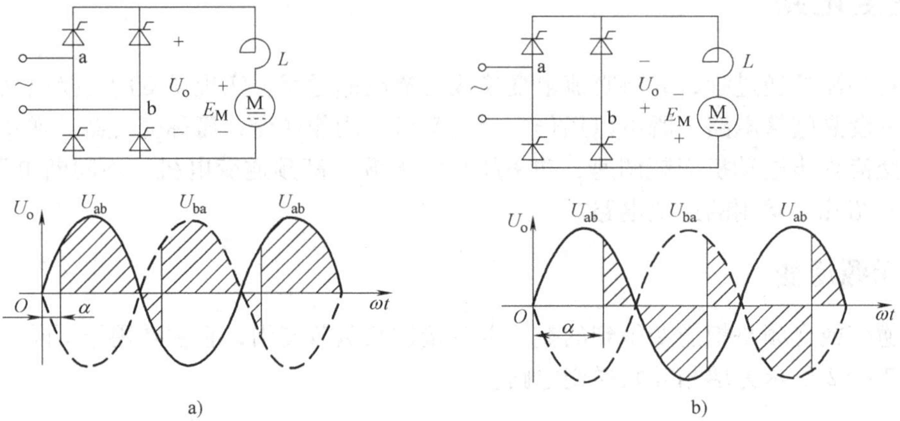

图 7－13　单相全控桥式整流和逆变电路

a）桥式整流　b）逆变电路

7.3.3　交流变换电路

交流变换电路的功能是将一种形式的交流电变成另外一种形式的交流电，通常可分为电压变换电路和频率变换电路。其中，交流调压电路仅调节输出电压的有效值，不改变输出频率，广泛应用于灯光控制、加热控制、异步电动机软起动等；交流变频电路可分为直接变频和间接变频两种电路结构，交流变频技术广泛应用于交流电动机的调速、中频电源、高频电源等领域。

图 7－14 所示为电阻负载单相交流调压电路图及其波形图。该电路的作用是通过控制反向并联的两个晶闸管 VT_1、VT_2 的相位角，调节输出电压的有效值。

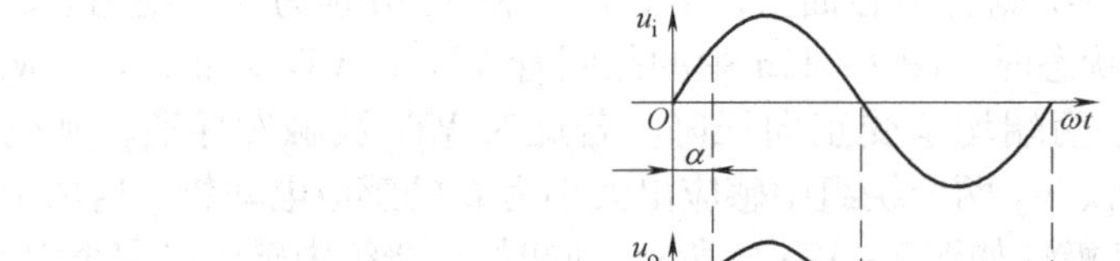

图 7－14　电阻负载单相交流调压电路图及其波形图

a）调压电路　b）波形图

如图7-14所示，在交流电源 u_i 的正半周和负半周，改变晶闸管 VT_1 和 VT_2 的触发相位角 α，即可以改变输出电压 u_o 的波形，电压的有效值也随之改变。α 的移相范围为 $0 \leqslant \alpha \leqslant \pi$。当 $\alpha = 0$ 时，晶闸管一直导通，输出电压最大；随着 α 的增大，输出电压逐渐降低，直到 $\alpha = \pi$ 时，输出电压有效值 $U_o = 0$。图7-15所示是一个交流直接变频电路。

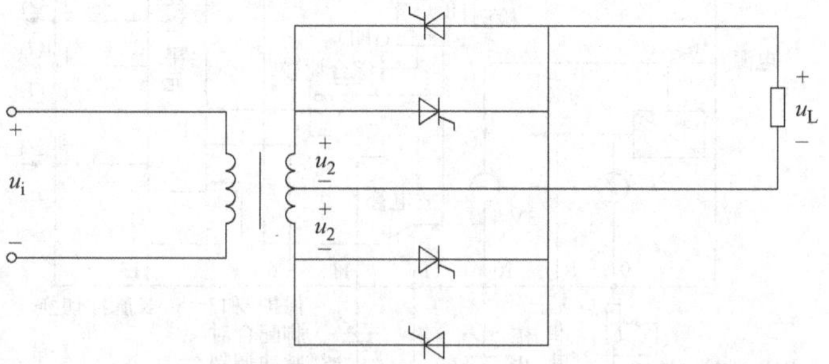

图7-15　交流直接变频电路

7.4　触发电路

晶闸管由关断转化为导通的条件除在阳极和阴极之间加正向电压外，还必须在门极和阴极之间加正的控制电压（触发电压）。控制电压可以是交流或直流电压，也可以是脉冲电压（即触发脉冲），产生这些触发电压的电路称为触发电路。

主电路对触发电路有着基本的要求，这就是要保证触发信号与电源同步，即触发信号与电源保持固定的相位关系，同时要有一定的移相范围。触发信号要有一定的功率，以满足晶闸管所需要的起始电流。由于导通不是瞬时的，触发信号应有一定的持续时间。触发电路的种类很多，随着电子技术的飞速发展，集成电路触发器具有更良好的性能，实际应用也越加普遍。下面以TCA785型集成触发电路为例介绍其基本原理。

7.4.1　TCA785工作原理

TCA785触发器是一个16引脚的集成电路芯片，它的内部结构如图7-16所示。该电路主要由同步检测、锯齿波形成、移相控制、脉冲形成等环节组成。

5脚输入的电压信号称为同步电压，其电路为同步信号检测电路，工作原理如图7-17a所示。这是一个电压比较器电路，输入的交流电压 u_i 与0V进行比较，输出电压刚好在过零点时发生变化，所以，从该电路中可以得到过零点的信息，其输入输出波形如图7-17b所示。9、10脚部分电路为锯齿波形成电路，如图7-18所示，当VT截止时，由恒流源对电容 C_1 充电，充电电流为恒流 I，C_1 的端电压 $u_C = \dfrac{1}{C_1}It$，它随时间 t 线性增长，形成锯齿波电压的上升段，调节电位器RP可以改变 I 的值，即改变锯齿波电压上升段的斜率；当VT导通（饱和导通）时，u_C 迅速降为零伏左右，形成了很陡的锯齿波下降段。

移相控制由综合比较放大器组成，如图7-19a所示，放大器的输入比较电压为 u_C 和 u_K（11脚的输入电压），经比较后产生 u_M 脉冲电压，再经过脉冲形成电路（逻辑单元）产生

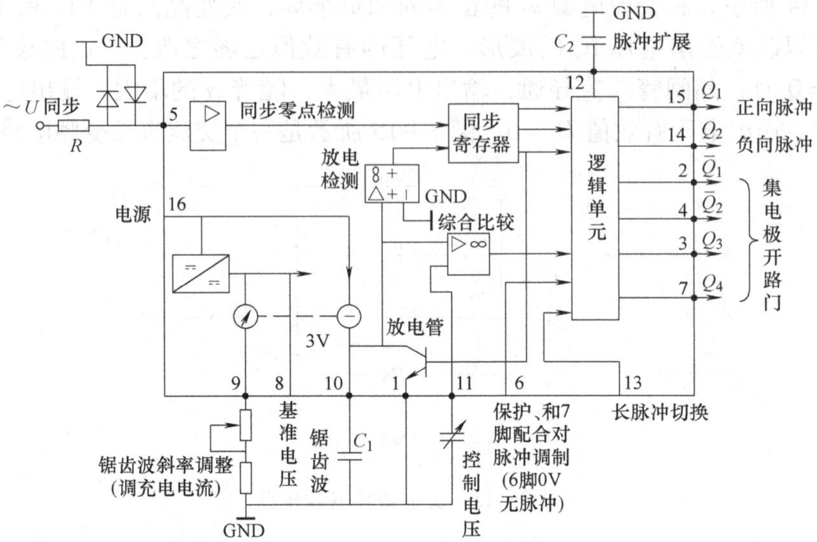

图 7-16　TCA785 触发器内部结构

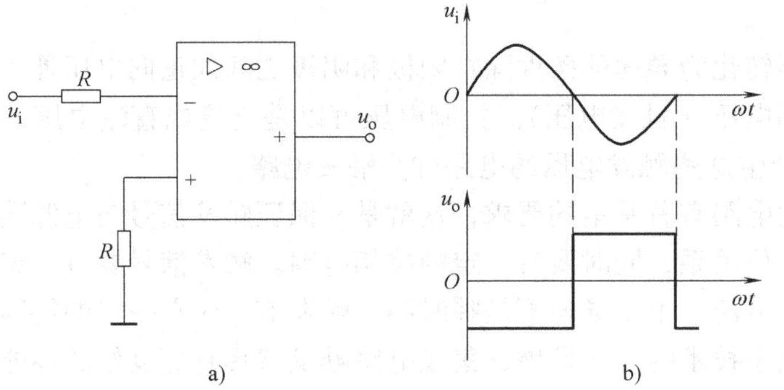

图 7-17　同步检测电路原理图

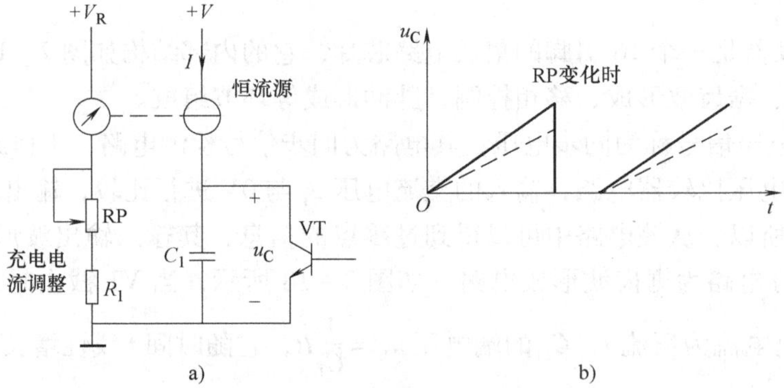

图 7-18　锯齿波形成电路原理图

了输出脉冲电压 u_{o1}（15 脚电压信号）。改变 u_K 的大小，即可改变比较输出电压 u_M 脉冲沿出现的时刻，从而改变了输出脉冲电压 u_{o1} 产生的时刻，如 u'_{o1}，如图 7-19f 所示。

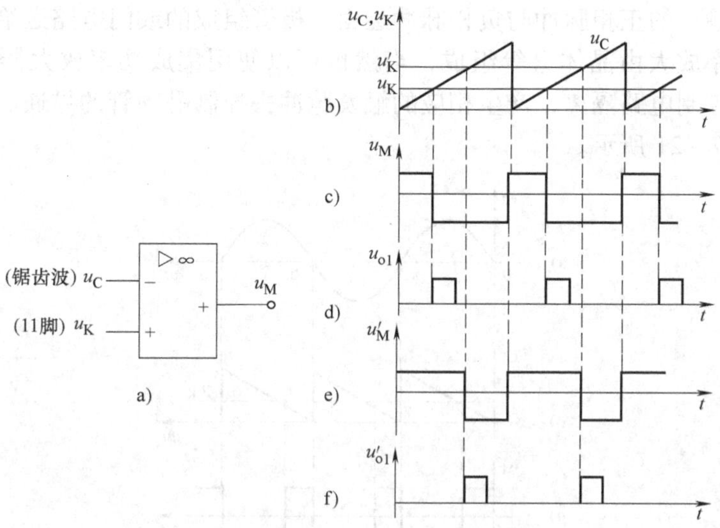

图 7－19　综合比较放大器及波形

7.4.2　TCA785 组成的触发电路

由 TCA785 组成的触发电路如图 7－20 所示。为了使触发脉冲与主电路交流电压同步，电路中引入了同步变压器，其中，u_2 与 u'_2 是同一铁心上的两个独立绕组，其电压波形在相位上是一致的（即是同步的），同时过零点，同时达到最大值，同步信号检测电路的工作原理前已叙述，该信号用来控制放电管及时将电容电压 u_{C1} 释放掉，以使锯齿波能再次回到零点，保持与电源电压同步。为了得到较宽的移相范围，设置了偏置电压，它与给定电压互相作用，产生控制电压 u_K。

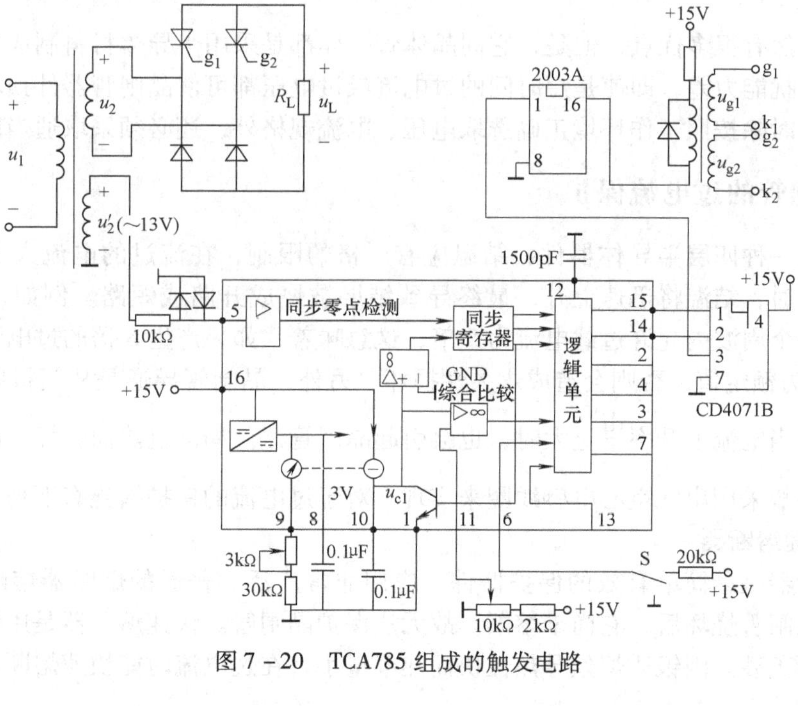

图 7－20　TCA785 组成的触发电路

由逻辑单元输出的正相脉冲与负相脉冲经由二极管组成的或门电路送给后边的功率放大环节。该电路功率放大由晶体管等组成，当然也可以使用集成功率放大器，再经脉冲变压器，使主电路与控制电路隔离，产生相应的触发脉冲去控制晶闸管的导通。触发电路各点主要电压波形如图 7 – 21 所示。

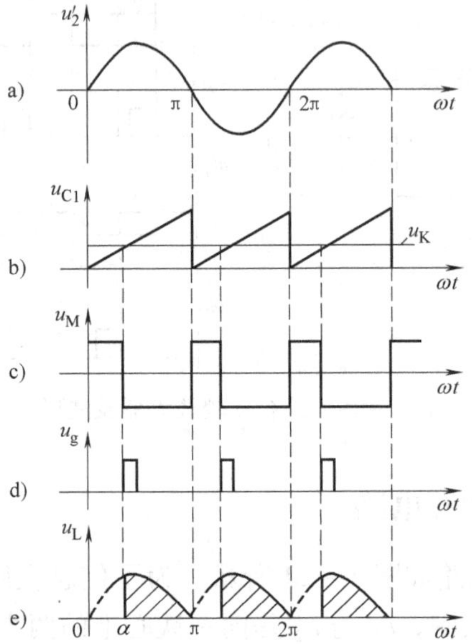

图 7 – 21 触发电路主要电压波形

7.5 晶闸管的保护

晶闸管虽然有很多优点，但是，它同晶体管一样都是采用半导体材料制成的。因此过载能力小，抗干扰能力差，即使是短时间的过电流或过电压都可使晶闸管器件损坏。所以，使用晶闸管器件时除按照工作环境正确选取电压、电流规格外，还必须采取适当的保护措施。

7.5.1 晶闸管的过电流保护

晶闸管是一种四层半导体器件，结温应有严格的限制，在流过的电流大于其额定电流时，散热不及时，结温将迅速上升，最终导致结层被烧成开路或短路。例如，一个 50A 的晶闸管，在一个周波内允许过载电流为 5 倍，这意味着，如果产生 5 倍的过电流时，必须在 0.02s 内下降为额定值，否则会造成永久性损坏。另外，晶闸管导通是从门极附近逐渐扩大到整个硅片，当电流上升率$\frac{di}{dt}$过大时，也会引起晶闸管器件局部过热而烧坏。因此要限制电流上升率，一般采用串联空心电感线圈来实现。对于过电流的保护措施有下列两种。

7.5.1.1 快速熔断器

快速熔断器是最简单有效的保护器件，应用非常广泛。普通的熔断器熔断特性动作太慢，往往在晶闸管烧坏后，它尚未熔断。故无法保护晶闸管。快速熔断器是用银质熔丝装入管内，填充石英砂。因银质熔丝导热性快而热容量小，在过电流时能快速熔断而及时切断电路电流，起到了保护晶闸管的作用。图 7－22 所示的是快速熔断器的接入方式。

7.5.1.2　过电流继电器

过电流继电器是快速动作保护电器，分为直流和交流两种，都可在发生过电流故障时动作，经 1～2ms 就可以使断路器跳闸。这种设备对过载保护是有效的，但是在发生短路故障时效果较差。因此，一般都与快速熔断器配合使用。

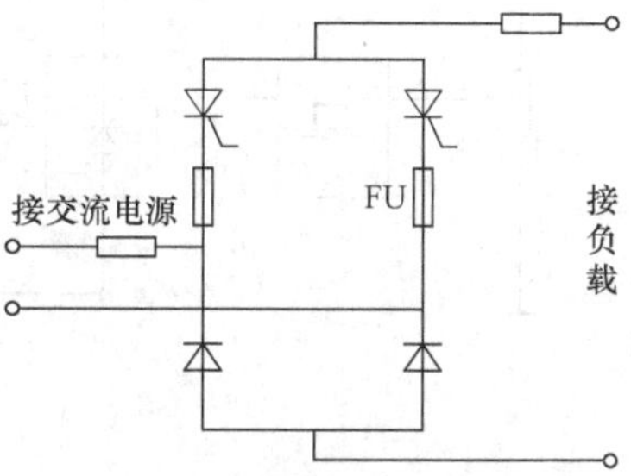

图 7－22　快速熔断器的接入方式

7.5.2　晶闸管的过电压保护

晶闸管对过电压极灵敏，当正向电压超过它的允许值时，就会误导通，引起电路工作不正常。当外加反向电压超过它的允许值时，晶闸管就会因反向击穿而损坏。产生过电压的原因很多，例如交流电源的通断，晶闸管换相，感性电路的开闭以及从电源侧侵入的峰值电压等，都可能产生过电压。为了防止从电源侧侵入的过电压，可在变压器二次侧并联阻容吸收装置（见图 7－23a），或在变压器二次侧并联硒堆。利用电容器 C 端电压不能跃变的特点，避免晶闸管承受过电压。硒堆是一种非线性电阻元件，当电压超过某一数值后，它的电阻迅速减小，把过电压能量消耗在非线性电阻上。阻容器吸收装置也可以接在直流输出端或直接与晶闸管并联，如图 7－23b、c 所示。

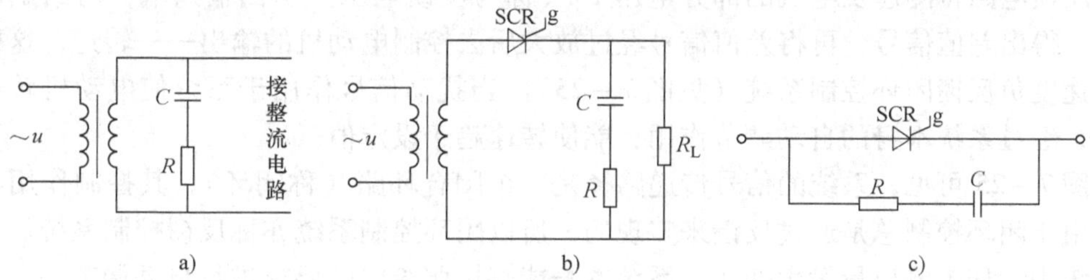

图 7－23　阻容保护电路

a）单相变压器二次侧阻容保护　b）直流输出端阻容保护　c）与整流元件并联的阻容保护

7.6　晶闸管控制系统

将晶闸管与其他电子电路结合可以组成晶闸管控制系统，用以实现不同的生产过程。一般来说，可以归结为两种类型，即开环控制系统和闭环控制系统。

7.6.1　晶闸管开环控制系统

如图 7－24a 所示的晶闸管调速系统是一种开环控制系统，可用 7－24b 所示的框图来表示，输入控制指令是给定电压 U_g，控制对象是电动机，输出是电动机的转速 n。若 U_g 为某值时，电动机便有一定的转速 n（设定值）与之对应。如果由于某种扰动，如负载变化作用于系统时，电动机转速就会偏离设定值升高或降低。要想转速恢复到设定值，此系统本身不能自动完成，必须借助于人工进行检测、分析和判断，调节给定电压 U_g，改变 U_d，使电动机转速趋于设定值。

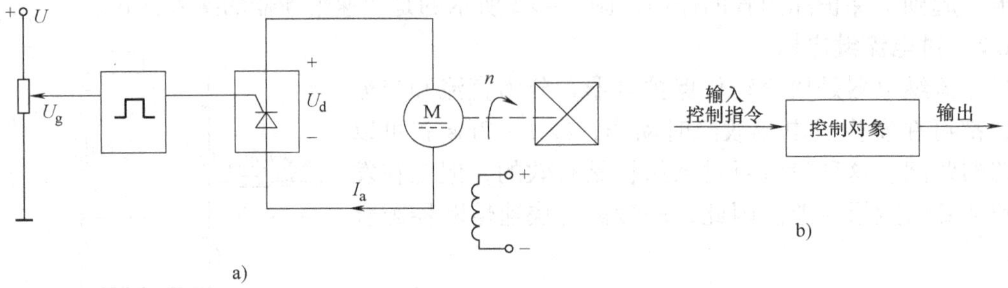

图 7-24 开环控制系统

a）晶闸管调速系统（开环） b）框图

由此可见，开环控制系统的信号传递是单方向（箭头方向）进行的，其控制作用与输出无关，不能自动调节。

开环控制的优点是设备简单可靠，费用较低，对输出（如转速、温度、电压等）的精度要求不高的场合应用比较广泛。

7.6.2 晶闸管闭环控制系统

如果在图 7-25b 所示的电动机轴上装一台测速发电机，用来检测电动机的转速，通过一定的反馈电路将测速发电机的部分电压 U_f（称为反馈电压）引回输入端，与给定电压进行比较，得出差值信号，再将差值信号经过放大后去控制电动机的输出——转速，这样就组成一个速度负反馈闭环控制系统（见图 7-25）。当扰动信号作用于系统使电动机转速发生变化时，经过系统本身的自动调节作用，能使转速趋于设定值。

由图 7-25 可见，系统的信号传递路径是一个闭合环路（称闭环），其控制作用与输出有关。由于闭环控制总是通过反馈来实现的，所以闭环控制系统亦称反馈控制系统。在闭环控制系统中，如果输出量发生变化，系统本身能够按照给定的要求进行自动调节。

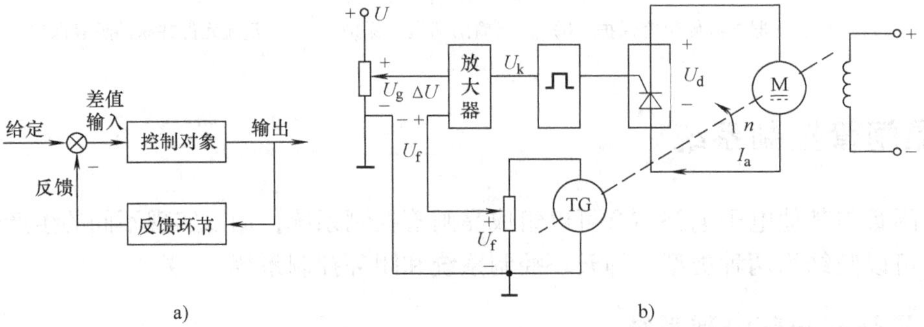

图 7-25 闭环控制系统

a）框图 b）晶闸管调速系统（闭环）

在图 7-25b 中，$\Delta U = U_g - U_f$ 加在放大器的输入端，如果由于负载增大使电动机转速降低时，反馈电压 U_f 随着降低，差值电压 ΔU 因而升高，放大器的输出电压 U_k 也升高，晶闸管整流器的输出电压 U_d 增大，从而电动机的转速回升，趋近设定值。

在任何一个闭环（反馈）控制系统中，当输出量（又称被控制量或被调量）受到外界因素的影响（称为扰动）而发生变化时，输出的反馈量与给定量之间的差值就产生变化。

闭环（反馈）控制作用就是利用这个差值的变化去调节，以消除或减小扰动对输出量的影响。所以，这种系统是负反馈控制系统。

在实际应用中，如果对输出的精度要求较高时，必须采用闭环控制系统。

7.6.3　晶闸管调速系统应用举例

图 7－26 所示是小功率直流电动机调速系统的原理电路，下面把电路中的主要部分作一简单介绍。

(1) 主电路

在图 7－26 中，主电路由单相半控桥式整流电源和直流电动机组成。调节单相半控桥式整流电源的输出电压就可以改变电动机的转速。VD_3 是续流二极管，L 是滤波电抗器。二极管 $VD_4 \sim VD_7$ 组成单相桥式整流电路，给电动机励磁绕组供电。R_W、R_{12} 组成电压负反馈环节。R_1C_1、R_2C_2、R_3C_3 是阻容吸收装置，对晶闸管作过电压保护。FU 是快速熔断器，对晶闸管作过电流保护。

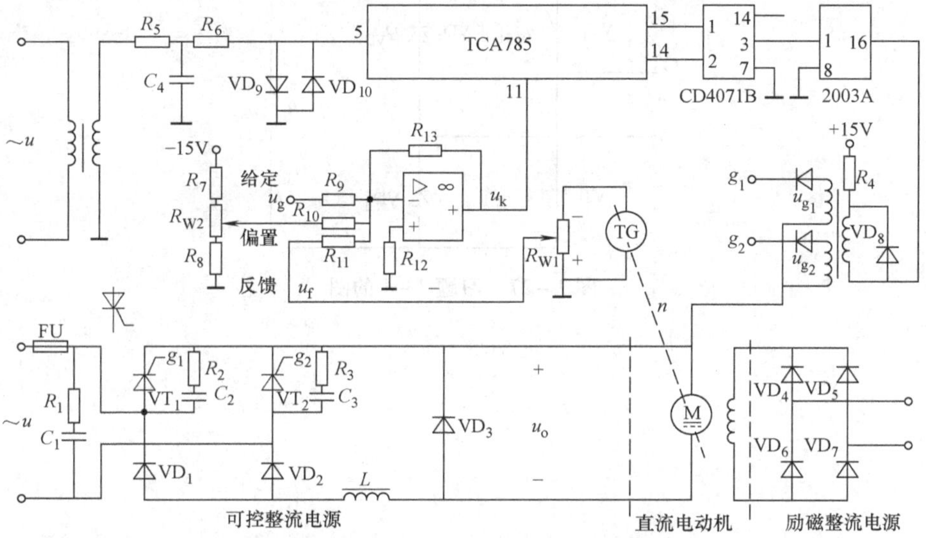

图 7－26　小功率直流电动机调速系统电路图

(2) 触发电路

触发电路主要由集成触发器 TCA785 组成，5 脚输入的是交流同步电压。给定信号 u_g 与反馈信号经运算放大器比较后（这里给定信号 u_g 是一正的电压信号，而反馈信号 u_f 是一负的电压信号）送到 TCA785 的 11 端。TCA785 的工作原理见前面的叙述。

(3) 电动机的调速过程

电动机的调速由给定信号 u_g 来控制，欲使电动机升速，则应使 u_g 增大，从而运算放大器输出 u_k 减小，其调节过程如下：

$$u_g\uparrow \longrightarrow u_k\downarrow \longrightarrow \alpha\downarrow \longrightarrow u_o\uparrow \longrightarrow n\uparrow$$

(4) 电机转速的自动调节过程

如果由于负载的变化而使电机转速发生了变化（如降低），则测速发电机 TG 的输出电压 u_f 也降低，运算放大器的输出 u_k 亦降低，其调节过程如下：

$$n\downarrow \longrightarrow u_f\downarrow \longrightarrow u_k\downarrow \longrightarrow \alpha\downarrow \longrightarrow u_o\uparrow \longrightarrow n\uparrow$$

习　题

7-1　晶闸管导通的条件是什么？已经导通的晶闸管在什么条件下才能从导通转为截止？

7-2　在单相半波可控整流电路中，负载电阻 $R_L=20\Omega$，需直流电压60V，现直接由220V电网供电。试计算晶闸管的导通角，并选用合适的晶闸管。

7-3　如图7-11a所示的单相半控桥式整流电路中，已知 $R_L=10\Omega$，输入交流电压 $u_2=220\sqrt{2}\sin\omega t\text{V}$，输出平均电流 $I_o=14.85\text{A}$。求：（1）触发延迟角 α；（2）晶闸管承受的最高反向工作电压；（3）画出 u_o、i_o、u_{SCR1}、u_{VD1} 波形。

7-4　图7-27所示的电路为单相半控桥式可控整流电路的另一种形式。已知输入交流电压 $u_2=220\sqrt{2}\sin\omega t\text{V}$，触发延迟角 $\alpha=60°$，负载电阻 $R_L=10\Omega$。试求：（1）画出 u_o、i_o、u_{VT1} 波形图；（2）求输出电压的平均值 U_o；（3）求晶闸管 VT_1 的最大反向电压 U_{RM}。

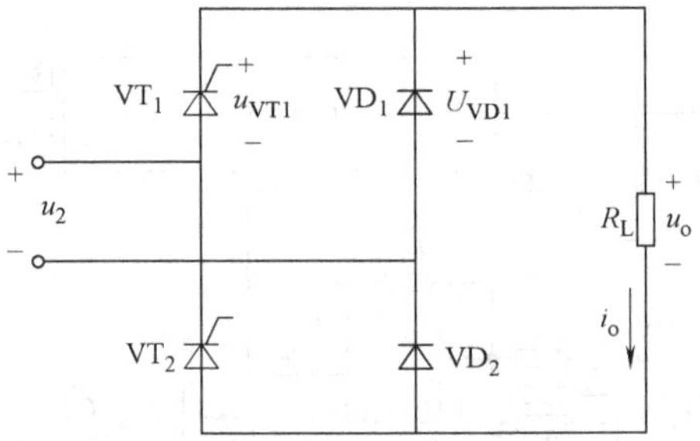

图7-27　习题7-4的图

第 8 章　门电路和组合逻辑电路

8.1 引言

数字系统已经成为日常生活的组成部分，数字系统的物理实现是用电子电路完成的。电子电路分两大类：一类是模拟电路，其中的信号（电压和电流）是随时间连续变化的物理量，处理模拟信号的电路称为模拟电路；另一类是数字电路，其信号在时间和数值上都是离散的脉冲信号，处理数字信号的电路称为数字电路。由于数字电路具有速度快、精度高、抗干扰能力强等优点，目前数字电路及系统已广泛地应用于生产和生活中，如计算技术、数字通信、测量仪表、电视和生产过程的自动控制等领域。

数字电路的特点是：

1）信号是随时间不连续变化的两个离散量，反映在电路上就是低电平和高电平两种状态，这两种状态可用逻辑 0 和逻辑 1 两个数字表示。

2）稳态时晶体管一般都是工作在开、关状态。

3）研究的主要问题是输入信号的状态和输出信号的状态之间的逻辑关系，即电路的逻辑功能。

4）使用的主要方法是逻辑分析和逻辑设计，主要工具是逻辑代数。

组合电路和时序电路是数字电路的两大类。门电路是组合电路的基本单元，触发器是时序电路的基本单元。

分析数字电路的数学工具是逻辑代数，也叫布尔代数，是英国数学家乔治·布尔（George Boole）在 19 世纪首先提出的，被广泛应用于数字电路的分析与设计。

逻辑代数是按一定逻辑规律进行运算的代数，其自变量只有两种取值，即 0 和 1。这里的 0 和 1 不代表数量的大小，而是表示两种独立的逻辑状态。例如，用“1”和“0”表示事物的“真”和“假”、开关的“闭合”与“断开”、电灯的“亮”和“灭”等。

数字电路中的两种相反的状态用数字 0 和 1 来表示，有两种表示方法，一种是用 1 表示高电平，用 0 表示低电平，这就是正逻辑系统。另一种是用 1 表示低电平，用 0 表示高电平，这就是负逻辑系统。本书如无特殊说明，一律采用正逻辑。

由于温度变化、电源电压波动、元器件特性变化、干扰等原因的影响，实际的高电平和低电平都不是一个固定的值，它们表示的都是一定的电压范围。如果在此范围内，就判定为逻辑 1 或逻辑 0。在图 8－1 中，高电平可在 3～5V 之间波动，低电平可在 0～0.4V 之间波动，这就限制了高电平和低电平的变化范围。在实际应用中，对于各种集成与非门电路，规定了一个高电平的下限值和

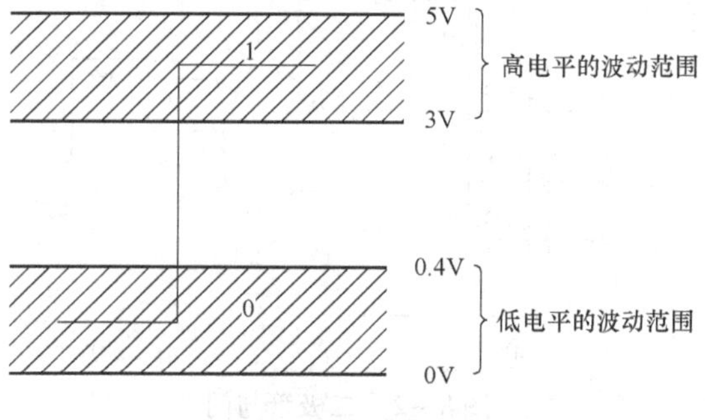

图 8－1　高低电平变化范围

低电平的上限值。这是因为高电平过低或者低电平过高都会破坏电路的逻辑功能，因此高电平不能低于其下限值，而低电平不能高于其上限值。

8.2 基本门电路

逻辑门电路是指能完成一些基本逻辑功能的电子电路，简称门电路。门电路是构成数字系统最基本的单元电路，常用的门电路有与门、或门、非门、与非门、或非门、异或门等。从生产工艺看，门电路又分为两大类，即分立元件门电路和集成门电路。逻辑代数有三种基本的逻辑运算：逻辑与（AND）、逻辑或（OR）和逻辑非（NOT），对应这三种基本逻辑关系，有三种基本逻辑门电路：与门电路、或门电路和非门电路。其他的各种逻辑运算均由这三种基本运算组成。

8.2.1 逻辑与

当决定一件事情的各个条件全部具备时，这件事才会发生，这样的因果关系称之为逻辑与（AND）关系。

由二极管和电阻组成的与门电路及其逻辑符号如图 8 - 2 所示。它有三个输入端 A、B、C 和一个输出端 F，下面讨论不同输入情况下的输出状态。

1）如有一个或几个输入端接地，例如 C 端接地，即 $U_C=0$。在这种情况下，二极管 VD_3 处于正向偏置而导通；如果忽略二极管的压降，得到 $U_F\approx0V$ 或 $F=0$（逻辑 0）。其他输入端 A 和 B 为高电平，即 $U_A=U_B=3V$，此时二极管 VD_1、VD_2 都因承受反向电压而截止。

2）当全部输入端都是高电平（逻辑 1），即 $U_A=U_B=U_C=3V$ 时，所有二极管都处于正向偏置而导通，则 $U_F\approx3V$ 或 $F=1$（逻辑 1）。

可见，只有当全部输入端 A、B 和 C 端都是 1 时，输出才是 1。这就是与逻辑关系。现实生活中，这种与的关系是很多的。例如在图 8 - 3 中，开关 A、B 与灯 L 串联。当所有的开关都闭合时，灯才亮。设开关闭合及灯亮为状态 1，开关断开及灯灭为状态 0。则只有当 A 与 B 都是状态 1 时，L 才为状态 1。这就代表了一种与逻辑功能。其中开关 A、B 可以表示不同的输入状态，灯 L 代表输出状态。

表 8 - 1 给出了图 8 - 3 输入和输出的所有可能的组合。这种完整地表达所有可能的逻辑关系的表格，称为真值表（或逻辑状态表）。真值表的组合数是 2^n，其中 n 是输入端个数，2 代表输入信号的两种可能状态（0 或 1）。这里，$2^n=2^3=8$。

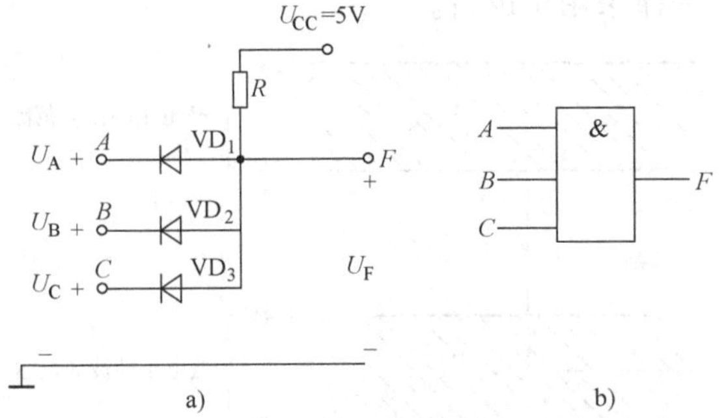

图 8 - 2 二极管与门
a）电路 b）逻辑符号

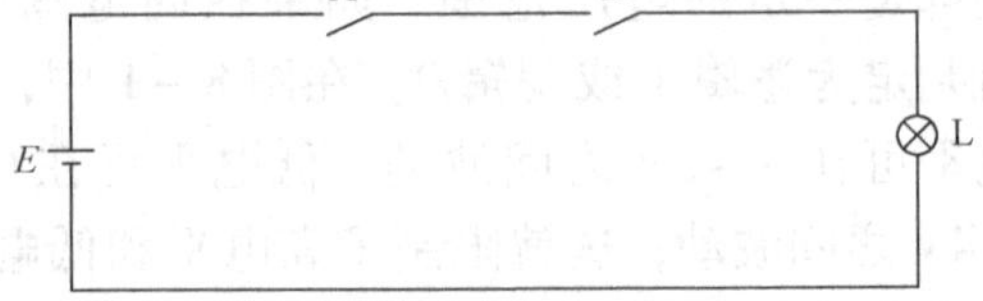

图 8 - 3 与逻辑关系举例

表 8-1　具有三个输入端的与门真值表

A	B	C	F
0	0	0	0
0	0	1	0
0	1	0	0
0	1	1	0
1	0	0	0
1	0	1	0
1	1	0	0
1	1	1	1

从与门真值表中可以发现，输出和输入的逻辑关系相当于乘法运算，可以用逻辑函数式表示为

$$F = A \cdot B \cdot C$$

它代表与逻辑关系，称为与逻辑函数。A、B、C 为逻辑变量。可以说：与门的输出 F 等于输入 A 乘输入 B 乘输入 C 。由此可见，逻辑结果与逻辑变量之间的关系可以用真值表来表示，也可以用逻辑函数来表示。

与门应用举例如下。图 8-4 所示是频率计中的控制电路，A 端是计数脉冲的输入端，B 端是控制开门和关门的门控信号输入端。当门控信号为 0 时，输出被二极管 VD_2钳位在 0V（忽略二极管压降），二极管 VD_1处于反向偏置而截止。这样，A 端计数脉冲不能通过 VD_1送到输出端 F，这时相当于逻辑门被关闭。当门控信号为 1 时，F 端输出波形和 A 端计数脉冲一样，这好像门被打开了，计数脉冲通过 VD_1 送到输出端。

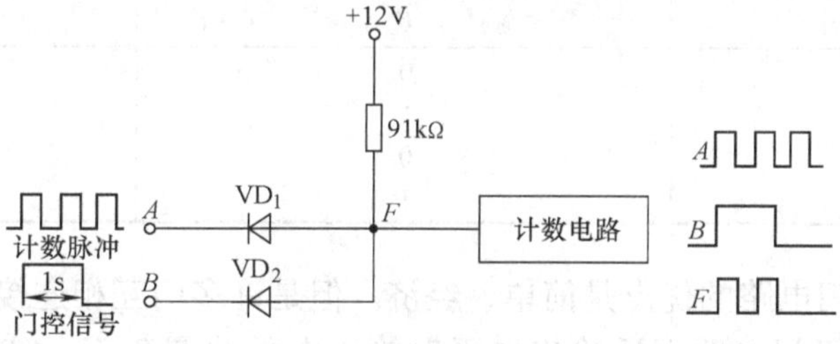

图 8-4　频率计中“与”电路的应用

如果计数脉冲由计数器进行计数，设 B 端开门时间为 1s，那么由计数器所得的读数就是 A 端被测信号的频率。

8.2.2　逻辑或

在决定一件事情的各个条件中，只要具备一个或者一个以上的条件，这件事情就会发生，这种因果关系称之为逻辑或（OR）关系。

这种逻辑或关系在实际生活中也经常看到。例如在图 8-5 中，并联的两个开关 A、B 控制电灯 L。显然，只要开关 A 或 B 或 A、B 同时闭合，电灯 L 就亮，设开关闭合及灯亮为状态 1，开关断开及灯灭为状态 0，则当 A 或 B 或 A、B 为 1 态时，L 就为 1 态。这就是或逻辑功能。

由二极管和电阻组成的或门电路以及逻辑符号如图 8－6 所示，其工作原理如下：

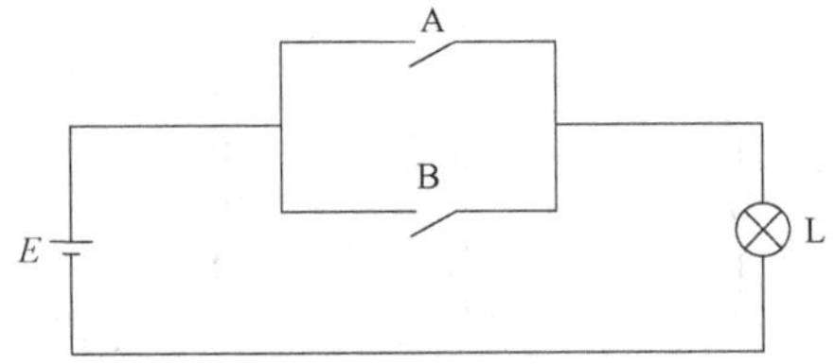

图 8－5　或逻辑关系举例

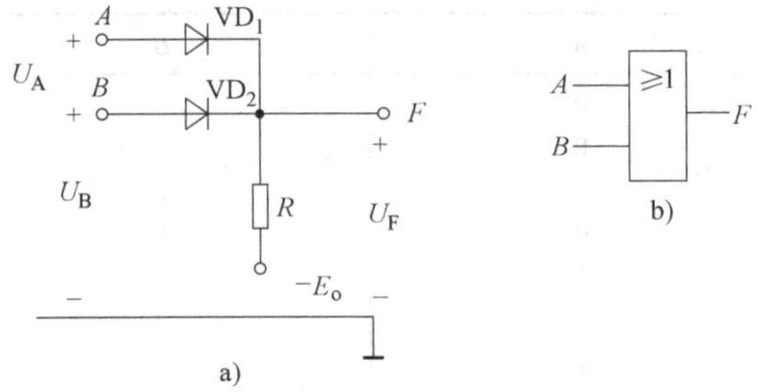

图 8－6　二极管或门

a）电路　b）逻辑符号

1）当全部输入端都为 0 时，各二极管均正向偏置，如果忽略二极管压降，则输出 $U_F \approx$ 0V 或 $F=0$。

2）当任一个输入端为 1，例如 $U_A=3V$，而 $U_B=0V$ 时，加到二极管 VD_1 的电压较高，VD_1 优先导通，输出 F 被钳位在 3V（忽略二极管压降）。此时 VD_2 处于反向偏置而截止，因此输出 $F=1$。

表 8－2 为具有两个输入端的或门真值表。表中说明，输入端 A 或 B 只要有一个为 1，输出 F 就为 1。这就是或逻辑关系，它相当于逻辑加运算，可表示为

$$F=A+B$$

可读作 F 等于 A 或 B，或者 A 加 B。

表 8－2　或门真值表

A	B	F
0	0	0
0	1	1
1	0	1
1	1	1

由二极管组成的门电路的优点是简单、经济。但是许多门互相连接的时候，由于二极管有正向压降，通过一级门电路以后输出电平对输入电平约有 0.7V（硅管）的偏移。这样，经过一连串的门电路后，高低电平就会严重偏离原来的数值，最后导致逻辑关系错误。而且二极管门电路带负载能力也较差。

8.2.3　逻辑非

逻辑非（NOT）就是相反或者否定的意思。例如在图 8－7a 中，当 A 闭合时，灯灭；当 A 断开时，灯亮。因此开关闭合与灯亮是非的逻辑关系。

晶体管非门电路如图 8－7b 所示。图中 E_Q 是钳位电源，VD_Q 是钳位二极管。在非门电路中要求晶体管工作在开关状态。当输入 A 是逻辑 1（$U_A=3V$）时，VT 饱和导通，输出 F 为 0（$U_F \approx 0$）；当输入 A 是逻辑 0（$U_A \approx 0$）时，VT 截止，输出 F 为 1（$U_F \approx E_Q$）。这样就实现了非的逻辑功能。负电源 $-E_{BB}$ 的作用是保证输入为 0 时 VT 能可靠截止，E_Q、D_Q 的作用是使输出高电平为规定值。图 8－8 所示是非门的真值表和逻辑符号。

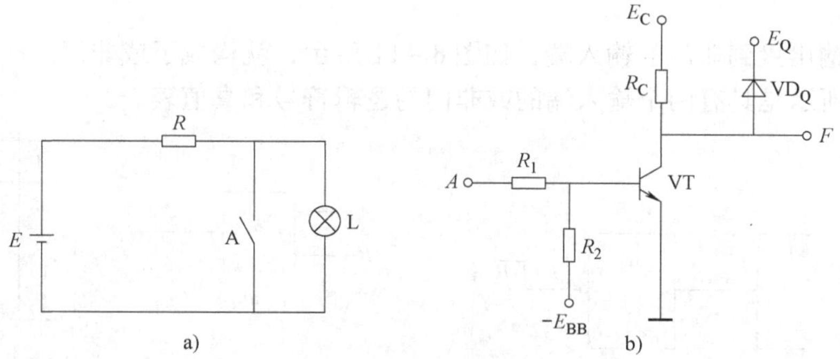

a)　　b)

图 8-7　非门电路
a）逻辑非关系举例　b）电路

非门的逻辑功能，读作 A 非或 A 反。可以表示如下：

$$F=\overline{A}$$

非门的输出电流（功率）较大，带负载能力强，而且没有电平偏移问题。因此实际的基本逻辑单元一般都是由非门和其他（与、或）门构成与非门和或非门。它们在逻辑电路中得到广泛的应用。

A	F
0	1
1	0

a)

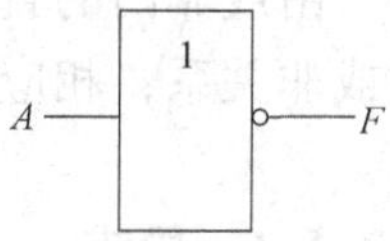

b)

图 8-8　非门真值表与符号

8.2.4　复合运算

与、或、非是逻辑代数基本的逻辑运算，由这三种基本运算可以组成多逻辑运算，常用的复合逻辑运算有与非、或非、异或、同或等。

8.2.4.1　与非

把与门的输出接到非门的输入，如图 8-9 所示，就构成了与非门。

图 8-10 所示是具有两个输入端的与非门逻辑符号和真值表。

由与非门真值表可见，仅当与非门的输入全为 1 时，输出才为 0。输入和输出之间是与非关系，相应的逻辑表达式为

$$F=\overline{A\cdot B}$$

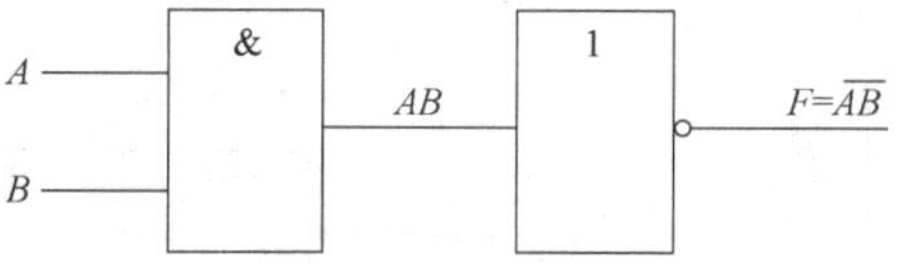

图 8-9　与非门组合

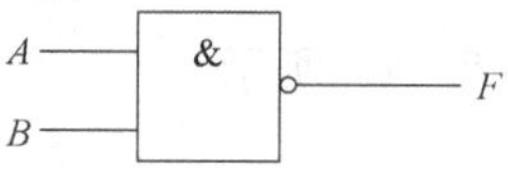

a)

A	B	F
0	0	1
0	1	1
1	0	1
1	1	0

b)

图 8-10　与非门
a）逻辑符号　b）真值表

8.2.4.2　或非

把或门的输出接到非门的输入端，如图 8－11 所示，就构成了或非门。

图 8－12 所示是具有两个输入端的或非门的逻辑符号和真值表。

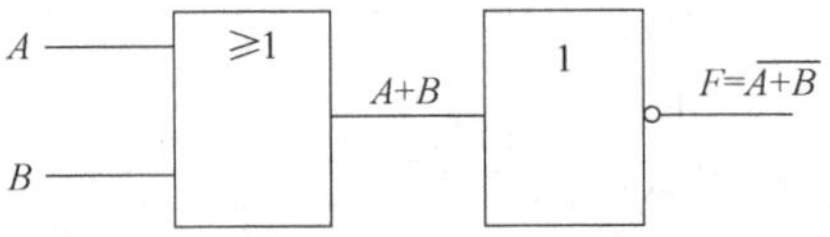

图 8－11　或非门组合

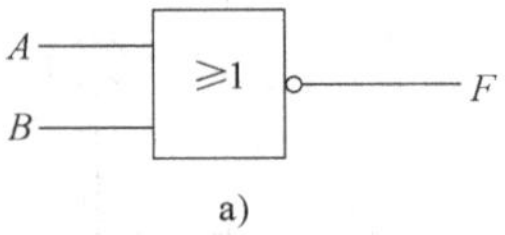

a)

A	B	F
0	0	1
0	1	0
1	0	0
1	1	0

b)

图 8－12　或非门

a）逻辑符号　b）真值表

由或非门的真值表可见，或非门的输入只要有一个为 1，输出就为 0。输入和输出之间是或非关系，相应的逻辑表达式为

$$F = \overline{A + B}$$

8.2.4.3　异或

由与非门组成的异或门电路如图 8－13a 所示，其真值表如图 8－13b 所示。由图 8－13b 可知，输入相同输出为 0；输入不同输出为 1。输入和输出之间是异或关系，相应的逻辑表达式为

$$F = \overline{A}B + A\overline{B} = A \oplus B$$

异或门的符号如图 8－14 所示。

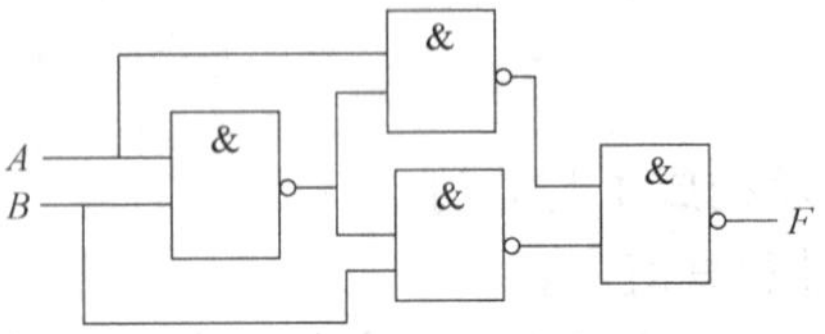

a)

真值表

A	B	F
0	0	0
0	1	1
1	0	1
1	1	0

b)

图 8－13　异或门

a）异或门电路　b）真值表

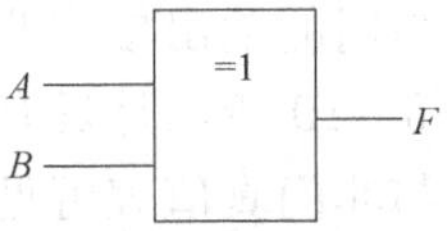

图 8－14　异或门符号

8.2.4.4　同或

由与非门和非门组成的同或门电路如图 8－15 所示，由其真值表图 8－16 可知，输入不同输出为 0；输入相同输出为 1。输入和输出之间是同或关系，可用于判断各输入端的状态是否相同，称为“判一致电路”。相应的逻辑表达式为

$$F = AB + \overline{A}\,\overline{B} = \overline{A \oplus B}$$

同或门符号如图 8－17 所示。

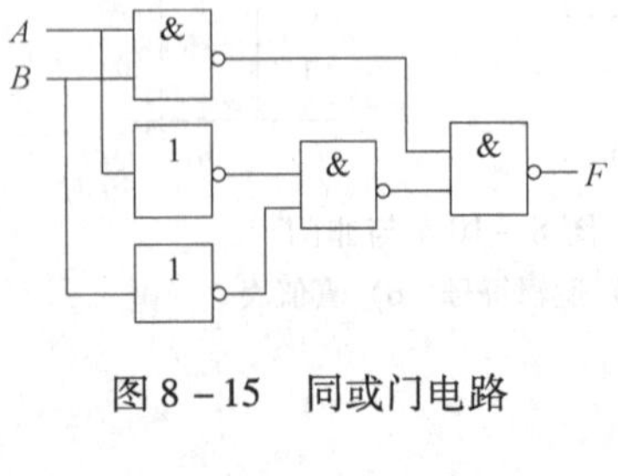

图 8－15　同或门电路

A	B	F
0	0	1
0	1	0
1	0	0
1	1	1

图 8－16　同或门真值表

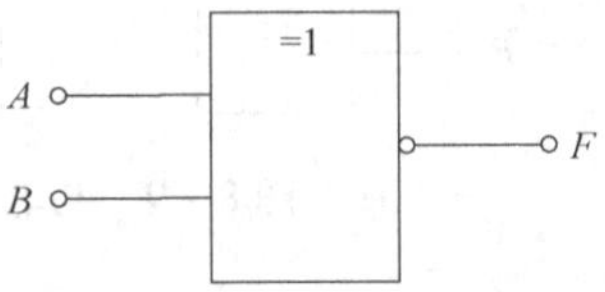

图 8－17　同或门符号

8.3　数字集成逻辑电路

通常根据一片半导体芯片上含有逻辑门的个数或元器件的个数将集成门电路分为小规模、中规模、大规模和超大规模。一般，含有逻辑门的个数 < 10 门/片或含有元器件的个数 < 100 元器件/片的为小规模集成电路（Small Scale Integration，SSI）；含有逻辑门的个数 10 ~ 99 门/片或含有元器件的个数为 100 ~ 999 元器件/片的为中规模集成电路（Medium Scale Integration，MSI）；含有逻辑门的个数为 100 ~ 9999 门/片或含有元器件的个数为 1000 ~ 99999 元器件/片的为大规模集成电路（Large Scale Integration，LSI）；含有逻辑门的个数 > 10000 门/片或含有元器件的个数 > 100000 元器件/片的为超大规模集成电路（Very Large Scale Integration，VLSI）。

数字集成电路按所用半导体器件的不同，又可分为两大类：一类是以双极性结型晶体管为基本元件组成的集成电路，称为双极型结型数字集成电路，属于这一类的有 DTL（Diode - Transistor Logic）和 TTL（Transistor - Transistor Logic）等；另一类是以 MOS 晶体管为基本元件组成的集成电路，称为 MOS 型（或单极型）数字集成电路，属于这一类的有 NMOS（N - Channel - Metal - Oxide - Semiconductor）和 CMOS（Complement Metal - Oxide - Semiconductor）等。

对于使用者来说，数字集成器件一般只需要作为具有一定逻辑的器件来对待，而对其内部电路不必深究。但为了能正确使用它们，有必要对电路的基本原理和特点有所了解。下面对最基本的数字集成 TTL 与非门电路加以介绍。

8.3.1　TTL 与非门电路

在集成电路中，由晶体管构成的逻辑电路称为晶体管一晶体管逻辑电路，或者简称 TTL，TTL 电路是用多发射极晶体管代替二极管与门。TTL 电路通用性强，在中小规模数字集成电路中获得广泛应用。

基本 TTL 与非门的内部电路如图 8 - 18 所示。图中的 VT_1 为多发射极晶体管，其结构及对应的等效电路如图 8 - 19 所示。

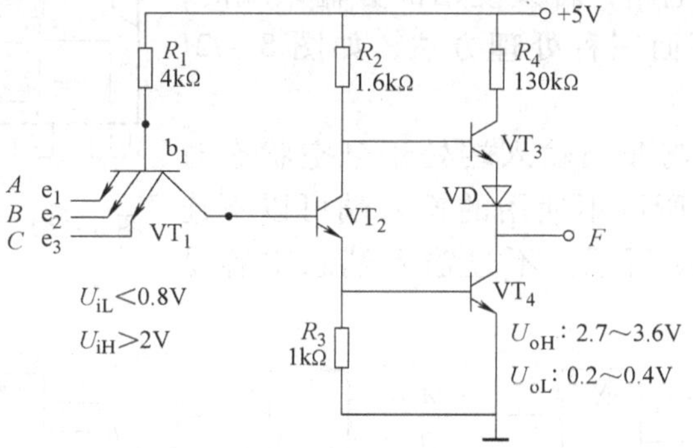

图 8 - 18　基本 TTL 与非门的内部电路

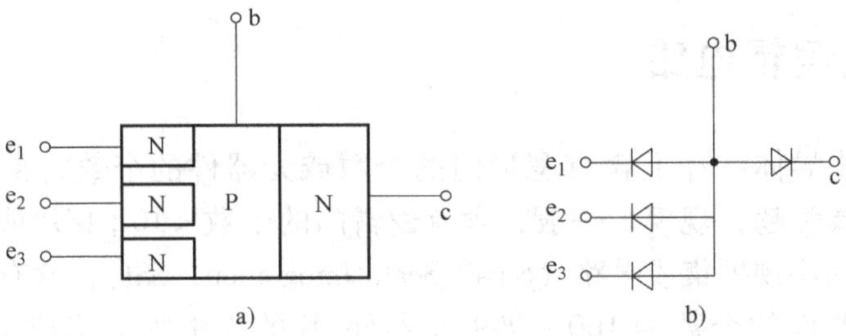

图 8-19　多发射极晶体管
a）结构　b）等效电路

8.3.1.1　TTL 与非门工作原理

TTL 与非门工作原理如下

1）设一个或几个输入端是低电平，例如 $U_A=0.3V$，$U_B=3.6V$。VT_1 管的发射结 b_1-e_1 正向偏置，因此，VT_1 管导通。VT_1 管的基极电位 $U_{b1}\approx 0.3V+0.7V=1V$。其他发射结都因反向偏置而截止。因为 $U_{b1}\approx 1V$ 加在 VT_1 管的集电结和 VT_2、VT_4 管的发射结上，所以，VT_2、VT_4 管都截止。这时，I_{b1}从电源（+5V）经过 R_1 流向 A 端。VT_1 管的集电极电流 I_{c1} 经过 VT_2 管的集电结和 R_2 构成回路。由于 I_{c1}是 VT_2管的反向饱和电流，因此其值很小，即 $I_{c1}\ll\beta I_{b1}$。VT_1 管处于深度饱和，$U_{CES1}\approx 0.1V$，则 $U_{c1}=U_{b1}\approx 0.3+0.1=0.4V$，可见 VT_2、VT_4 管截止。VT_3 管的基极为高电平，即 $U_{c2}=U_{b3}\approx 5V$，所以 VT_3 管导通输出高电平，$U_F\approx 3.6V$ 即 $F=1$（逻辑 1）。U_{be3}及二极管 VD 压降各为 0.7V。

2）当全部输入端 A、B、C 都为高电平（3.6V）时，如图 8-18 所示。VT_1 管的全部发射结都为反向偏置，VT_1 管的集电结正向偏置。VT_1 管供给 VT_2 管基极电流，促使 VT_2 管饱和导通，于是 VT_2 管的集电极电位降低，使 VT_3 管截止；VT_2 管的发射极电位升高，使 VT_4 管饱和导通输出低电平，$U_F\approx 0.3V$，即 $F=0$（逻辑 0）。这时，$U_{b1}\approx 2.1V$，$U_{c2}=U_{CES2}+U_{be4}\approx 0.3V+0.7V=1V$。由于二极管 VD 的作用，保证 VT_3 管在此时能够可靠截止。

图 8-20 所示是一种与非门外部引线图。一片集成电路内的各个逻辑门互相独立，可以单独使用，但共用一根电源引线和一根地线。

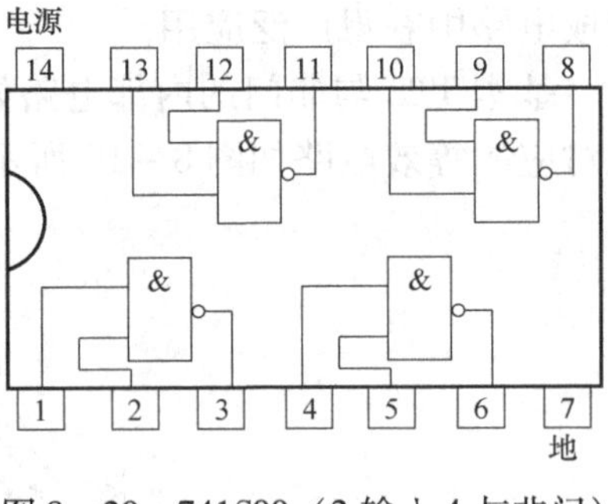

图 8-20　741S00（2 输入 4 与非门）外部引线图

多输入端的与非门电路，若只使用部分输入端时，不使用的端子可以有下面三种处理方法，如图 8-21 所示。

第一种方法：因为与非门输入端处于悬空状态时和输入 1 的作用相同，所以不使用的输入端可以不连接而悬空，如图 8-21a 所示。不过输入端悬空容易受干扰。

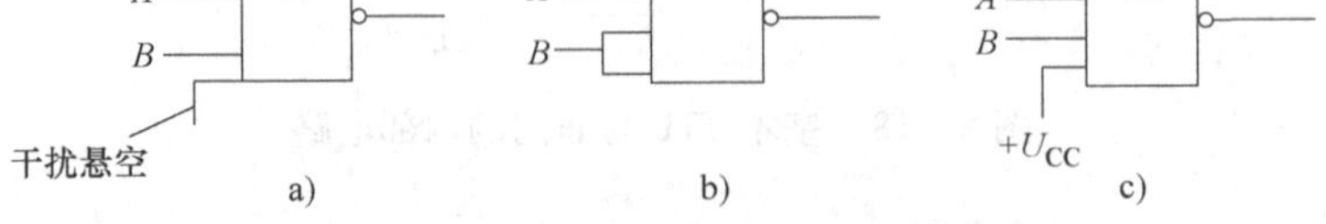

图 8-21　不用端子的处理

第二种方法：把一些端子连在一起，合并成所需的几个输入端，如图 8－21b 所示。

第三种方法：与电源直接相连，如图 8－21c 所示。

8.3.1.2　TTL 与非门输入输出特性和主要参数

TTL 与非门输入输出特性如图 8－22 所示。它表示输出电压 U_o 随输入电压 U_i（与非门一输入端接 U_i，其他端接电源正极）变化的规律。

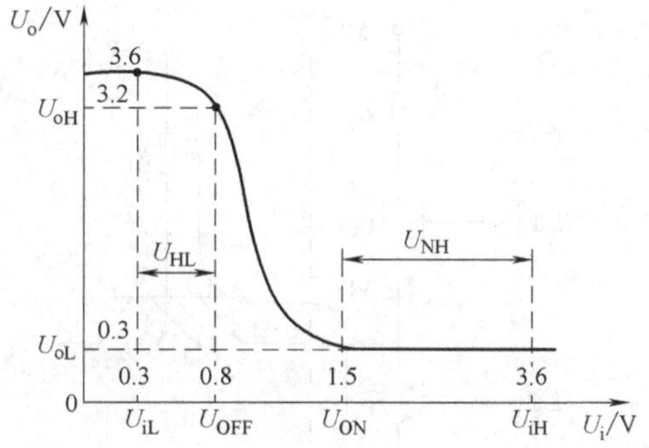

图 8－22　输入输出特性

当 $U_i=0$ 时，由于 VT_1 管深度饱和，VT_2、VT_4 管截止，VT_3 管导通，输出为高电平 U_{oH}。U_i 增加，U_{oH} 基本保持不变。之后，随着 U_i 增高，VT_1 管的集电极电位 U_{c1}（$=U_{b2}$）随之增高（U_{c1} 比 U_i 高出 $U_{CES1}\approx 0.1V$）。当 $U_i\approx 0.8V$ 时，V_{c1}上升，促使 VT_2 管开始导通，U_o 开始下降；U_i 继续升高，输出电压 U_o 下降很快。当 $U_i=1.4V$ 时，VT_1 管的基极电位 $U_{b1}\approx 2.1V$，$U_{c1}\approx 1.4V$，这时 VT_2、VT_4 管导通，VT_3 截止。当 U_i 大于 1.5V 之后，VT_4 管进入饱和，输出电压降至 U_{oL}，U_i再增高，输出保持 U_{oL}不变。

$U_i=1.4V$ 是 VT_4 管由截止变为导通，即输出由高电平转入低电平，或者说 TTL 开门的界限。所以，经常把这个输入电平叫做门限电平，并以 U_T 表示。

逻辑门的主要参数如下：

（1）标称逻辑电平

TTL 与非门在理想工作条件下，输出高电平 U_{oH}（逻辑 1）和输出低电平 U_{oL}（逻辑 0）的电压值称为标称逻辑电平。

输出高电平 U_{oH}，一般规定为高电平的下限，其值随不同型号的产品而异。如某种 TTL 逻辑门电路，其电源电压为5V，高电平的下限为 3.2V，则输出高电平 U_{oH}不小于 3.2V 为合格。

输出低电平 U_{oL}，一般规定为低电平的上限，在一般双极型电路中，低电平的上限定为 0.3V，凡是 U_{oL}低于 0.3V，就认为合格。

输出高、低电平之差，称为逻辑幅度 U_P。在图 8－18 中，其逻辑幅度为

$$U_P=U_{oH}-U_{oL}=3.2V-0.3V=2.9V$$

（2）开门电平 U_{ON}

逻辑门的输出电平为 U_{oL}，所对应的最小输入高电平称为开门电平 U_{ON}。当输入电平 U_i 大于 U_{ON}时，逻辑门处于开通状态（输出低电平）。

（3）关门电平 U_{OFF}

逻辑门的输出电平为 U_{oH}时，所对应的最大输入低电平称为关门电平 U_{OFF}。当输入电平 U_i 小于 U_{OFF}时，逻辑门处于关闭状态（输出高电平）。

（4）输入短路电流 I_{iL}

当某一输入端接地（其他输入端均接高电平或者悬空）时，从该端流出的电流就是输入短路电流 I_{iL}，如图 8－23 所示。

由图可见，由于 I_{iL}又是流入（灌入）前级 TTL 输出管 VT_4 的负载电流，所以 I_{iL}的大小将直接影响前级门的工作，I_{iL}越小，前级门就可以带更多的负载。

（5）输入反向漏电流 I_{iH}

如图 8－24 所示，当某个输入端接高电平（其他输入端接地）时，后级门的 VT_1 管的 b_1-e_1 结处于反向工作状态。流入这个输入端的电流称为输入反向漏电流 I_{iH}。I_{iH}越大，流过前级门的电流就越大，则前级门输出的高电平越低，所以 I_{iH}越小越好。

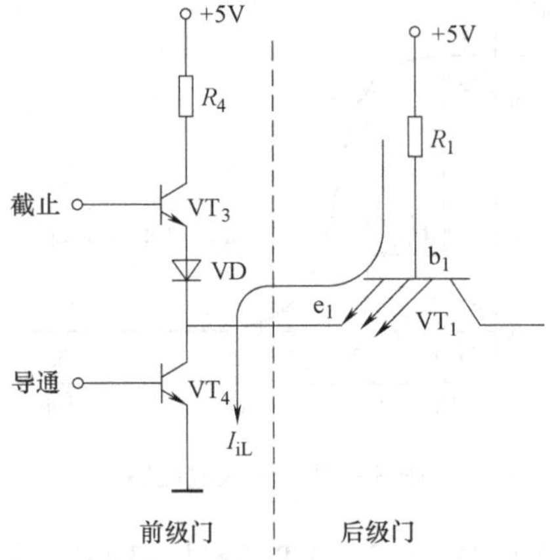

图 8－23　输入短路电流

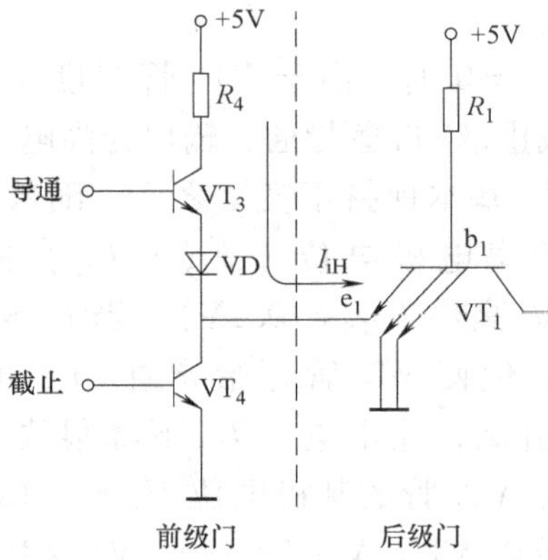

图 8－24　输入反向漏电流

对于前级门来说，I_{iH}称为拉电流负载，I_{iL}称为灌电流负载。

（6）扇出系数 N

扇出系数 N 表示 TTL 与非门输出端最多能接几个同类门，扇出系数 N 的大小表示逻辑门驱动负载能力的大小，一般 $N=8\sim12$。图 8－25 所示为 TTL 驱动同类 TTL 负载的情况。

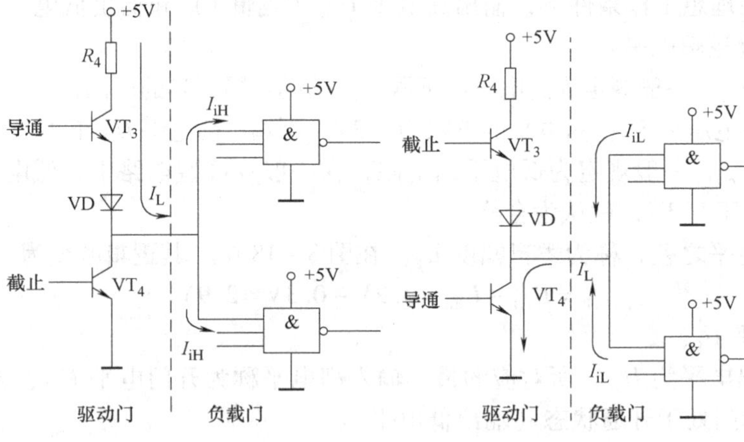

图 8－25　驱动同类门的负载情况

（7）平均传输延迟时间 t_{pd}

传输延迟时间是信号通过逻辑门所用的时间。当与非门输入端加一个方波电压时，输出电压对输入电压有一定时间的延迟，其波形如图 8－26 所示。

这时间的延迟是由于逻辑门内部晶体管改变状态需要时间（称为响应速度）所引起的。常以两个参数来说明。图 8－26 中的 t_{pdL}是输出电压由高变低（此时输入电压由低变高）时，输出信号经过 50% 处较之输入信号通过 50% 处所延迟的时间；t_{pdH}是输出由低变高的延迟时间。

这两个时间一般是不相等的。通常 $t_{pdH} > t_{pdL}$。平均传输延迟时间为

$$t_{pd}=\frac{1}{2}\left(t_{pdH}+t_{pdL}\right)$$

t_{pd}越小，逻辑门工作速度越快，数字电路运行速度也就越高。

当脉冲的计时（定时）要求很高时，就必须考虑信号通过一些门的延迟作用，否则将严重影响电路的正常运行。通常一个门的延迟时间约为 5 ~ 30ns。

表 8 - 3 列出了 TTL 与非门的主要参数。

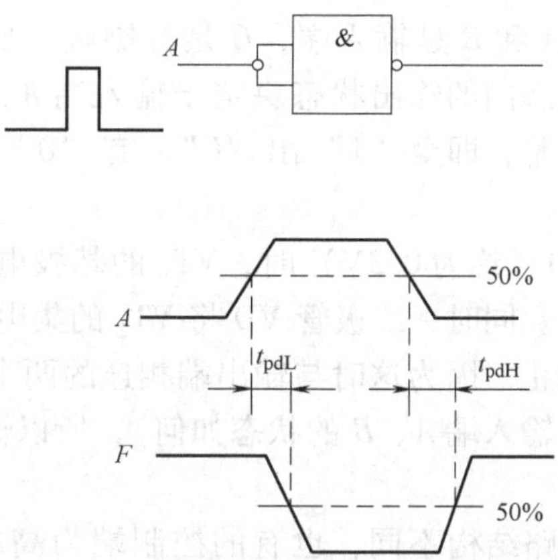

图 8 - 26　传输延迟时间

表 8 - 3　TTL 与非门的主要参数

参数	符号	单位	测试条件	规格
输出高电平	U_{oH}	V	任一输入端接地或 $U_i \leqslant 0.8V$，其余悬空，输出空载	≤3.2
输出低电平	U_{oL}	V	待测输入端 $U_i = 1.8V$，其余悬空，灌电流 $I_L = 12.8mA$（$R_L = 380\Omega$）	≤0.35
开门电平	U_{ON}	V	$U_i = 1.8V$，$U_{oL} \leqslant 0.35V$，$R_L = 380\Omega$	≤1.8
关门电平	U_{OFF}	V	$U_i \leqslant 0.8V$，其余悬空，$U_{oH} \geqslant 2.7V$，输出空载	≥0.8
输入短路电流	I_{iL}	mA	待测输入端接地，其余悬空，输出空载	≤2.2
输入反向漏电流	I_{iH}	μA	待测输入端接 +5V，其余接地，输出空载	≤70
扇出系数	N		待测 $U_i = 1.8V$，其余悬空，$U_{oL} \leqslant 0.35V$	≥8
空载导通功耗	P_{ON}	mW	输入悬空，输出空载	≤50
平均传输延迟时间	t_{pd}	ns	信号频率 $f = 2MHz$，$N = 8$	≤30

8.3.1.3　三态输出与非门

三态电路是一种重要的接口电路，在计算机和各种数字系统中应用很多。

三态输出与非门（又称三态电路、三态门）与一般的与非门不同，它的输出端除了可以出现高、低电平以外，还可以出现第三种状态——高阻状态（或称禁止状态），三态输出与非门处于高阻状态时，其输出与外电路隔离。图 8 - 27 所示为三态与非门电路，图 8 - 28 所示为其逻辑符号和真值表。

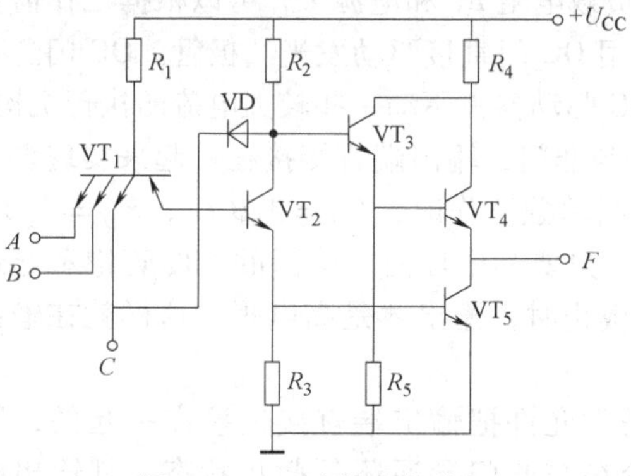

图 8 - 27　三态输出与非门

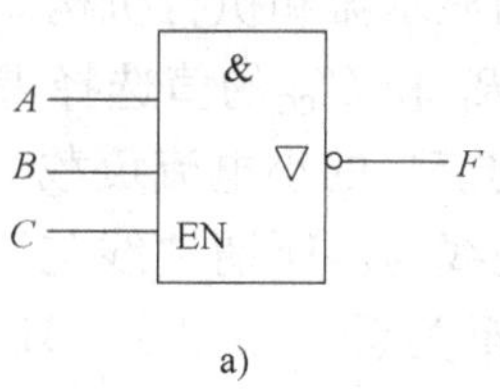

a)

C=1	$F=\overline{A \cdot B}$
C=0	输出为高阻态

b)

图 8 - 28　三态门符号和真值表
a）符号　b）真值表

其中，A 和 B 是输入端，C 是控制端，F 是输出端。当控制端 $C=1$ 时，三态门的输出状态决定于输入端 A、B 的状态，实现“与非”逻辑关系，即全“1”出“0”，有“0”出“1”。此时电路处于工作状态。

当 $C=0$（约为0.3V）时，VT_1 的基极电位约为1V，致使 VT_2 和 VT_5 截止。同时，二极管VD将 VT_2 的集电极电位钳位在1V，而使 VT_4 也截止。因为这时与输出端相连的两个晶体管 VT_4 和 VT_5 都截止（不管输入端 A、B 的状态如何），所以输出端开路而处于高阻状态。

由于电路结构不同，也有的控制端为高电平时出现高阻状态，而在低电平时电路处于工作状态。

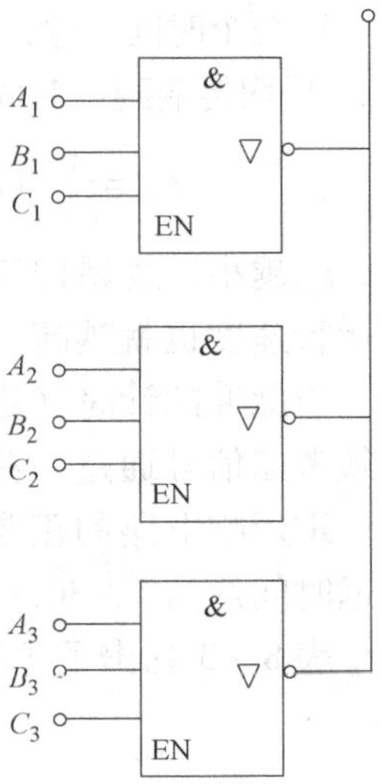

图8－29　三态门输出“与非”门的应用

三态门最重要的一个用途是可以实现用一根导线轮流传送几个不同的数据或控制信号，如图8－29所示，这根导线称为母线或总线。只要让各门的控制端轮流处于高电平，即任何时间只能有一个三态门处于工作状态，而其余三态门均处于高阻状态，这样，总线就会轮流接受各三态门的输出。这种用总线来传送数据或信号的方法，在计算机中被广泛采用。

8.3.1.4 集电极开路的与非门

对于前面讨论过的TTL与非门，一般情况下，是不能把两个门的输出端直接相连的。而集电极开路的与非门和三态门则允许输出端连接在一起。

集电极开路的与非门（Open－collector Gate），简称OC门，它是把TTL与非门电路的推拉式输出极改为晶体管集电极开路输出，电路结构与图形符号如图8－30所示。与一般与非门相比，它的电路中没有 VT_3、VT_4，因而 VT_5 管的集电极是悬空的。需要指出的是：OC门只有在外接负载电阻 R_L 和电源 U'_{CC} 后才能正常工作。

集电极开路的与非门应用有：

1）实现电平转移。如图8－30所示，当OC门的输入端 A、B 全为高电平（3.6V）时，晶体管 VT_5 饱和，输出端 F 为低电平（0.3V）；当输入端 A 或 B 有一个为低电平时，VT_5 截止，它的集电极电流等于0，输出的高电平变成 U'_{CC}。这样就实现了逻辑电平的转移。

2）驱动显示器和执行机构。由于OC门的负载电阻 R_L 和电源 U'_{CC} 可以根据工作需要来选择，只要 R_L 和 U'_{CC} 的值选择得合适，就可以用OC门直接驱动发光二极管。OC门还可以直接驱动高于5V的小电流负载，所以也常用OC驱动器去驱动一些较大电流的执行机构。

3）实现线与。所谓“线与”就是把若干个与非门的输出端直接接在一起来实现多个信号间的与逻辑关系。如图8－31所示，当各个门单独工作时，$F_{o1}=\overline{A_1B_1C_1}$，$F_{o2}=\overline{A_2B_2C_2}$，$F_{o3}=\overline{A_3B_3C_3}$；现在三个门的输出端连在了一起，只要其中任何一个门的 VT_5 管饱和导通都能使 F 成为低电平，只有当三个门的 VT_5 管都截止时，输出才是高电平，这样就在输出端 F_{o1}、F_{o2} 和 F_{o3} 之间实现了与关系。

需要特别指出的是，一般的TTL与非门是不允许把输出端直接连接在一起的，因为性能良好的TTL与非门的输出电阻很小，不论在与非门导通还是截止状态，其输出电阻都只有几欧姆或几十欧姆，如果将它们的输出端相连，则当一个门输出高电平而另一个门输出低电平时，从 U_{cc} 到地则会形成一条低阻通路，将有一个很大的电流从截止门的 VT_4 管流到导通门的 VT_5 管，这个电流不仅会使导通门的输出低电平抬高，甚至会因功耗过大而把两个门都损坏。

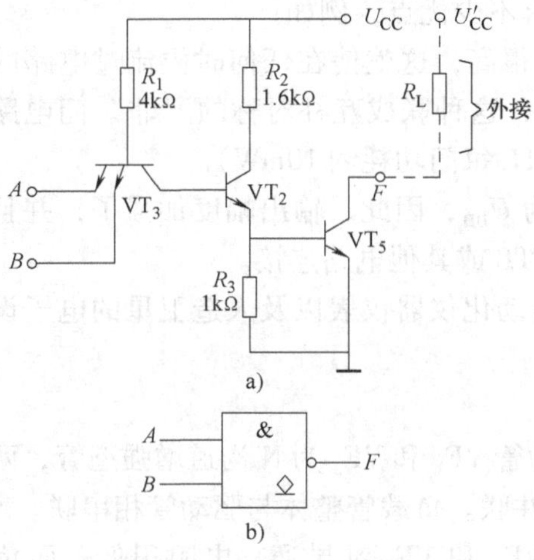

图 8－30　集电极开路与非门
a）电路结构　b）图形符号

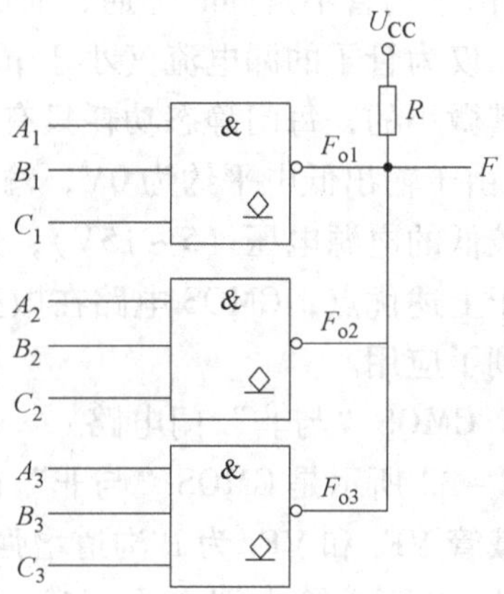

图 8－31　用 OC 门实现线与

8.3.2　CMOS 逻辑门电路

不同于 TTL 与非门集成电路中的晶体管有两种载流子（电子和空穴）同时参与导电的双极型集成电路，MOS 场效应晶体管集成电路中的场效应晶体管只有一种载流子（电子或者空穴）参与导电，故称单极型集成电路。MOS 场效应晶体管集成电路的出现比双极型晶体管晚，但由于它具有制造工艺简单、集成度高、功耗低、体积小、输入阻抗大、抗干扰能力强、工作可靠等优点，所以发展很快，更便于向大规模集成电路发展，现在已广泛地应用于数字系统中。

CMOS（Complementary Metail Oxide－Semiconductor）是兼有 N 型和 P 型两种沟道的 MOS 电路，叫做互补的金属氧化物半导体。尽管制造集成电路的方法有多种，但对于数字逻辑电路而言 CMOS 是主要的方法，这种电路的工作速度高、功耗低，是一种目前广泛应用的 MOS 集成电路。

（1）CMOS“非”门电路

图 8－32 所示是 CMOS“非”门电路（常称为 CMOS 反相器），驱动管 VF_1 采用 N 沟道增强型（NMOS），负载管 VF_2 采用 P 沟道增强型（PMOS），它们一同制作在一块硅片上。两管的栅极相连，由此引出输入端 A；漏极也相连，由此引出输出端 F。两者联成互补对称的结构。衬底都与各自的源极相连。

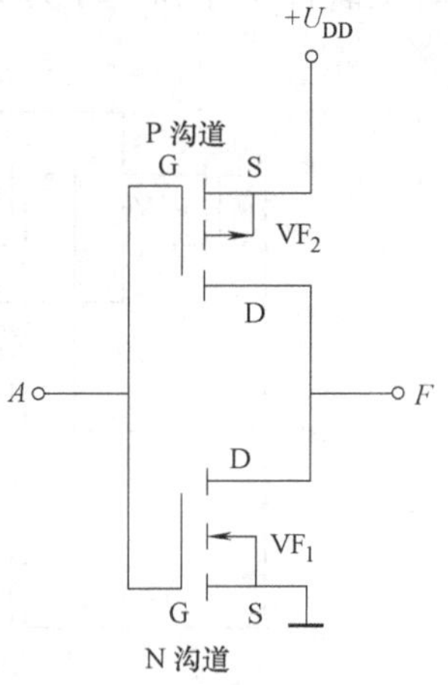

图 8－32　CMOS“非”门电路

当输入端 A 为“1”（约为 U_{DD}）时，驱动管 VF_1 的栅－源电压大于开启电压，它处于导通状态；而负载管 VF_2 的栅－源电压小于开启电压的绝对值，它不能开启，处于截止状态。这时，VF_2 的电阻比 VF_1 高得多，电源电压主要降在 VF_2 上，故输出端 F 为“0”（约为0V）。

当输入端 A 为“0”（约为0V）时 VF_1 截止，而 VF_2 导通。这时，电源电压主要降在 VF_1 上，故输出端 F 为“1”（约为 U_{DD}）。

将CMOS“非”门电路和NMOS相比，它具有不少优点，例如：

1）由于两管不是同时导通，而截止管的电阻很高，这就使在任何时候流过电路的电流都很小，仅为管子的漏电流（小于μA级），所以，这种联成互补对称的“非”门电路的功耗是极其微小的，每门静态功耗只有0.01mW（TTL每门功耗约10mW）。

2）由于输出低电平约为0V，输出高电平约为 U_{DD}，因此，输出幅度加强了，并且还可以取用较低的电源电压（5～15V），这有利于和TTL或其他电路连接。

基于上述优点，CMOS电路在微型计算机、自动化仪器仪表以及人造卫星的电子设备等方面得到了应用。

（2）CMOS“与非”门电路

图8－33所示是CMOS“与非”门电路。驱动管 VF_1 和 VF_2 为N沟道增强型管，两者串联；负载管 VF_3 和 VF_4 为P沟道增强型管，两者并联。负载管整体与驱动管相串联。

当 A、B 两个输入端全为“1”时，驱动管 VF_1 和 VF_2 都导通，电阻很低；而负载管 VF_3 和 VF_4 不能开启，都处于截止状态，电阻很高（并联后的电阻仍很高）。这时，电源电压主要降在负载管上，故输出端 F 为“0”。

当输入端有一个或全为“0”时，则串联的驱动管截止，而相应的负载管导通，因此负载管的总电阻很低，驱动管的总电阻却很高。这时，电源电压主要降在串联的驱动管上，故输出端 F 为“1”。

CMOS“与非”门电路在结构上也是互补对称的，因此它具有和CMOS“非”门电路相同的优缺点。

（3）CMOS“或非”门电路

图8－34所示是CMOS“或非”门电路。驱动管 VF_1 和 VF_2 为N沟道增强型，两者并联；负载管 VF_3 和 VF_4 为P沟道增强型，两者串联。

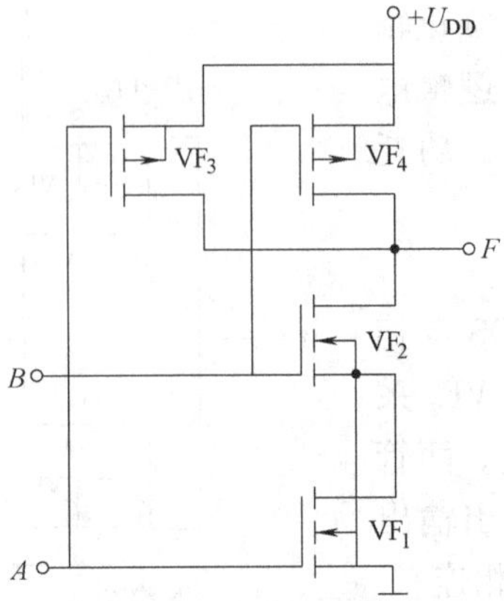

图8－33 CMOS“与非”门电路

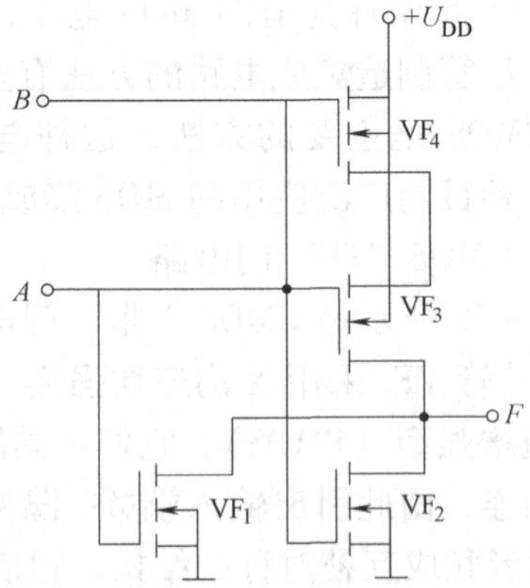

图8－34 CMOS“或非”门电路

当 A、B 两个输入端全为“1”或其中一个为“1”时，输出端 F 为“0”。只有当输入端全为“0”时，输出端才为“1”。

由上述可知，“与非”门的输入端愈多，串联的驱动管也愈多，导通时的总电阻就愈大，输出低电平值将会因输入端的增多而提高，所以输入端不能太多。而“或非”门电路的驱动管是并联的，不存在这个问题。所以在 MOS 电路中，“或非”门用得较多。

8.3.3　TTL 与 CMOS 电路的连接

在一个数字系统中，经常会遇到采用不同类型数字集成电路的情况，最常见的是同时采用 CMOS 和 TTL 电路。这就出现了 TTL 和 CMOS 的连接问题。

8.3.3.1　由 TTL 驱动 CMOS

如果 CMOS 电路的电源为 +5V，那么 TTL 与 CMOS 之间的电平配合就比较容易。因为 TTL 的标准高电平是 3.6V，有时可能更高，此时，在 TTL 的输出端接一上拉电阻至电源 U_{DD}（+5V），以便抬高输出高电平。这样，CMOS 电路就相当于一个同类的 TTL 负载。

如果 CMOS 电路的电源较高，TTL 的输出端仍可接一上拉电阻，但这时需要使用 TTL 的 OC 门，如图 8-35 所示。应注意上拉电阻的大小对工作速度有一定影响，这是由于门电路的输入和输出端均存在杂散电容的缘故。

另一种方法是采用一个专用的 CMOS 电平移动器，如图 8-36 所示，它由两种直流电源 U_{CC}和 U_{DD}供电，电平移动器接收 TTL 电平（对应于 U_{CC}），而输出 CMOS 电平（对应于 U_{DD}）。

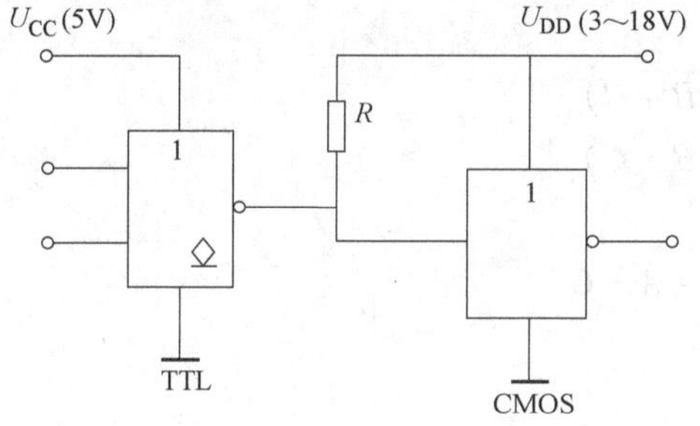

图 8-35　TTL 与 CMOS 之间的连接

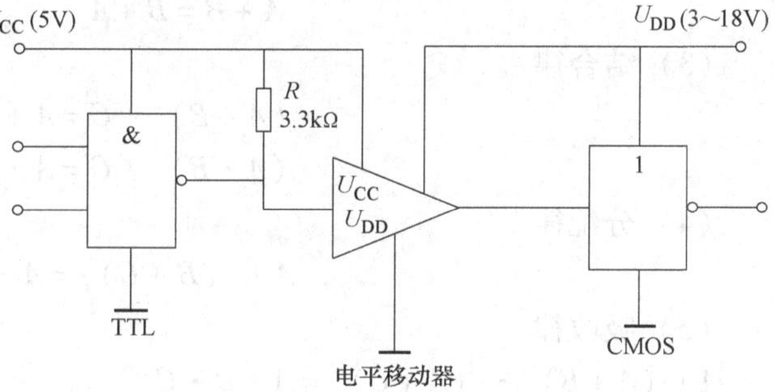

图 8-36　TTL 与 CMOS 之间采用专用电平移动器连接

8.3.3.2　由 CMOS 驱动 TTL

如果 CMOS 电路由 +5V 电源供电，它就能直接驱动一个 74 系列门负载。CMOS 缓冲器能直接驱动两个 74 系列门负载。有时，由于 $I_{oL(max)} < I_{iL}$而不能直接驱动，解决这一问题可以用如下两种方法：

1）将同一封装内的 CMOS 电路并接使用（因为同一封装内输出特性容易一致），以增大输出低电平时的灌电流能力 $I_{oL(max)}$。

2）选用或增加一级 CMOS 驱动器，以增大 $I_{oL(max)}$。

当 CMOS 电路采用电源 U_{DD} = 3 ~ 18V 时，可以采用 CMOS 缓冲驱动器作接口电路，也就是在 CMOS 的输出端加反相器作缓冲极，如图 8-37 所示。该缓冲极可选用 CC4049（六反相缓冲器）和 CC4050（六同相缓冲器），它们的输入电平可为 5 ~ 15V，

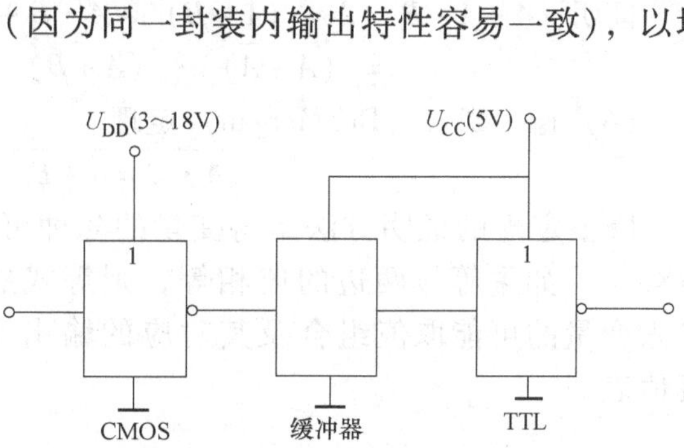

图 8-37　加缓冲器的电路

一般不受 TTL 门输入电压小于 5.5V 的限制。

8.4 逻辑函数及其化简

8.4.1 逻辑代数运算规则

英国数学家乔治·布尔提出的逻辑代数又称为布尔代数，其数字系统由二进制数 0 和 1 构成，运算关系为逻辑运算。布尔代数是分析和设计数字电路的数学工具，是现代逻辑设计的基础。

逻辑代数的基本运算规则如下：

（1）基本律

或（逻辑加）	与（逻辑乘）	非（逻辑非）
$A+0=A$	$A\cdot 0=0$	$A+\overline{A}=1$
$A+1=1$	$A\cdot 1=A$	$A\cdot\overline{A}=0$
$A+A=A$	$A\cdot A=A$	$\overline{\overline{A}}=A$

（2）交换律

$$A+B=B+A \qquad AB=BA$$

（3）结合律

$$(A+B)+C=A+(B+C)$$
$$(A\cdot B)\cdot C=A\cdot(B\cdot C)$$

（4）分配律

$$A\cdot(B+C)=A\cdot B+A\cdot C$$

（5）吸收律

1）$(A+B)\cdot(A+C)=A+B\cdot C$

证明：$(A+B)\cdot(A+C)=A\cdot A+A\cdot B+A\cdot C+B\cdot C$

$$=A+A\cdot B+A\cdot C+B\cdot C=A(1+B+C)+B\cdot C=A+B\cdot C$$

2）$A+A\cdot B=A$

证明：$A+A\cdot B=A(1+B)=A$

3）$A+\overline{A}\cdot B=A+B$

证明：$A+\overline{A}\cdot B=A\cdot(1+B)+\overline{A}\cdot B+\overline{A}A=A+A\cdot B+\overline{A}\cdot B+\overline{A}A$

$$=(A+\overline{A})\cdot(A+B)=A+B$$

（6）德·摩根（De. Morgan）定理

$$\overline{A\cdot B}=\overline{A}+\overline{B} \qquad \overline{A+B}=\overline{A}\cdot\overline{B}$$

摩根定理的证明方法是将变量的各种可能取值组合代入等式两边，运算后的结果见表8-4，如果等号两边的值相等，则等式成立，否则等式不成立。把逻辑函数的所有输入变量的可能取值组合及其对应的输出变量的函数值一一列出，所得到的表格称为真值表。

表 8-4　真值表

A	B	$\overline{A}$	$\overline{B}$	$\overline{A\cdot B}$	$\overline{A}+\overline{B}$	$\overline{A+B}$	$\overline{A}\cdot\overline{B}$
0	0	1	1	1	1	1	1
0	1	1	0	1	1	0	0
1	0	0	1	1	1	0	0
1	1	0	0	0	0	0	0

从表 8-4 的真值表中可见

$$\overline{A\cdot B}=\overline{A}+\overline{B}$$

$$\overline{A+B}=\overline{A}\cdot\overline{B}$$

注意

$$\overline{A\cdot B}\neq\overline{A}\cdot\overline{B}$$

$$\overline{A+B}\neq\overline{A}+\overline{B}$$

具有两个以上变量的德·摩根定理为

$$\overline{A\cdot B\cdot C\cdots}=\overline{A}+\overline{B}+\overline{C}+\cdots$$

$$\overline{A+B+C+\cdots}=\overline{A}\cdot\overline{B}\cdot\overline{C}$$

8.4.2　逻辑函数的表示方法

逻辑函数常用的表示方法有逻辑函数式、真值表、逻辑图等。

逻辑函数式是逻辑变量的运算代数式，是将输入输出之间的逻辑关系写成与、或、非等运算的组合式。例如，$F=A\cdot B+C$。

真值表是将函数变量中所有的可能取值组合列出，再将输入和输出的计算结果列出而得到的，也称为逻辑状态表。由于每个输入变量仅有 0 和 1 两种取值可能，因此如果有 n 个输入变量时，就会有 2^n 种取值组合。

逻辑图是将逻辑函数中各个变量的运算关系用相应的逻辑门符号表示，也称逻辑电路图。例如，逻辑函数式 $F=A\cdot B+C$ 的逻辑图如图 8-38 所示。

同一个逻辑函数可以用不同的方法表示，根据需要也可以把一种表示方式转换为另一种方式。常用的转换有：从逻辑图到逻辑函数式、从逻辑函数式到逻辑图、从逻辑函数式到逻辑真值表、从逻辑真值表到逻辑函数式等。

例 8-1　已知逻辑函数式 $F=AB+BC+AC$，列出其真值表，并画出电路图。

把逻辑函数式中的各个运算关系，用相应的逻辑符号图表示出来即可，如图 8-39 所示。

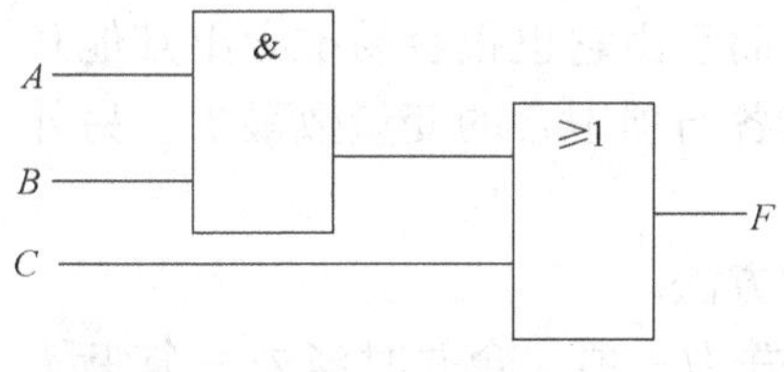

图 8-38　逻辑图

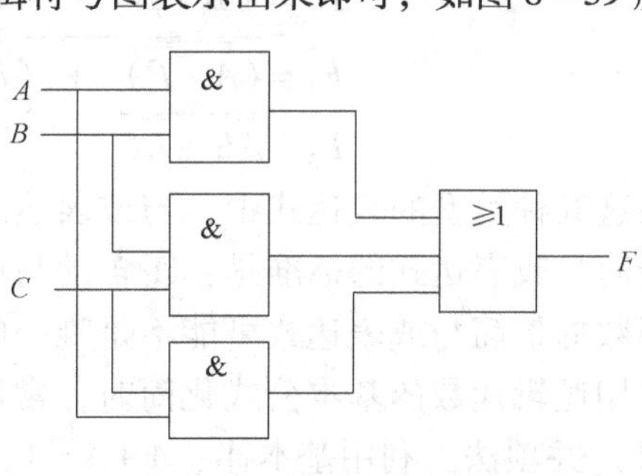

图 8-39　例题 8-1 的逻辑图

把三个输入变量的 8 种组合，按输入变量取值 000 到 111 依次递增的序列排列，并代入逻辑函数式计算出输出结果，得到各个相应的输出函数值，列成真值表，见表 8－5。

表 8－5 例题 8－1 的真值表

A	B	C	F
0	0	0	0
0	0	1	0
0	1	0	0
0	1	1	1
1	0	0	0
1	0	1	1
1	1	0	1
1	1	1	1

由例题 8－1 可以看出，从逻辑图到逻辑函数式、从逻辑函数式到逻辑图、从逻辑函数式到逻辑真值表的转换比较容易，下面主要讨论从逻辑真值表到逻辑函数式的转换方法。

真值表中的每一行表示输入变量的一种取值组合，在给出的真值表中，找出所有使函数值为 1 的输入变量取值组合。当输入变量为 1 时，以原变量表示（如 A）；当输入变量为 0 时，以反变量表示（如 $\overline{A}$）。这样，每一组函数值为 1 的输入变量组合就可以写出一个逻辑乘积项，再将函数值为 1 的逻辑乘积项取逻辑或，即可得到逻辑函数式。

例 8－2 由表 8－5 所示的真值表写出逻辑函数式。

真值表中函数值为 1 的组合有 4 项，分别为$\overline{A}BC$、$A\overline{B}C$、$AB\overline{C}$、ABC，将它们取逻辑或得到逻辑函数式：$F=\overline{A}BC+A\overline{B}C+AB\overline{C}+ABC$

经化简可以得：$F=AB+BC+AC$。

8.4.3 逻辑函数的化简

对逻辑函数进行化简，从而求得最简逻辑表达式，可以实现逻辑函数的逻辑电路简化，既有利于节省元器件，也有利于提高电路的可靠性。本节将介绍几种最常用的化简方法。

8.4.3.1 用逻辑公式化简

同一个逻辑函数，可以用不同类型的表达式表示，函数表达式主要有以下五种类型，即

$F_1=A\overline{B}+B\overline{C}$　　与或表达式

$F_2=(A+\overline{B})(B+\overline{C})$　　或与表达式

$F_3=\overline{\overline{\overline{A\overline{B}}}\cdot\overline{\overline{B\overline{C}}}}$　　与非—与非表达式

$F_4=\overline{\overline{\overline{(A+\overline{B})}}+\overline{\overline{(B+\overline{C})}}}$　　或非—或非表达式

$F_5=\overline{\overline{A}B+\overline{B}C}$　　与或非表达式

在这五种类型的表达式中，与或表达式最常用，而且由它也很容易推导出其他几类表达式。最简与或表达式的标准是：①含的与项最少。②各与项中含的变量数最少。另外，一个逻辑函数的最简与或表达式可能不是唯一的。

利用逻辑代数的基本公式化简时，常用以下几种方法。

（1）并项法。利用基本律：$A+\overline{A}=1$，将两项合并为一项，合并时消去一个变量。如

$$AB\overline{C}+\overline{A}B\overline{C}=(A+\overline{A})B\overline{C}=B\overline{C}$$

（2）吸收法。利用吸收规则 $A+AB=A$ 等公式，吸收掉多余的与项，如

$$A\bar{C}+AB\bar{C}D(E+F)=A\bar{C}$$

$$\bar{A}+\overline{A\overline{\overline{BC}}}\cdot\overline{(B+AC+\bar{D})}+BC=(\bar{A}+BC)+(\bar{A}+BC)\overline{(B+AC+\bar{D})}$$

$$=\bar{A}+BC$$

（3）消去法。利用吸收规则 $A+\bar{A}B=A+B$ 消去某些与项中的变量。如

$$AB+\bar{A}BC+\bar{B}=A+\bar{B}+C$$

$$AB+\bar{A}C+\bar{B}C=AB+(\bar{A}+\bar{B})C=AB+\overline{AB}C=AB+C$$

（4）配项法。利用基本律 $A+\bar{A}=1$、$A+A=A$、$AA=A$、$1+A=1$ 等基本公式给某些逻辑函数配上适当的项，以便消去原来函数中更多的项和变量。如

$$\bar{A}B+A\bar{B}+AB=\bar{A}B+AB+A\bar{B}+AB$$

$$=(\bar{A}+A)B+(\bar{B}+B)A=B+A$$

$$A+\bar{A}B=A(B+\bar{B})+\bar{A}B=A+B$$

例 8－3　用逻辑代数化简下列逻辑式。

解：

$$F=AB+\bar{A}C+\bar{B}C$$

$$\begin{aligned}F&=AB+\bar{A}C+\bar{B}C\\&=AB+(\bar{A}+\bar{B})C\\&=AB+\overline{AB}C\\&=AB+C\end{aligned}$$

例 8－4　用逻辑代数化简图 8－40 所示的逻辑电路。

解：

$$\begin{aligned}F&=ABC\bar{D}+A\bar{B}C\bar{D}+AB\bar{C}\bar{D}+A\bar{B}\bar{C}\bar{D}=\bar{D}(ABC+A\bar{B}C+AB\bar{C}+A\bar{B}\bar{C})\\&=\bar{D}[AB(C+\bar{C})+A\bar{B}(C+\bar{C})]=\bar{D}(AB+A\bar{B})=A\bar{D}\end{aligned}$$

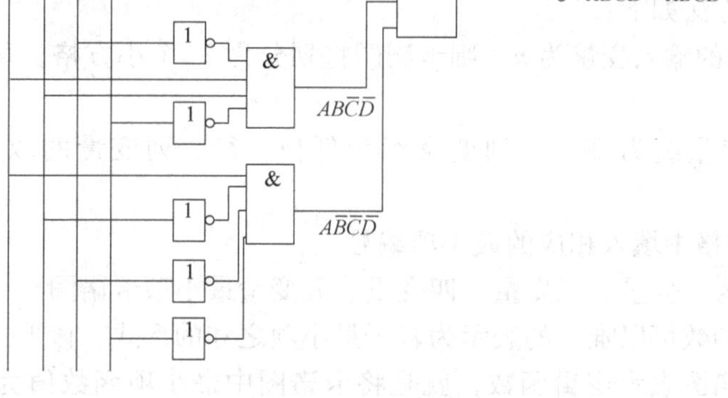

图 8－40　逻辑电路

化简后的逻辑电路如图 8－41 所示。

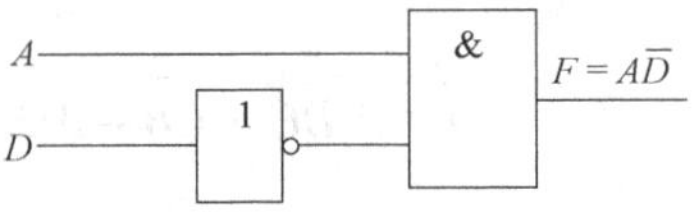

图 8－41　化简电路

实际应用中，在化简一个较复杂的逻辑函数时，总是根据函数的不同构成综合应用上述几种方法。另外，还经常需要利用基本公式对逻辑函数作形式上的变换，以便选用合适的器件来实现。例如，将与或表达式变换成与非—与非表达式，以便用与非门来实现。

8.4.3.2　用卡诺图化简

在一个有 n 个输入变量的逻辑函数中，由这 n 个变量因子可以组成若干乘积项，如果这些乘积项满足：①每个乘积项中有且仅有 n 个因子；②每个变量均以原变量或反变量的形式在乘积项中只出现一次；则这样的乘积项就称为最小项。

n 个输入变量共有 2^n 个最小项。例如，三个输入变量 A、B、C 共有 8 个最小项：ABC、$AB\overline{C}$、$A\overline{B}C$、$\overline{A}BC$、$\overline{A}\,\overline{B}C$、$A\overline{B}\,\overline{C}$、$\overline{A}B\overline{C}$、$\overline{A}\,\overline{B}\,\overline{C}$。最小项通常记作 m_i。其中，i 为该最小项为 1 时变量的二进制数取值所对应的十进制数，例如，$AB\overline{C}$记为 m_6。表 8－6 列出了三个输入变量最小项及其编号。

表 8－6　三变量最小项及编号

最小项	A	B	C	对应十进制数	最小项编号
$\overline{A}\,\overline{B}\,\overline{C}$	0	0	0	0	m_0
$\overline{A}\,\overline{B}C$	0	0	1	1	m_1
$\overline{A}B\overline{C}$	0	1	0	2	m_2
$\overline{A}BC$	0	1	1	3	m_3
$A\overline{B}\,\overline{C}$	1	0	0	4	m_4
$A\overline{B}C$	1	0	1	5	m_5
$AB\overline{C}$	1	1	0	6	m_6
ABC	1	1	1	7	m_7

将输入变量的全部最小项各用方格表示，并按照最小项逻辑相邻的规则排列起来，得到的图形称为卡诺图。所谓的逻辑相邻就是两个在几何上相邻的小方格中的最小项只有一个变量不同（互为反变量）。

卡诺图的绘制方法如下：

1）设逻辑函数的输入变量为 n，则卡诺图将划分为 2^n 个小方格，每个小方格表示一个最小项。

2）图中，行变量组为高位，列变量组为低位，行、列变量的取值按循环码的规则排列。

3）在每个小方格中填入相应的最小项编号。

图 8－42 所示为二变量、三变量、四变量、五变量最小项卡诺图。

任何一个逻辑函数可以唯一的表示为若干最小项之和的形式，该形式称为逻辑函数的标准与—或式。用卡诺图表示逻辑函数，就是将卡诺图中最小项函数值为 1 的相应位置填入 1，而其余位置填入 0（或空白），这样就可以得到逻辑函数的卡诺图。

a)

A \ B	0	1
0	m_0	m_1
1	m_2	m_3

b)

A \ BC	00	01	11	10
0	m_0	m_1	m_3	m_2
1	m_4	m_5	m_7	m_6

c)

AB \ CD	00	01	11	10
00	m_0	m_1	m_3	m_2
01	m_4	m_5	m_7	m_6
11	m_{12}	m_{13}	m_{15}	m_{14}
10	m_8	m_9	m_{11}	m_{10}

d)

AB \ CDE	000	001	011	010	110	111	101	100
00	m_0	m_1	m_3	m_2	m_6	m_7	m_5	m_4
01	m_8	m_9	m_{11}	m_{10}	m_{14}	m_{15}	m_{13}	m_{12}
11	m_{24}	m_{25}	m_{27}	m_{26}	m_{30}	m_{31}	m_{29}	m_{28}
10	m_{16}	m_{17}	m_{19}	m_{18}	m_{22}	m_{23}	m_{21}	m_{20}

图 8－42　最小项卡诺图

a）二变量最小项卡诺图　b）三变量最小项卡诺图　c）四变量最小项卡诺图　d）五变量最小项卡诺图

例 8－5　已知逻辑函数 F 的真值表如图 8－43a 所示，画出 F 的卡诺图。

解：先画出与给定函数变量相同的卡诺图（本题为三输入变量），如图 8－42b 所示。然后，根据真值表填写每一个方格中的值，即在相应的变量取值组合函数值为 1 的小方格中填上 1，其余的小方格填 0，如图 8－43b 所示。

A	B	C	F
0	0	0	0
0	0	1	1
0	1	0	1
0	1	1	1
1	0	0	0
1	0	1	0
1	1	0	0
1	1	1	1

a)

A \ BC	00	01	11	10
0	0	1	1	1
1	0	0	1	0

b)

图 8－43　例 8－5 题图示

a）真值表　b）卡诺图

例 8－6　用卡诺图表示逻辑函数 $F=AB+BC+\overline{A}C$。

解：（1）方法一

先将原式化为最小项之和的形式：

$$
\begin{aligned}
F &= AB+BC+\overline{A}C \\
&= AB\ (C+\overline{C})\ \ +BC\ (A+\overline{A})\ \ +\overline{A}C\ (B+\overline{B}) \\
&= ABC+AB\overline{C}+ABC+\overline{A}BC+\overline{A}\,BC+\overline{A}\,\overline{B}C \\
&= ABC+AB\overline{C}+\overline{A}BC+\overline{A}\,\overline{B}C
\end{aligned}
$$

画出三变量的卡诺图，在最小项 ABC、$AB\overline{C}$、$\overline{A}BC$、$\overline{A}\,\overline{B}C$ 的位置上填入 1，其余位置填 0，即得到所求的卡诺图，如图 8－44 所示。

A \ BC	00	01	11	10
0	0	1	1	0
1	0	0	1	1

图 8－44　例 8－6 的卡诺图

（2）方法二

省略原函数化为最小项之和这一步骤，直接根据原函数画出卡诺图。即画出三变量卡诺图后，在函数 $F=AB+BC+\overline{A}C$ 中，对于 AB 项，将 A、B 同为 1 的小方格均填上 1；对于 BC 项，将 B、C 同为 1 的小方格均填上 1；对于 $\overline{A}C$ 项，A 为 0 且 C 为 1 的小方格均填上 1；其余的小方格填 0，如图 8－44 所示。

需要指出的是：①在填写 1 时，有些小方格出现重复，根据 $1+1=1$ 的运算规则，只保留一个 1 即可；②在卡诺图中，只要填入函数值为 1 的小方格即可，函数值为 0 的可以不填。

由于卡诺图相邻位置上的最小项具有逻辑相邻性，所以应用卡诺图可以方便地化简逻辑函数，用卡诺图化简逻辑函数实际就是直接对最小项进行合并。用卡诺图化简逻辑函数的步骤如下：

1）画出逻辑函数的卡诺图。

2）将取值为 1 的相邻小方格圈起来（最上一行与最下一行、最左一列与最右一列也是相邻的），所圈小方格的个数应为 2^n（$n=0, 1, 2, 3\cdots$），所圈的小方格应尽可能多。每圈 1 个新圈时，必须至少包含 1 个没有被圈过的最小项，每个最小项可以被圈多次，但不能被遗漏。

3）将每个圈中最小项合并为 1 项，合并后的结果中只保留公共因子。相邻两项合并为 1 项时可以消去 1 对因子；相邻 4 项合并为 1 项时可以消去两对因子；相邻 8 项合并为 1 项时可以消去 3 对因子；依次类推，相邻 2^n 项合并为 1 项时可以消去 n 对因子。

4）将合并后的所有项相加，即得到最简与或表达式。

例 8－7 用卡诺图化简逻辑函数 $F=AB+\overline{B}\,\overline{D}+BCD+\overline{A}\,\overline{B}C$。

解： 画出函数的卡诺图，并圈出相邻项，如图 8－45所示，可得化简结果为 $F=AB+\overline{B}\,\overline{D}+\overline{A}CD$

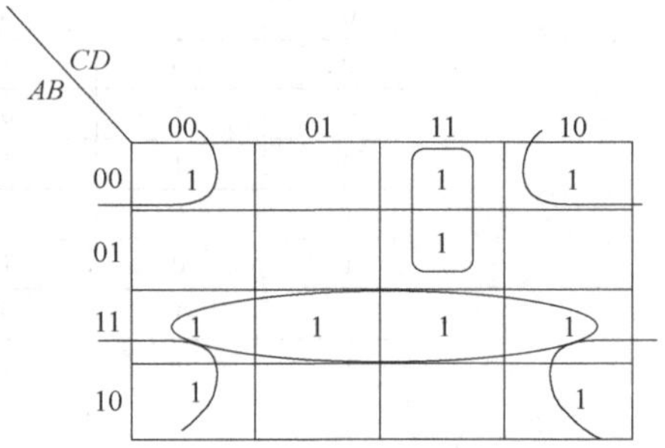

图 8－45 例 8－7 图

8.5 组合逻辑电路

在数字电路中，如果电路的输出状态仅仅取决于电路各输入端的当前值，而与电路以前的输出值无关，这样的逻辑电路叫做组合逻辑电路。门电路是组合电路的基本单元。

8.5.1 组合逻辑电路的分析

组合逻辑电路的分析就是对已知的逻辑电路，通过分析确定其逻辑功能。

分析组合逻辑电路的一般步骤如下：

1）根据逻辑图写出逻辑表达式。

2）运用逻辑代数将逻辑式变换或化简。

3）列出真值表。

4）分析逻辑功能。

例 8－8 分析图 8－46a 的逻辑功能。

解： 根据图 8－46a 所示的逻辑图写出逻辑式，并用逻辑代数法则化简为

$$F=\overline{\overline{A\cdot B}\cdot\overline{\overline{A}\cdot\overline{B}}}=\overline{\overline{A\cdot B}}+\overline{\overline{\overline{A}\cdot\overline{B}}}=A\cdot B+\overline{A}\cdot\overline{B}$$

由此式列出真值表，如图 8－46b 所示。

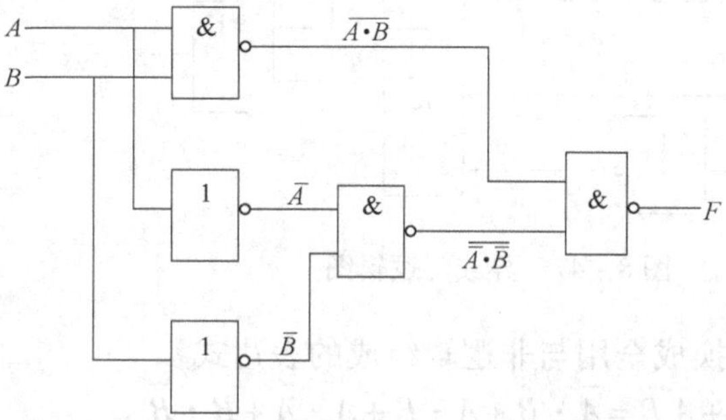

a)

A	B	F
0	0	1
0	1	0
1	0	0
1	1	1

b)

图 8－46　逻辑图

a）同或电路　b）真值表

由上可见，它的逻辑功能是：只有输入同为 1 或同为 0 时，输出才为 1。即仅在两个输入一致时，才有输出。这种电路称为同或门电路。又称附和电路。

8.5.2　组合逻辑电路的设计

组合逻辑电路的设计是已知逻辑要求，设计能实现该功能的逻辑电路。

设计组合逻辑电路的一般步骤如下：

1）根据逻辑要求列出真值表。

2）根据真值表写出逻辑表达式。

3）根据所要求使用的逻辑门的类型及其他实际问题，运用逻辑代数将表达式变换或化简到所需要的表达式。

4）画出逻辑电路图。

例 8－9　设计异或门电路。它有两个输入端，仅当两个输入相异时，输出才为 1。试求这一电路的真值表、逻辑表达式和逻辑图。

解：由逻辑要求列真值表。

两个输入 A、B 中任一个为 0、另一个为 1 时，输出才为 1，由此列出真值表，见表 8－7。

表 8－7　异或门真值表

A	B	S
0	0	0
0	1	1
1	0	1
1	1	0

由真值表写逻辑表达式。

根据真值表中输出为 1 的各行用或逻辑可写出表达式

$$S=\overline{A}B+A\,\overline{B}$$

可以根据表达式直接画出逻辑图，如图 8－47 所示。

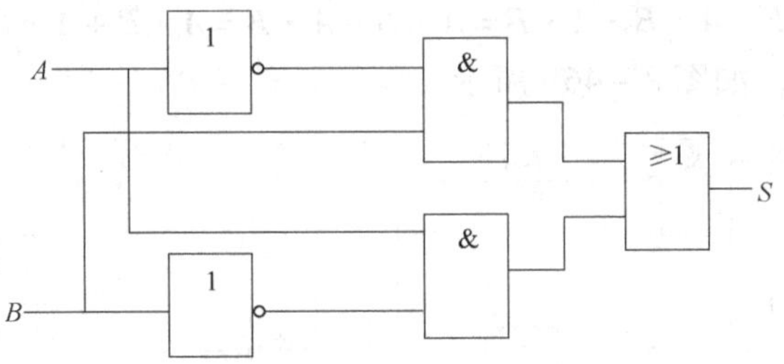

图 8－47　异或门逻辑图

应用逻辑代数可将表达式变换成全用与非逻辑组成的表达式

$$
\begin{aligned}
S &= \bar{A}B + A\bar{B} = \bar{A}\cdot B + A\cdot\bar{B} + A\cdot\bar{A} + B\cdot\bar{B} \\
&= (\bar{A}+\bar{B})\cdot B + (\bar{A}+\bar{B})\cdot A \\
&= (\overline{A\cdot B})\cdot B + (\overline{A\cdot B})\cdot A \\
&= \overline{\overline{(\overline{A\cdot B})\cdot B}} + \overline{\overline{(\overline{A\cdot B})\cdot A}} \\
&= \overline{\overline{(\overline{A\cdot B})\cdot B}\cdot\overline{(\overline{A\cdot B})\cdot A}}
\end{aligned}
$$

这样就可以全部使用与非门来组成异或门的逻辑图，如图 8－48a 所示。图 8－48b 所示为异或门的逻辑符号。

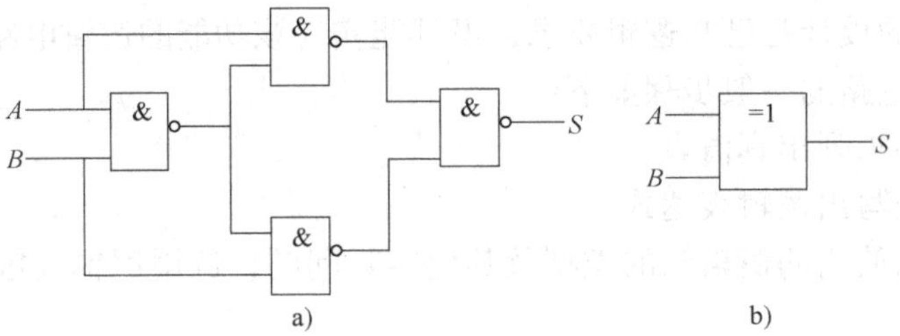

图 8－48　异或门逻辑功能

a）逻辑图　b）逻辑符号

用与非门来实现异或功能，至少需要四个门。如果不限于用与非门，实现某一逻辑功能的电路就更多。所以上述的解不是唯一的。

异或逻辑功能可以用 $S=A\oplus B$ 表示。

从异或及同或的真值表中可见，同或门的功能是异或门的反（非）。因此同或门亦可表示为异或非，它的逻辑符号如图 8－49 所示。

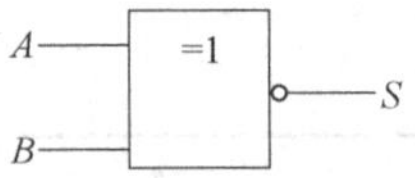

图 8－49　同或门逻辑符号

例 8－10　设计一个三人表决器，即当三个人进行表决时，同意为 1，不同意为 0，其表决结果若有两人以上赞同时，可认为通过。通过用 1 表示，不通过用 0 表示。

这是一个判决电路，试求这一电路的表达式，并且组成电路。

解： 设三个人为 A、B、C，表决结果为 F。

由逻辑要求列出表 8－8。

表 8-8　真值表

A	B	C	F
0	0	0	0
0	0	1	0
0	1	0	0
0	1	1	1
1	0	0	0
1	0	1	1
1	1	0	1
1	1	1	1

真值表中三个输入 A、B、C 中，两个以上为 1 的情况，只有 $\overline{A}BC$、$A\,\overline{B}C$、$AB\,\overline{C}$和 ABC 四种，由此可以写出逻辑表达式

$$F=\overline{A}BC+A\,\overline{B}C+AB\,\overline{C}+ABC$$

运用逻辑代数将表达式化简

$$\begin{aligned}&\overline{A}BC+A\,\overline{B}C+AB\,\overline{C}+ABC\\&=\overline{A}BC+A\,\overline{B}C+AB\,\overline{C}+ABC+ABC+ABC\\&=(\overline{A}+A)\ BC+\ (\overline{B}+B)\ AC+\ (\overline{A}+C)\ AB\\&=BC+AC+AB\end{aligned}$$

画出逻辑图，如图 8-50 所示。

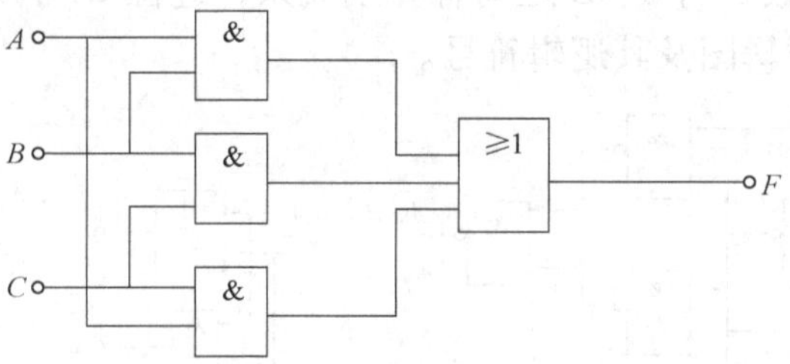

图 8-50　多数判决电路

8.6　组合逻辑电路应用

常用的组合逻辑电路，如加法器、编码器、译码器等，目前都有标准化的集成电路产品，这些器件功能强、功耗低、体积小，使用方便。本节对它们的原理加以介绍。

8.6.1　加法器

在数字系统及数字计算机中，二进制加法器是最基本的运算单元。二进制数中，每一位仅有 0 和 1 两个可能的数码，计数的基数 $N=2$，即“逢二进一”。例如 1 + 1 = 10（读作“壹零”），其中 0 是 2^0 位数，1 是 2^1 位数。

二进制数加法运算法则是：

$$0+0=0$$

$$0+1=1$$

$$1+0=1$$
$$1+1=10$$
进位

加法器分为半加器和全加器两种。当只有对本位上的两个二进制加数相加，不考虑由低位来的进位时，即为半加器。

两个一位二进制数 A、B 共有四种可能的组合，每一种组合对应相加，可以得到相应的和 S 及进位 C。真值表见表 8－9，其中 A 为加数，B 为被加数，S 是和，C 是向高位的进位。

表 8－9　半加器真值表

A	B	C	S
0	0	0	0
0	1	0	1
1	0	0	1
1	1	1	0

由真值表写出逻辑函数

$$S=A\overline{B}+\overline{A}B=A\oplus B$$
$$C=AB$$

由表 8－9 可知，和数 S 与 A、B 之间有异或关系，进位 C 与 A、B 之间存在与的关系。图 8－51a、b 为半加器逻辑图及其逻辑符号。

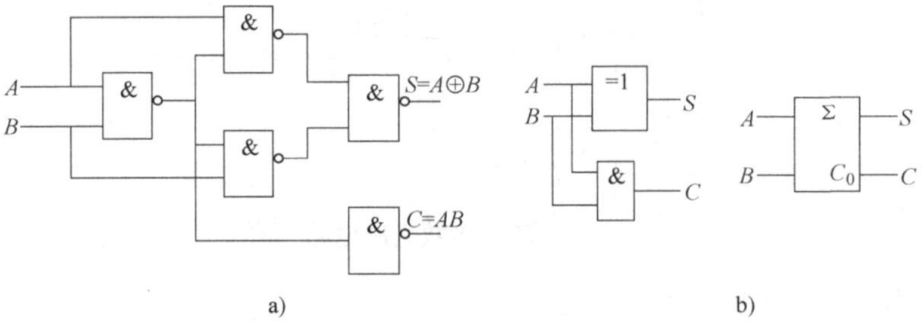

图 8－51　半加器
a）逻辑电路　b）逻辑符号

半加器只能对本位相加并向高一位进位，但对由低一位来的进位没有考虑。因此，对实现多位二进制数加法来说，是不够用的。

半加器是全加器的一个特例。在实际的二进制加法运算时，仅利用不考虑低位进位的半加器是不能解决问题的，这就要求两个数作加法运算时，两个同位的加数和来自低位的进位三者相加，以得到本位的和 S 及向高位的进位 C_0。这种加法运算叫做全加，能实现全加运算的电路叫做全加器。

如果用 A、B 表示两个加数的第 n 位，C 表示低位（$n-1$ 位）来的进位，根据全加运算的规则可列真值表，见表 8－10。

表 8-10　全加器真值表

A	B	C	S	C_0
0	0	0	0	0
0	1	0	1	0
1	0	0	1	0
1	1	0	0	1
0	0	1	1	0
0	1	1	0	1
1	0	1	0	1
1	1	1	1	1

由真值表写出逻辑表达式如下

$$S=\overline{A}B\overline{C}+A\overline{B}\,\overline{C}+\overline{A}\,\overline{B}C+ABC$$

$$C_0=AB\overline{C}+\overline{A}BC+A\overline{B}C+ABC$$

将全加器的逻辑表达式进行变换，用半加器逻辑表达式表示

$$\begin{aligned}S&=\overline{A}\,\overline{B}C+ABC+\overline{A}B\overline{C}+A\overline{B}\,\overline{C}=(\overline{A}\,\overline{B}+AB)C+(\overline{A}B+A\overline{B})\overline{C}\\&=(\overline{A\oplus B})C+(A\oplus B)\overline{C}=(A\oplus B)\oplus C\end{aligned}$$

$$\begin{aligned}C_0&=AB\overline{C}+ABC+\overline{A}BC+A\overline{B}C=AB(\overline{C}+C)+(\overline{A}B+A\overline{B})C\\&=AB+(\overline{A}B+A\overline{B})C=AB+(A\oplus B)C\end{aligned}$$

由上式可知，用两个半加器及一个或门就可组成全加器电路，如图 8-52a 所示。逻辑符号如图 8-52b 所示。

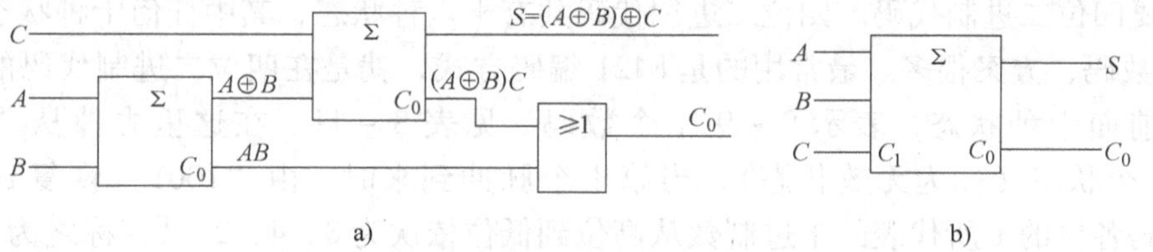

图 8-52　全加器

a）由半加器组成的全加器　b）逻辑符号

例 8-11　用 74LS183 集成芯片构成四位二进制加法器。

解： 图 8-53a 为双全加器集成电路芯片 SN74LS183 的外部引线图，一片 74LS183 上有两个全加器，将其中某一全加器的输出连到另一个全加器的进位输入，就构成了二位串行进位的加法器。四位二进制加法器则要用两片 74LS183 串接构成。具体电路如图 8-53b 所示。接线规则是：后级最高位进位输出作为前级最低位进位输入。

实际上，最低位 A_1 与 B_1 之间要进行的是半加运算，而不是全加运算。只要把该位的前级进位端 C_0 接 0，全加器就变成了半加器。

串行进位加法器电路简单，但工作速度较慢。因为高位的运算必须等低位的进位数确定之后才能求出正确结果。若希望提高运算速度，可采用超前进位全加器，如 74283。

8.6.2　编码器

编码器是用来将任一数字系统的信息或数据变换为二进制代码的装置。例如，把十进制

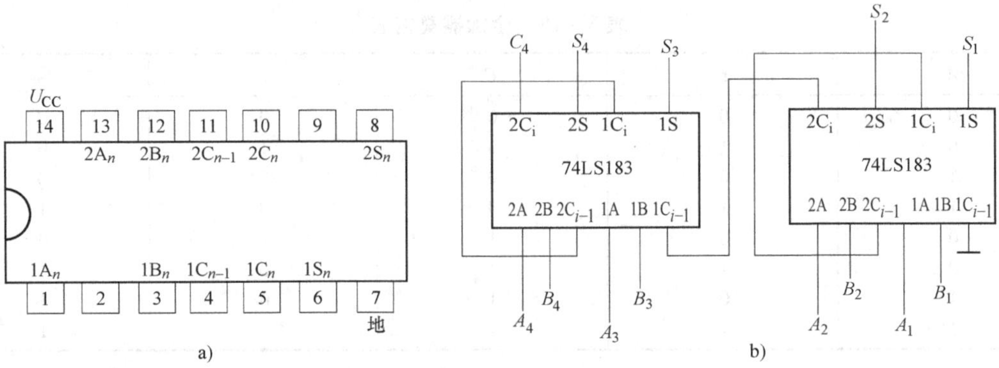

图 8－53　例 8－11 题图

a）74LS183 外引线图　b）接线图

数 0 编成二进制代码 0000；把十进制数 1 编成二进制代码 0001；把十进制数 2 编成二进制代码 0010 等。

下面举例来说明实现把 0～9 这十个十进制数码变换成二进制代码的编码电路，这种电路叫做二－十进制编码器。

二－十进制编码器是将十进制的十个数码 0、1、2、3、4、5、6、7、8、9 编成二进制代码的电路。输入的是 0～9 十个数码，输出的是对应的二进制代码。这二进制代码又称二－十进制代码，简称 BCD 码。

因为输入有十个数码，要求有十种状态，而三位二进制代码只有八种状态（组合），所以输出需要四位二进制代码。四位二进制代码共有十六种状态，其中任何十种状态都可表示 0～9 十个数码，方案很多。最常用的是 8421 编码方式，就是在四位二进制代码的十六种状态中取出前面十种状态，表示 0～9 十个数码，见表 8－11。在这里去掉从“1010”到“1111”六个状态（称为无效状态）。当第十个脉冲到来时，由“1001”恢复到“0000”。二进制代码各位的 1 所代表的十进制数从高位到低位依次为 8、4、2、1，称之为“权”，而后把每个数码乘以各位的“权”相加，即得出该二进制代码所表示的一位十进制数。例如“1001”，这个二进制代码就是表示

$$1\times8+0\times4+0\times2+1\times1=8+0+0+1=9$$

表 8－11　8421 码编码表

输　入	输　出			
十进制数	D	C	B	A
0（Y_0）	0	0	0	0
1（Y_1）	0	0	0	1
2（Y_2）	0	0	1	0
3（Y_3）	0	0	1	1
4（Y_4）	0	1	0	0
5（Y_5）	0	1	0	1
6（Y_6）	0	1	1	0
7（Y_7）	0	1	1	1
8（Y_8）	1	0	0	0
9（Y_9）	1	0	0	1

（续）

输　入	输　出			
	1	0	1	0
	1	0	1	1
去掉	1	1	0	0
	1	1	0	1
	1	1	1	0
	1	1	1	1

由编码表写出逻辑表达式

$$D = Y_8 + Y_9 = \overline{\overline{Y_8} \cdot \overline{Y_9}}$$

$$C = Y_4 + Y_5 + Y_6 + Y_7 = \overline{\overline{Y_4} \cdot \overline{Y_5} \cdot \overline{Y_6} \cdot \overline{Y_7}}$$

$$B = Y_2 + Y_3 + Y_6 + Y_7 = \overline{\overline{Y_2} \cdot \overline{Y_3} \cdot \overline{Y_6} \cdot \overline{Y_7}}$$

$$A = Y_1 + Y_3 + Y_5 + Y_7 + Y_9 = \overline{\overline{Y_1} \cdot \overline{Y_3} \cdot \overline{Y_5} \cdot \overline{Y_7} \cdot \overline{Y_9}}$$

再由逻辑式画出逻辑图，如图 8－54 所示。

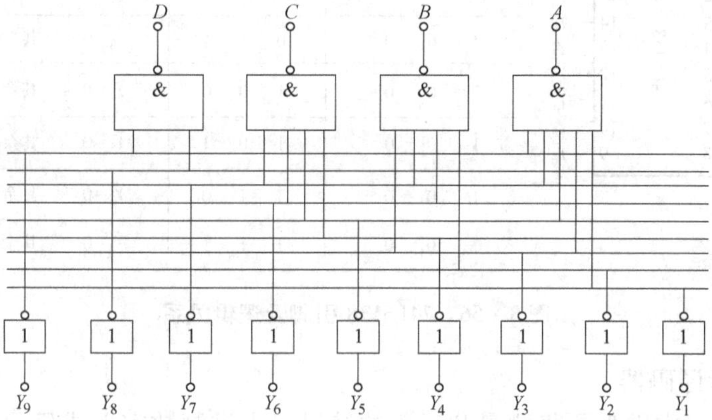

图 8－54　8421 码编码器

8.6.3　译码器

译码器是一个将二进制代码转换为其他任一数字系统的电路。它将每一个代码“翻译”为一定的输出信号，以表示原意。这个输出信号可以是脉冲，也可以是电平。

例如，将两位二进制代码 00、01、10 和 11 “翻译” 成对应的十进制数，其原理如下：

二进制数代码 00、01、10 和 11 是四种组合状态，进行译码时，必须有四条输出线，分别用来表示四个十进制数 0、1、2、3，如图 8－55 所示。某输出线为高电平即代表该输出线表示的十进制数。例如当 BA＝00 时，四条输出线当中只有 0 号线是高电平，表示输出十进制数 0。同理，当 BA＝11 时，则只有 3 号线为高电平，表示输出 3，其余类推。这就实现了将二进制代码 00、01、10、11 译成

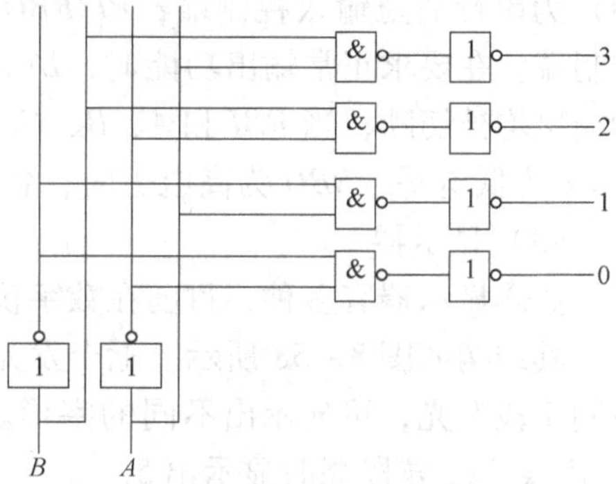

图 8－55　译码器

对应的十进制数0、1、2、3四个数字。

下面介绍两种集成电路译码器：

（1）三线－八线译码器74LS138芯片

它有三位输入端，八根输出线，其引脚及逻辑关系如图8－56所示。G_1、$\overline{G}_{2A}$、$\overline{G}_{2B}$为三个片选端，只有当$G_1=1$，$\overline{G}_{2A}=0$，$\overline{G}_{2B}=0$时，芯片才能有效工作，否则输出全为高电平。A、B、C为三位输入端，$\overline{Y_0}\sim\overline{Y_7}$为八根输出线。由逻辑关系表可见，仅仅与输入代码对应的输出线为低电平（有效），其余的输出线为高电平。这种译码器就是用来将一组二进制代码译为一个特定的输出信号。

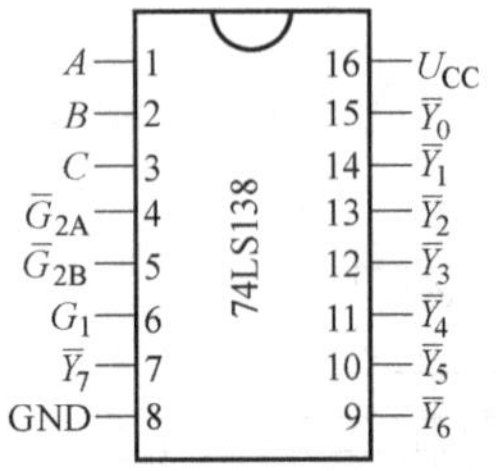

G_1	$\overline{G}_{2A}$	$\overline{G}_{2B}$	C	B	A	输出	
1	0	0	0	0	0	$\overline{Y}_0=0$	其余为1
1	0	0	0	0	1	$\overline{Y}_1=0$	其余为1
1	0	0	0	1	0	$\overline{Y}_2=0$	其余为1
1	0	0	0	1	1	$\overline{Y}_3=0$	其余为1
1	0	0	1	0	0	$\overline{Y}_4=0$	其余为1
1	0	0	1	0	1	$\overline{Y}_5=0$	其余为1
1	0	0	1	1	0	$\overline{Y}_6=0$	其余为1
1	0	0	1	1	1	$\overline{Y}_7=0$	其余为1

图8－56 74LS138引脚及逻辑关系

（2）七段显示译码器

在数字系统中，常常需要将测量和运算的结果以十进制数字形式显示出来，为此，就要把二－十进制表示的结果送到译码器译码，并用译码器的输出去驱动数码显示器。

七段显示译码器的功能就是把“8421”二－十进制代码译成对应于数码管的七字段信号，驱动数码管，显示出相应的十进制数码。图8－57所示是七段显示译码器74LS47的引脚图，输入端D、C、B、A用来输入8421码；a、b、c、d、e、f、g为七段码输出端，低电平作用输出可直接驱动共阳极LED的相应各字段；*LT*（3脚）为灯测试输入端；*RBI*（5脚）为串行消隐输入控制端；*BI*/*RBO*（4脚）为消隐输入（*BI*）和串行消隐输出（*RBO*）控制端。在要求正常输出功能时，*LT*、*BI*、*RBI*各端均处于高电平；当*BI*为低电平时，各段输出均被切断；当*RBI*和A、B、C、D均为低电平、*LT*为高电平时，各段输出均被切断；当*LT*为低电平、*RBO*为高电平时，各段输出均为导通状态。

（3）显示器

数码显示器有多种，目前在数字仪表、计算机和其他数字系统中广泛采用的是七段显示器，其结构如图8－58所示。七个发光段的发光元器件可以是发光二极管或液晶显示。选择不同字段发光，可显示出不同的字形。例如当a、b、c、d、e、f、g七段全亮时显示出8，a、f、g、c、d段亮时显示出5。

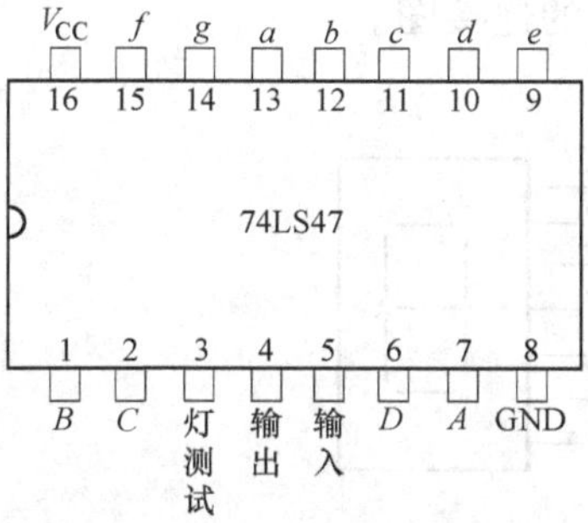

图 8－57　74LS47 引脚图

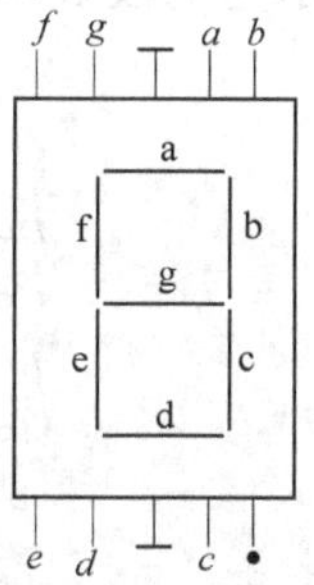

图 8－58　七段显示器

半导体数码管中七个发光二极管有共阴极和共阳极两种接法，如图 8－59 所示。对于前者，某一段接高电平时发光；对于后者，某一段接低电平时发光。使用时每个管要串联限流电阻（约 100Ω）。

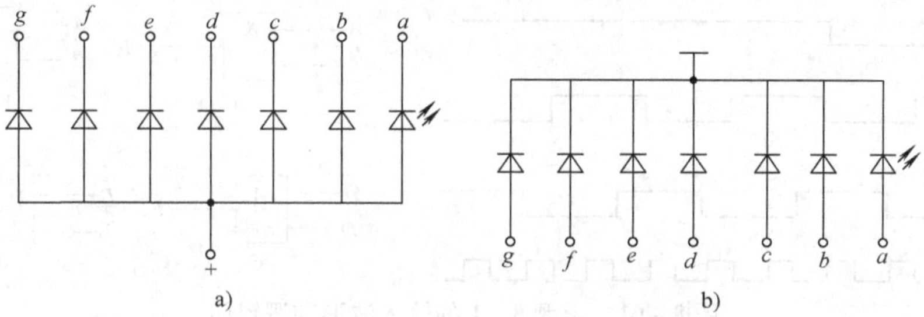

图 8－59　半导体数码管两种接法

a）共阳极　b）共阴极

在用七段发光显示器时，必须配合使用七段显示译码器，以便将二－十进制代码译成七段发光显示器在显示不同字符时所需要的各种控制电平。如果采用共阴极数码管，则七段显示译码器的状态表见表 8－12。

表 8－12　七段显示译码器的状态表

输入				输出							显示数码
D	*C*	*B*	*A*	*a*	*b*	*c*	*d*	*e*	*f*	*g*	
0	0	0	0	1	1	1	1	1	1	0	0
0	0	0	1	0	1	1	0	0	0	0	1
0	0	1	0	1	1	0	1	1	0	1	2
0	0	1	1	1	1	1	1	0	0	1	3
0	1	0	0	0	1	1	0	0	1	1	4
0	1	0	1	1	0	1	1	0	1	1	5
0	1	1	0	1	0	1	1	1	1	1	6
0	1	1	1	1	1	1	0	0	0	0	7
1	0	0	0	1	1	1	1	1	1	1	8
1	0	0	1	1	1	1	1	0	1	1	9

图 8-60 所示为七段显示译码器与共阳极显示器的连接图。

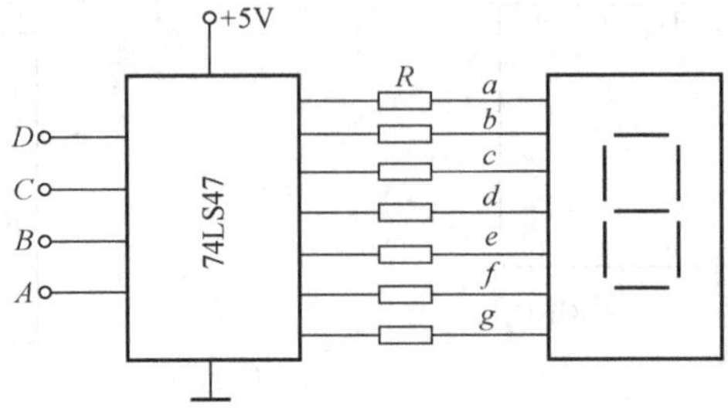

图 8-60 译码器与显示器的连接

习 题

8-1 试画出在图 8-61 所示的 A、B、C、D 信号作用下，各门的输出波形。

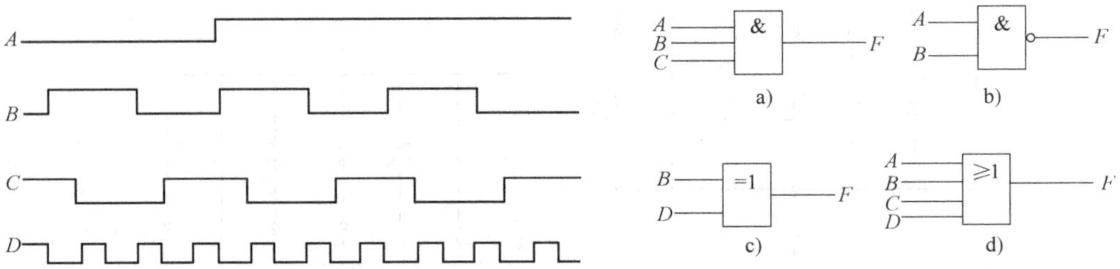

图 8-61 习题 8-1 的输入波形和逻辑门

8-2 用公式化简下列逻辑表达式。

(1) $F=AB+ABC+AB(D+E)$

(2) $F=(A+B)(\bar{A}+\bar{B})\bar{B}$

(3) $F=\overline{AC+\bar{A}BC+\bar{B}C}+AB\bar{C}$

(4) $F=A\bar{B}\bar{C}+\bar{A}\bar{B}+\bar{A}D+C+BD$

(5) $F=\overline{\bar{A}C+BC+A\bar{B}C}+\overline{\bar{A}BC+\bar{B}C+AC}$

8-3 用布尔代数证明下列等式。

(1) $ABC+\bar{A}+\bar{B}+\bar{C}=1$

(2) $\bar{A}\bar{B}+A\bar{B}+\bar{A}B=\bar{B}+\bar{A}$

(3) $\overline{\overline{(\bar{A}+B)}+\overline{(A+\bar{B})}}+\overline{\overline{(\bar{A}B)}\;\overline{(A\bar{B})}}=1$

(4) $(A+B+C)(A+B+\bar{C})(\bar{A}+B+C)=B+AC$

(5) $AB(C+D)+D+\bar{D}(A+B)(B+C)=AC+B+D$

8-4 根据下列逻辑式，画出相应的逻辑图。

(1) $F=(A+B)(A+C)$

(2) $F=A(B+C)+BC$

(3) $F=A\bar{B}+B\bar{C}+C\bar{A}$

(4) $F=\overline{\bar{A}BC}+\overline{A\bar{B}}$

8-5 利用与非门电路实现下列逻辑函数。

(1) $F=A+B+C$

(2) $F=ABC+DEF$

(3) $F=\bar{A}\bar{B}+(\bar{A}+B)\bar{C}$

(4) $F=A\bar{B}+A\bar{C}+\bar{A}BC$

8-6　用卡诺图将下列逻辑函数化简为最简与-或表达式。

(1) $F=A\bar{B}+\bar{A}B+AB$

(2) $F=\bar{A}\bar{B}\bar{C}+A+B+C$

(3) $F=A\bar{B}+BD+CDE+\bar{A}D$

(4) $F=\overline{\bar{A}D(A+\bar{D})+ABC+CD+(B+C)+AB\bar{C}}$

(5) $F=(A+B)(A+\bar{A}B)C+\overline{\bar{A}(B+\bar{C})}+\bar{A}B+ABC$

8-7　写出图 8-62 中各图的逻辑表达式，并化简。

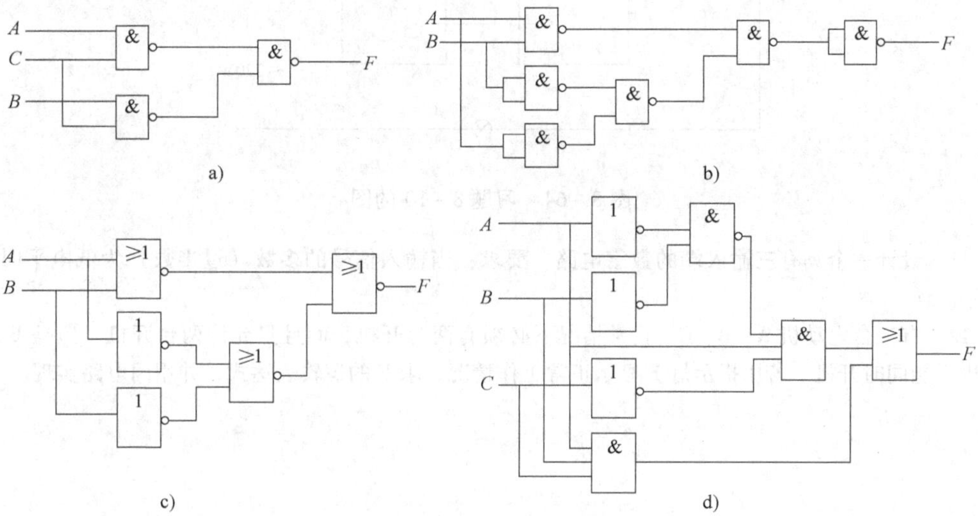

图 8-62　习题 8-7 的图

8-8　图 8-63 中，用电键（也可用拨码盘）输入十进制数据。当所有的输入端通过电键接到电源 +5V时（图示位置），编码器的输出为0000；当输入 1 ~ 8 中某一个十进制时，其相应的输入端通过电键接地（低电平），而其他输入端为高电平（接 +5V）。例如，对十进制数 6 进行编码时，电键 6 接地（0），其余输入均为 1，这时编码器的输出 $A=0$、$B=1$、$C=1$、$D=0$，即 $ABCD=0110$。这样就把十进制数 6 编成二进制代码 0110。按图中编码表，完成各输入线到编码器各与非门输入端的连线。

二进制编码器表

输入	输出			
十进制数	A	B	C	D
0	0	0	0	0
1	0	0	0	1
2	0	0	1	0
3	0	0	1	1
4	0	1	0	0
5	0	1	0	1
6	0	1	1	0
7	0	1	1	1
8	1	0	0	0

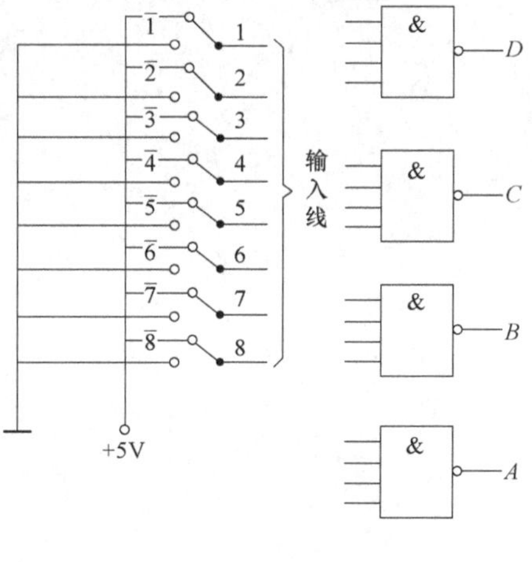

图 8-63　习题 8-8 的图

8-9 试设计一个奇偶判别电路。有三个输入信号 A、B、C，当三个输入信号中有奇数个为高电平时，输出端 F 为高电平，否则输出为低电平。

8-10 有一个两地控制的照明电路，如图 8-64 所示。用两个单刀双头开关 A 和 B（分别设置在两地）控制电灯 L。当 A、B 两个开关同时扳到上面或下面时，电灯 L 就亮，否则灯灭。设开关扳到上面为 1，扳到下面为 0；灯亮为 1，灯灭为 0。试写出这个电路的逻辑表达式，并画出逻辑电路图。

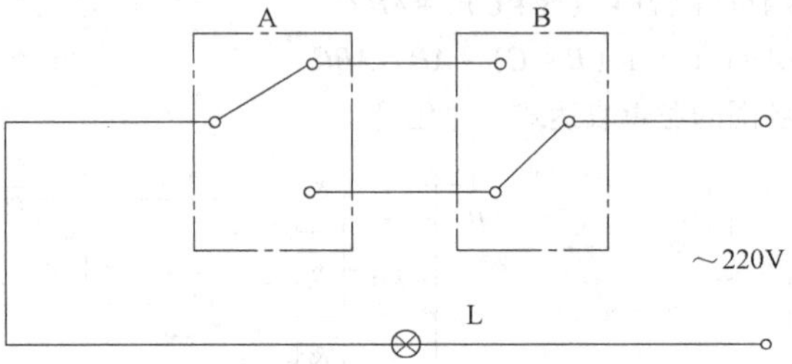

图 8-64 习题 8-10 的图

8-11 设计一个具有三输入端的数字电路。要求：当输入信号的多数（过半数）为低电平时，输出为高电平。

8-12 有三台电动机 A、B、C，正常情况下必须有两台开机，而且只允许两台开机，但是 B 和 C 两台电动机不能同时开机。若用指示灯 F 显示正常工作情况，求 F 的逻辑表达式，并用门电路实现。

第 9 章　触发器和时序逻辑电路

以特定的顺序执行操作的能力是数字网络的最重要特征之一，而由门电路组成的组合逻辑电路中，其输出状态完全取决于当时的输入变量的状态，而与电路原来的状态无关，也就是组合逻辑电路不具有记忆功能。然而在数字系统中，信号的处理需要按照特定顺序进行，这就要求有记忆功能。所谓时序逻辑电路，是指电路的输出状态保持或变化情形取决于系统的输入及其当前状态。因此，时序逻辑电路必须具备存储电路或反馈延时电路。触发器就是一种具有记忆存储功能的器件，它是构成时序逻辑电路的基本单元。

9.1　双稳态触发器

触发器是时序电路的基本单元。本节主要介绍双稳态触发器。

数字电路中的基本工作信号是二进制数字信号，触发器就是存放这种信号的基本单元。由于一位二进制信号有 0、1 两种取值，因而触发器起码应具有下述功能：

1）有两个稳定状态：0 状态和 1 状态。

2）能接收、保持和输出送来的信号。

9.1.1　基本 RS 触发器

用两个与非门交叉连接，即构成基本 RS 触发器。如图 9－1a 所示。

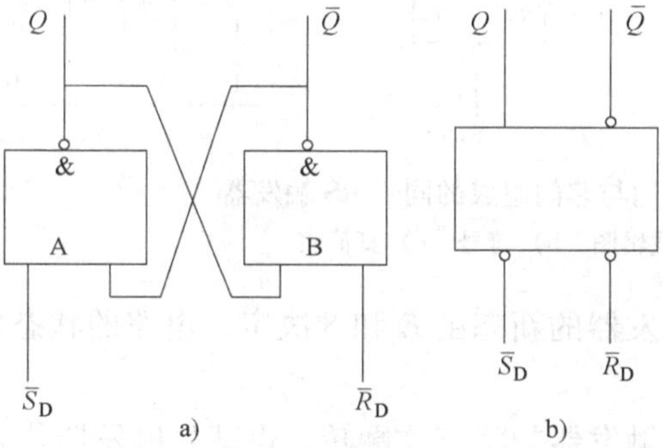

$\overline{R}_D$	$\overline{S}_D$	Q　$\overline{Q}$
0	0	不定(不用)
0	1	0　1(复位)
1	0	1　0(置位)
1	1	不变

c)

图 9－1　与非门组成的基本 RS 触发器

a）逻辑图　b）符号　c）真值表

基本 RS 触发器有两个输出端 Q 和 $\overline{Q}$，Q 和 $\overline{Q}$ 的状态在正常条件下相反。基本 RS 触发器有两个稳定状态，$Q=0$、$\overline{Q}=1$ 为“0”状态，又称复位状态；$Q=1$、$\overline{Q}=0$ 为“1”状态，又称置位状态。

基本 RS 触发器有两个输入端 R 和 S。当 $\overline{R}_D=0$、$\overline{S}_D=1$ 时，输出 $Q=0$、$\overline{Q}=1$，即为“0”状态。当 $\overline{R}_D=1$、$\overline{S}_D=0$ 时，输出 $Q=1$、$\overline{Q}=0$，即为“1”状态。当 $\overline{R}_D=1$、$\overline{S}_D=1$ 时，输出仍保持原状态不变。例如，触发器原为“1”状态，$Q=1$ 反馈到 B 门输入使 $\overline{Q}=0$，

$\overline{Q}=0$ 反馈到 A 门输入，只要 $\overline{R}_D=1$，就能保持 $Q=1$。这说明触发器具有记忆或存储信息的功能。当 $\overline{R}_D=\overline{S}_D=0$ 时，两个输出端都为1。此时，两个输出端 Q 和 $\overline{Q}$ 的状态不再互补，这不是触发器的正常应用状态。另外，当两个输入的0信号同时撤除（即恢复为1）后，此时输出端的状态将由两个门的翻转速度以及两个输入信号撤除的先后等因素决定。这种不确定状态容易引起电路的误动作，因而在使用时应当避免出现这种情况。

由上述分析可以看出，$\overline{R}_D$ 和 $\overline{S}_D$ 都是“0”电平有效，即触发器用负脉冲触发。所谓“0”电平有效是说 $\overline{R}_D$、$\overline{S}_D$ 端无信号时保持为“1”，有输入信号指来一个负脉冲或“0”电平。脉冲过后仍保持为“1”。

基本 RS 触发器的逻辑符号及真值表如图 9－1b、c 所示。

9.1.2 同步 RS 触发器

在许多实用情况下，往往要求触发器的状态不是立即随 R、S 输入端信号转换，而是要在外部时间信号（称为时钟脉冲）的作用下，把 R、S 端的状态反映到输出端，使整个系统同步动作。这样的触发器称为同步触发器。用与非门组成的同步 RS 触发器如图 9－2a、b 所示。其中 $\overline{S}_D$、$\overline{R}_D$ 为直接置位端和复位端，用来预置触发器的初始状态。在基本 RS 触发器的输入端，再增加两个与非门 C、D。C、D 的输入除 S 和 R 端外，还有时钟脉冲输入端 CP。当 $CP=0$ 时，门 C、D 关闭，无论 R、S 输入如何，C 门和 D 门的输出都为高电平，即基本 RS 触发器的两个输入端都为 1 态，从图 9－2c 可见，触发器保持原来状态不变。

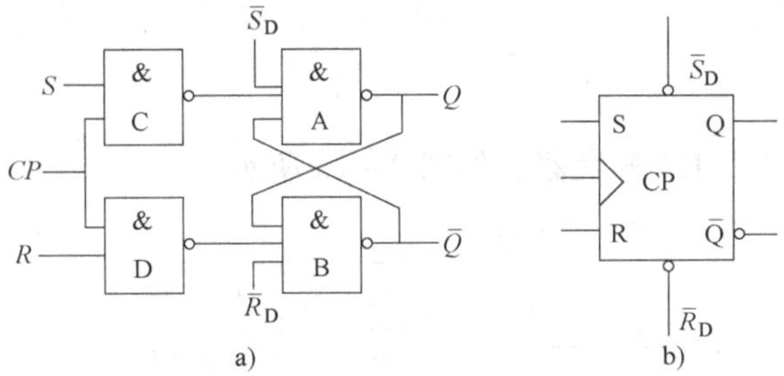

R	S	Q_{n+1}（次态）
0	0	Q_n （现态）
0	1	1
1	0	0
1	1	不定

c)

图 9－2 用与非门组成的同步 RS 触发器

a）逻辑图 b）符号 c）真值表

当 $CP=1$ 时，门 C、D 打开，触发器的新态由 R 和 S 决定，电路的状态转换如图 9－2c 的真值表所示。

注意：只有当时钟脉冲到来时，触发器的状态才翻转，也就是触发器状态的改变与时钟脉冲同步。

A 和 B 门的 $\overline{S}_D$ 和 $\overline{R}_D$ 输入端用于触发器直接置位和复位。如在 $\overline{S}_D$ 端加低电平，则不管触发器原来处于什么状态均将触发器置 1。同样，若在 $\overline{R}_D$ 端加低电平，则使触发器置 0。这样就可使触发器不必经过时钟脉冲的控制，而预选置在一定的状态。正常工作不用这两个输入端时，把它们接高电位。

图 9－3 所示是一个由与非门组成的同步 RS 触发器的波形图。

注意：同步 RS 触发器是在 CP 为高电平时触发翻转。翻转后的状态决定于 R、S 端信号的状态，触发器的翻转与 CP 信号同步。

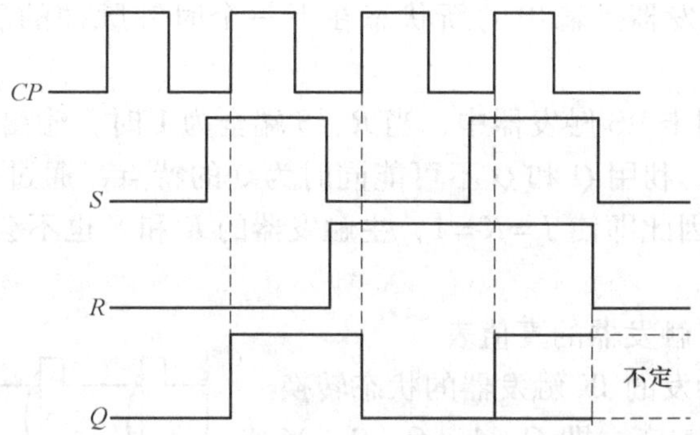

图 9-3　同步 RS 触发器的工作波形图

同步 RS 触发器的缺点在于时钟脉冲 $CP=1$ 期间，如果 R、S 端的信号有变化，触发器的状态随之改变，这就失去了 CP 与脉冲同步翻转的特点。另外当 $R=S=1$ 时，触发器不能正常工作。当把同步 RS 触发器连在计数型触发器时，如果 CP 脉冲宽度不当，会出现所谓空翻现象，从而造成计数错误。

9.1.3　主从 JK 触发器

主从型 JK 触发器如图 9-4 所示。它包括两个同步 RS 触发器，其中一个是主触发器（Master FF），另一个是从触发器（Slave FF）。主触发器的输入端 J 和 K 接收信号，并把信号存储在主触发器中。而从触发器接收并保存来自主触发器的信号。由主触发器到从触发器的信号传送是在时钟脉冲的后沿作用下完成的。信息接收过程如下：

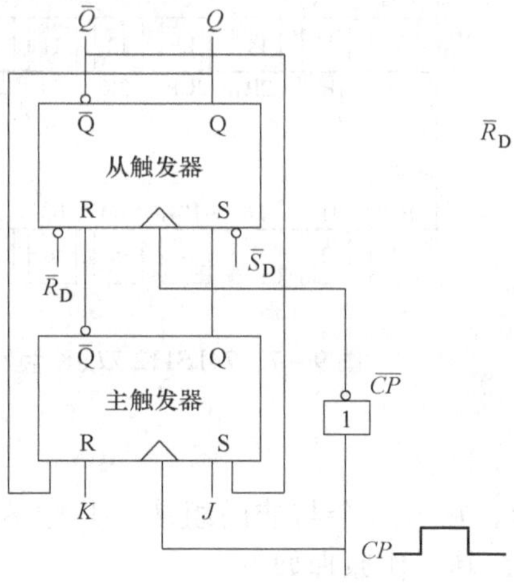

a)

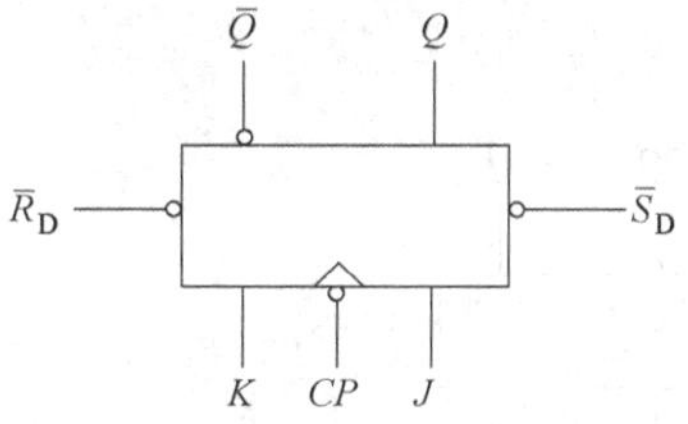

b)

K	J	Q_{n+1}
0	0	Q_n
1	0	0
0	1	1
1	1	$\bar{Q}_n$

c)

图 9-4　主从型 JK 触发器
a）逻辑图　b）符号　c）真值表

当 $CP=1$ 时（时钟脉冲到来时），$\overline{CP}=0$，从触发器被封锁，输出保持原有状态不变；而主触发器则接收 J、K 输入端的信号，并将它保存起来。

当时钟脉冲后沿到来时，CP 由 1 变 0，主触发器被封锁；而 $\overline{CP}$ 由 0 变 1。存储在主触发器中的信号便送入从触发器。输出的新状态在下一个时钟脉冲的后沿出现以前一直保持不变。

在图9－2所示的同步RS触发器中，当R、S端全为1时，输出状态不定，这种情况必须避免。在图9－4a中，利用Q和$\overline{Q}$不可能同时为0的特点，通过交叉连接的反馈，把输出信号回送到输入端。因此即使$J=K=1$，主触发器的R和S也不会同时为1，这样就避免了输出不定的问题。

图9－4c所示是JK触发器的真值表。

图9－5表示后沿触发的JK触发器的状态转换情况。设触发器原来是1态，即$Q=1$，$\overline{Q}=0$，当$J=K=1$时，反馈使主触发器的R输入为1，S输入为0，所以时钟脉冲CP由1变0后将使触发器翻转为0态，即$Q=0$，$\overline{Q}=1$。同理，下一个时钟脉冲CP的后沿又将使触发器翻转为1态。可见，当$J=K=1$时，在时钟脉冲的相继作用下，JK触发器能来回翻转。这种功能可用于计数。

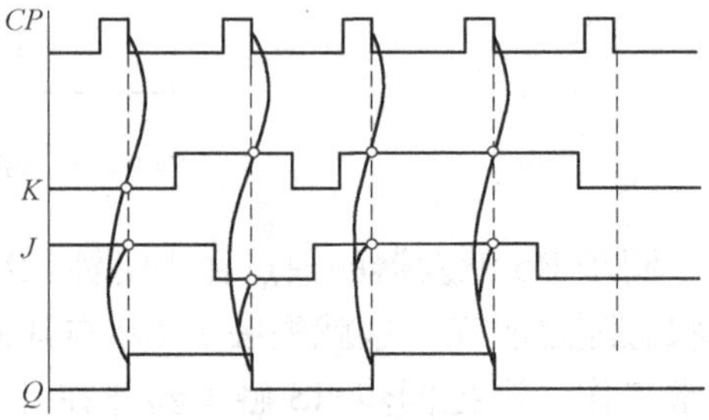

图9－5　后沿触发JK触发器的工作情况

在CP为1时，主触发器接收J、K输入端的信号和触发器输出反馈的现态信号。在CP持续期间，触发器的输出维持现状不变。仅在CP由1变为0后，从触发器才根据主触发器状态进行翻转，触发器的输出才变为次态。

JK触发器也有设计成前沿（上升沿）触发的，其符号如图9－6所示。

图9－7所示是74LS112双JK集成触发器的引脚图。

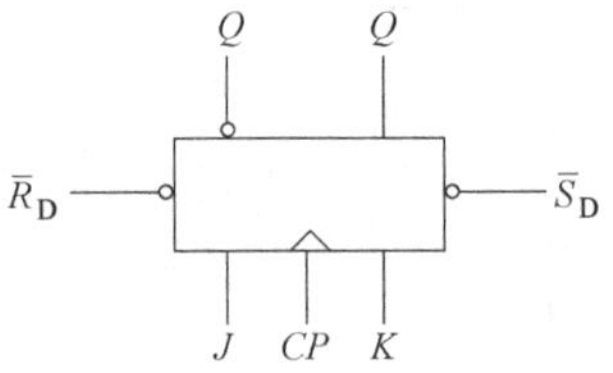

图9－6　前沿JK触发器符号

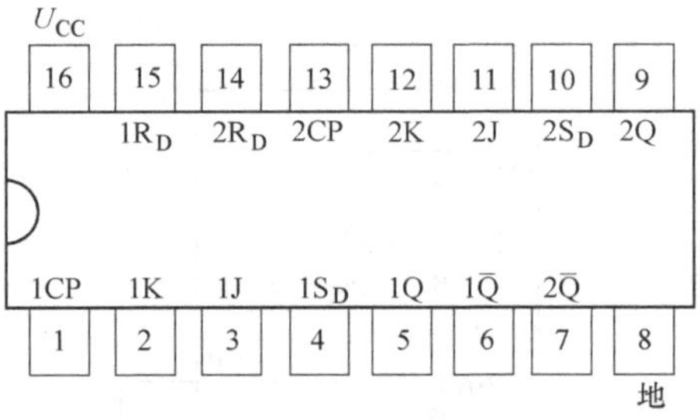

图9－7　74LS112双JK触发器

9.1.4　维持阻塞D触发器

维持阻塞型D触发器如图9－8a所示。它由六个与非门组成。其中A、B门构成基本RS触发器，C、D、E、F门构成导引电路，其工作原理如下：

$CP=0$时，C、D门关闭，C、D门的输出均为高电平，与输入端D的状态无关，由A、B门组成的基本RS触发器保持原来状态。

若$D=0$，当$CP=0$时，E门输出为1，F门输出为0。在时钟脉冲前沿到来时，即CP由0变为1时，C门的三个输入端全为1，所以C门的输出由1变为0，而由于F门的输出为0，所以D门的输出为1，这就使A、B组成的基本RS触发器置0。另一方面，C门输出的低电平又反馈回来关闭了E门，在$CP=1$期间，不论输入端D的状态如何变化，都能保持E门输出为1，F门输出为0，从而保持了C门输出为0，D门输出为1，既维持了置0

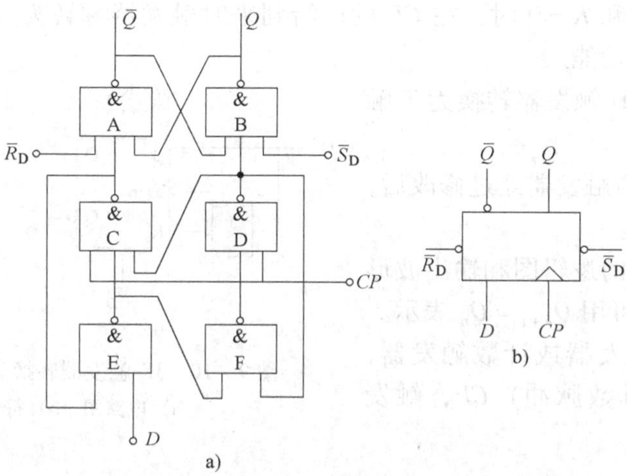

D_n	Q_{n+1}
0	0
1	1

c)

图9－8　维持阻塞型D触发器

a）逻辑图　b）符号　c）真值表

信号（C门输出为0），又阻塞了置1信号（D门输出为0）的产生。因此在$CP=1$期间，Q和$\overline{Q}$都不会再变化。当CP由1变为0时，C、D又关闭，输出也不会变化。

若$D=1$，当$CP=0$时，则E门输出为0，F门输出为1。在CP前沿到来时，D门输出由1变为0，而C门输出仍保持1，这就使基本RS触发器置1。另一方面，D门输出的低电平又反馈到F门和C门的输入端，关闭了F、C门，这样既维持了置1信号（D门输出为0），又阻塞了置0信号（C门输出为0）的产生。因此在$CP=1$期间，输入端D的变化不会使触发器输出端状态发生变化。当CP再由1变为0时，触发器状态也不会改变。

综上所述，D触发器具有这样的逻辑功能：在CP前沿到来以前，若$D=0$，CP前沿到来时触发器置0；在CP前沿到来前，若$D=1$，CP前沿到来时触发器置1。即时钟脉冲前沿到来后输出端Q的状态和该脉冲前沿到来前输入端D的状态一样。

$$Q_{n+1}=D_n$$

D触发器的逻辑符号和真值表如图9－8b、c所示。图9－9表示D触发器的状态转换情况。维持阻塞D触发器在时钟脉冲的前沿触发翻转。

上述的主从型触发器和维持阻塞型触发器是从电路结构上来分的，至于JK触发器和D触发器可以是主从型的，也可以是维持阻塞型的。但常用的JK触发器多为主从型，而D触发器多为维持阻塞型。

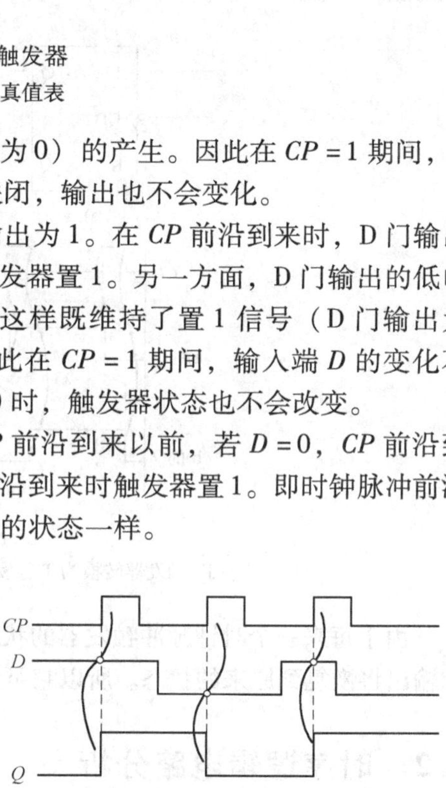

图9－9　维持阻塞D触发器的工作情况

9.1.5　触发器逻辑功能的转换

在实际应用中，某种逻辑功能的触发器经过改接或附加一些门电路后，转换为另一种触发器。

（1）将JK触发器转换为D触发器

在主从型JK触发器的K端前面加上一个非门，再接到J端，称为D输入端，如图9－10所示。当$D=0$，即$J=0$和$K=1$时，在CP的后沿到来时触发器翻转为（或保持）0

态；当 $D=1$ 时，即 $J=1$ 和 $K=0$ 时，在 CP 的后沿到来时触发器翻转为（或保持）1 态。因此具有 D 触发器的逻辑功能。

（2）将 JK 触发器或 D 触发器转换为 T 触发器

一个 JK 触发器或者 D 触发器经过修改后，就可转换为一个 T 触发器。

图 9-11 所示是它们的逻辑图和输出波形图。T 触发器的输出状态可用 $Q_{n+1}=\overline{Q}_n$ 表示。

T 触发器又称翻转触发器或计数触发器，每来一个时钟脉冲（或计数脉冲）CP，触发器就翻转一次。

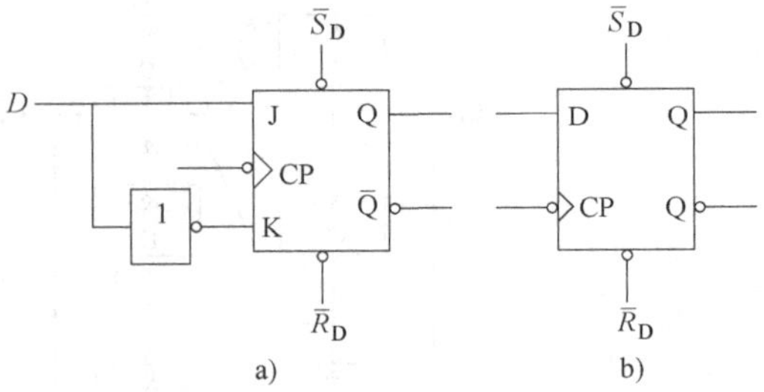

图 9-10 JK 触发器转换为 D 触发器

a）电路图 b）符号

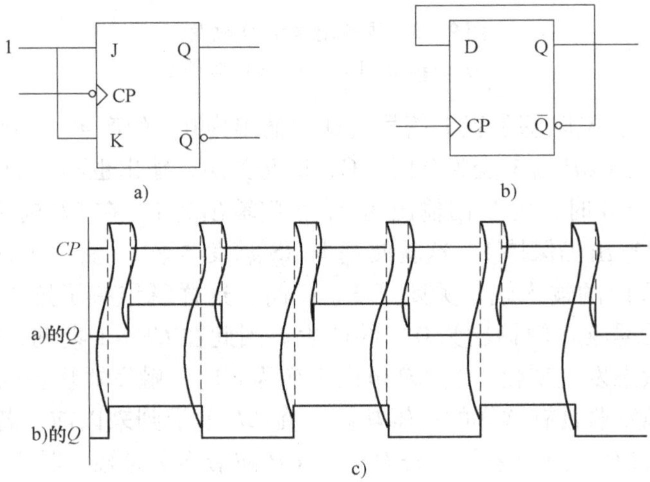

图 9-11 T 触发器

a）JK 触发器转换为 T 触发器 b）D 触发器转换为 T 触发器 c）波形图

由于每来一个时钟脉冲触发器的状态都要翻转一次，因而在每两个时钟脉冲到达后，电路的输出将恢复到原来的状态。所以它可以作为时钟脉冲的 2 分频（时钟脉冲 ÷2）电路使用。

9.2 时序逻辑电路分析

时序逻辑电路要有记忆功能，必须包含存储电路，存储电路的输出反馈到输入端与输入变量一起决定电路的输出状态。这就是时序逻辑电路在结构上的特点。根据这一特点，时序逻辑电路结构示意图如图 9-12 所示。

图 9-12 中 X 表示外部输入，Q 表示触发器的状态输出，D 表示触发器的控制输入，Z 表示外部输出，CP 表示时钟脉冲。

X、Z、D、Q 之间的关系可由下列 3 式表示：

输出方程 $Z=F_1(X, Q^n)$ （9-1）

驱动方程 $D=F_2(X, Q^n)$ （9-2）

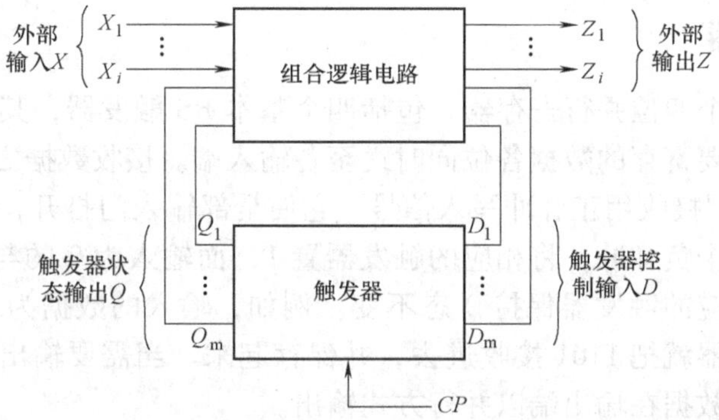

图9－12　时序逻辑电路结构示意图

$$\text{状态方程}\qquad Q^{n+1}=F_3(D,\ Q^n) \qquad (9-3)$$

式（9－1）和式（9－2）仍是一般组合逻辑关系，而式（9－3）是描述触发器次态Q^{n+1}与现态Q^n、控制输入信号D的关系，它体现了时序逻辑电路与组合逻辑电路的区别。其中控制输入D因触发器而异，对D触发器来说是D，对JK触发器来说是J和K。

时序逻辑电路可分为同步时序逻辑电路和异步时序逻辑电路两类。如果电路中所有触发器的时钟输入端都与同一个时钟脉冲源相连接，所有的触发器状态变化都与输入时钟同步，则称同步时序逻辑电路。而异步时序逻辑电路中，有的触发器时钟输入端不是与时钟脉冲源相连接，而是与前一个触发器的输出端相连，因此它的状态变化必然要滞后一段时间。所以，异步时序逻辑电路的速度比同步时序逻辑电路低。

时序逻辑电路的分析就是分析给定逻辑电路的逻辑功能。由于时序电路的逻辑状态是按时间顺序随输入信号的变化而变化，因此，分析时序逻辑电路即找出电路的输出状态随输入变量和时钟脉冲作用下的规律。其一般步骤如下：

1）分析电路组成，根据各触发器的连接方式，写出每个触发器的时钟方程、驱动方程（即每个触发器输入端信号的逻辑函数表达式）和输出方程（即组合逻辑电路部分的输出逻辑表达式）。

2）根据所用触发器的特性方程，写出各触发器输出端的状态方程。

3）由状态方程确定各触发器状态的变化情况，这可通过列出时序电路的状态表、画出状态图或时序图来实现。

4）确定时序电路的逻辑功能。

时序逻辑电路的典型电路有寄存器、计数器等。

9.3　寄存器

寄存器是一种重要的数字电路部件，常用它暂时存放数据、指令等。它由若干个触发器组成，一个触发器可以储存一位二进制代码，存放n位二进制代码，用n个触发器即可。

寄存器可以按照数的输入和传送方式不同而分类。全部触发器同时置数的，叫做并行寄存器；数据逐位移入的，称为串行寄存器。寄存器的位数称为寄存器长度。

9.3.1 并行寄存器

图 9-13 表示一个四位并行寄存器，包括四个基本 RS 触发器，其输入及输出分别经与非门和与门控制，需要寄存的数据各位同时送至各输入端。接收数据之前，用清 0 负脉冲将全部触发器清 0。数据接收用正脉冲写入信号，它使全部输入门打开，这时凡是输入为 1 的与非门，就会输出一个负脉冲，将相应的触发器置 1，而输入为 0 的与非门输出为 1，即没有负脉冲输出，其对应的触发器保持 0 态不变。例如，输入的数据为二进制数 1101，当写入脉冲到来时，寄存器就把 1101 接收进去，并保存起来。当需要输出数据时，用读出脉冲将存储在寄存器中的数据在输出端以并行方式输出。

用 D 触发器组成的并行寄存器如图 9-14 所示。这种寄存器在接收数据之前，触发器不需要清 0。在写入信号脉冲（CP）到来时，寄存器在脉冲的上升沿接收输入信息，新的数据将代替旧数据。

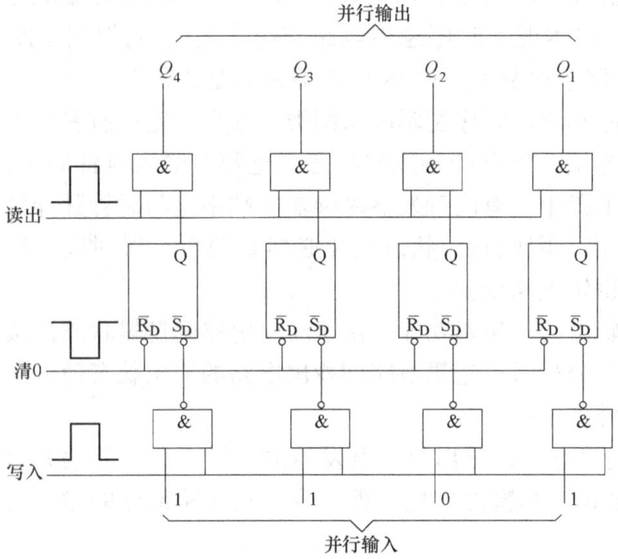

图 9-13　并行寄存器

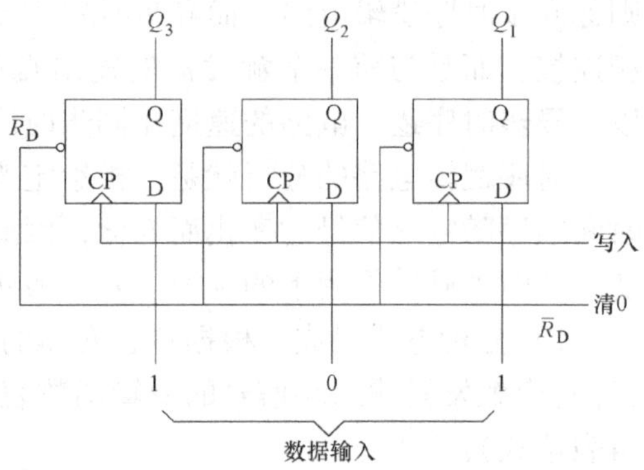

图 9-14　由 D 触发器组成的并行寄存器

9.3.2 移位寄存器（串行输入、串行或并行输出）

图 9-15 所示是一个用 JK 触发器组成的四位移位寄存器。

图 9-15a 中表明：第一个触发器（FF1）接成 D 触发器，接收外部数据，其他每一个触发器输入 J 和 K 分别与前一个触发器的输出 Q 和 $\overline{Q}$ 相连。图中的 CP 是移位脉冲，它与输入数据同步。每当 CP 的下降沿到来时，输入数码移入 FF_1，同时每个触发器的状态也向左移一位，例如，将四位二进制数 1011 存入寄存器，则把数据 1011 从高位到低位依次送到数据输入端，在 CP 的作用下，数据由低位触发器向高位触发器移动，移动情况如图 9-15b 波形图所示。可以看出，当来过四个 CP 以后，1011 这四位数码恰好全部移入寄存器中。它可以从 $Q_4Q_3Q_2Q_1$ 输出，即并行输出。也可以从最后一个触发器（FF_4）的 Q_4 端串行输出，只要再用四个移位脉冲，四位数据便可依次地从 Q_4 端送出去。Q_4 端亦称串行输出端。因此，图 9-15a 电路叫做串行输入、串行输出或并行输出的左向移位寄存器。

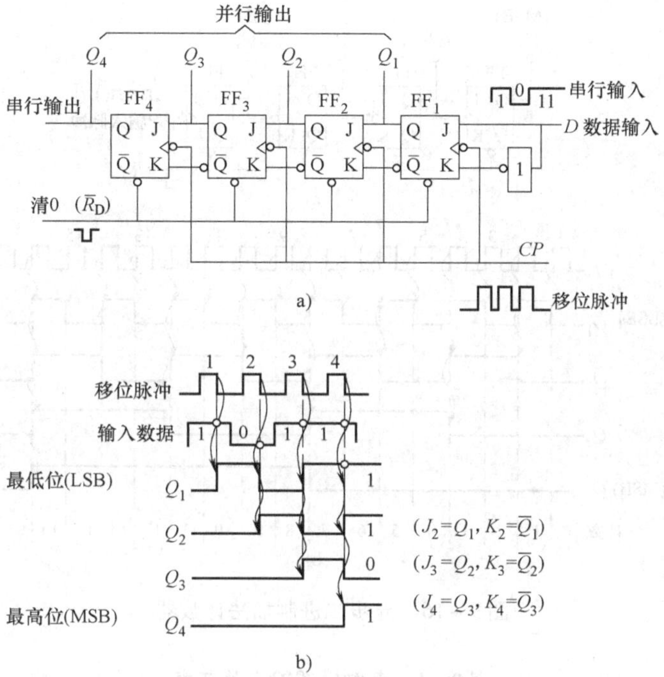

图 9 - 15　移位寄存器（左向）

9.4　计数器

计数器是数字设备和计算机中的基本逻辑部件。用途很广，如脉冲计数、分频、模/数转换等。计数器的种类繁多，下面只介绍其中的几种。

9.4.1　二进制计数器

因为一个触发器可以表示一位二进制数，如果计数需要计到 n 位二进制数，就需要 n 个触发器。

（1）异步二进制加法计数器

图 9 - 16a 所示是一个四位异步二进制加法计数器，每个触发器的 J 和 K 输入端均为 1，当每个触发器的 CP 端的脉冲后沿到来时，触发器就翻转。计数脉冲送入第一个触发器 FF_1 的 CP 端，FF_1 的输出 Q_1 接到第二个触发器的 CP，其余触发器的接法依此类推。在计数开始之前，用负脉冲信号 $\overline{R}_D$ 使所有的触发器复位（清 0）。当第一个脉冲输入后，FF_1 由 0 态变为 1 态，即 Q_1 由 0 变 1；当第二个脉冲输入后，FF_1 由 1 态变为 0 态，即 Q_1 由 1 变 0，并产生一个进位信号使 FF_1 翻转，Q_2 由 0 变 1；其余依此类推。当第 16 个脉冲来到后，四个触发器又都复位到 0 态；从第 17 个输入脉冲起，又进入新的计数周期，其计数工作波形图如图 9 - 16b 所示。

计数器各触发器状态的转换及计数的情况见表 9 - 1。

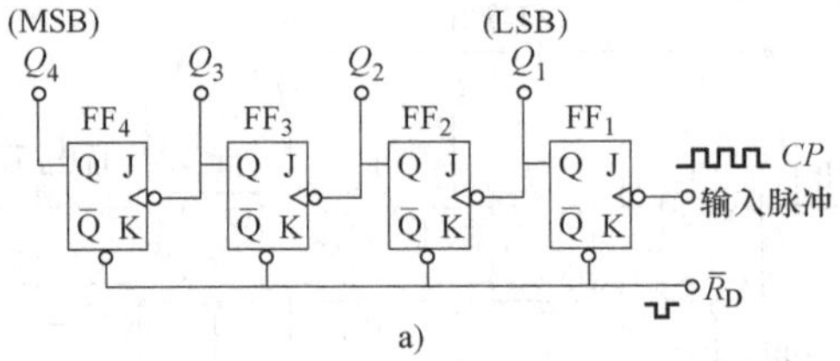

a)

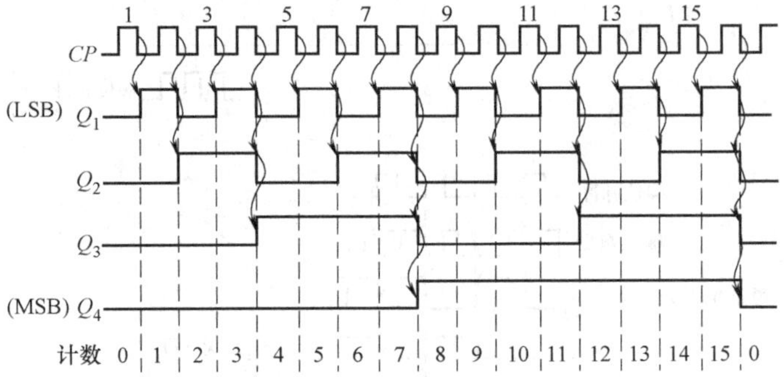

b)

图 9-16　异步二进制加法计数器

表 9-1　各触发器输出状态表

计数脉冲数	Q_4	Q_3	Q_2	Q_1
0	0	0	0	0
1	0	0	0	1
2	0	0	1	0
3	0	0	1	1
4	0	1	0	0
5	0	1	0	1
6	0	1	1	0
7	0	1	1	1
8	1	0	0	0
9	1	0	0	1
10	1	0	1	0
11	1	0	1	1
12	1	1	0	0
13	1	1	0	1
14	1	1	1	0
15	1	1	1	1
16	0	0	0	0

由于计数脉冲不是同时加到各位触发器的 *CP* 端，而只加到最低位触发器，而其他各位触发器则由相邻低位触发器输出的进位脉冲来触发，所以这种计数器叫“异步”计数器。

从输出波形图可以看到，Q_1 的频率是 *CP* 的 1/2，Q_2 的频率是 *CP* 的 1/4，……，因此这种电路可用作分频电路。

四位二进制加法计数器，能计的最大数为 1111B 或 $2^4-1=15$。n 位二进制加法计数器能计的最大数为 2^n-1。一个计数器所能计的数的最多个数称为该计数器的模。图 9-16 所示计数器能计 0000～1111 十六个数，为模 16 加法计数器。

图 9-16a 中计数器，如将其低位触发器的 $\overline{Q}$ 端连到高位触发器的 *CP* 端，可以得到减法计数器，如图 9-17 所示，其工作原理自行分析。

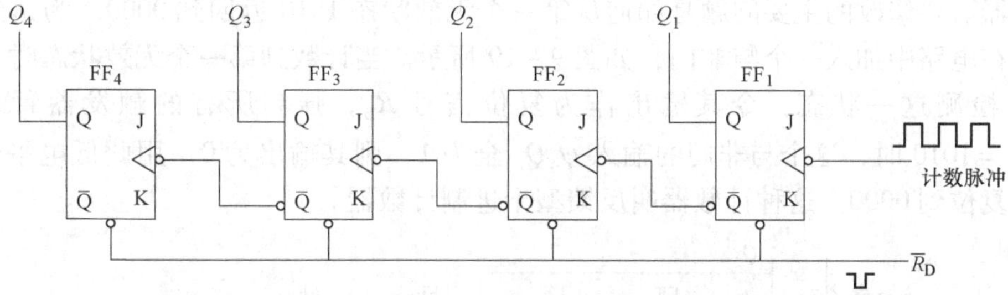

图 9-17　异步二进制减法计数器

前面所述异步计数器，由于它的信号是逐级传送的，后面触发器接收的信号必须通过前面所有的触发器，因而它的计数速度受到了限制。为了提高计数速度，计数脉冲 *CP* 最好是同时送给各触发器，使各触发器的状态变换与输入脉冲同步，这种形式的计数器称为同步计数器。

（2）同步二进制加法计数器

为了获得与上述异步二进制计数器相同功能的电路及如图 9-16b 所示的二进制加法计数器输出波形，首先找出二进制计数器的级间连接的逻辑关系。从表 9-1 中可以得到，仍采用 JK 触发器，各触发器的翻转条件及要求如下：

1）触发器 FF_1 每输入一个计数脉冲，翻转一次。要求 $J_1 = K_1 = 1$。

2）触发器 FF_2 是每当 $Q_1 = 1$ 时，再来一个计数脉冲才翻转，要求 $J_2 = K_2 = Q_1$。

3）触发器 FF_3 是在 $Q_1 = Q_2 = 1$ 时，再来一个计数脉冲就翻转。所以要求 $J_3 = K_3 = Q_1Q_2$。

4）触发器 FF_4 是在 $Q_1 = Q_2 = Q_3 = 1$ 时，再来一个计数脉冲才翻转。因此要求 $J_4 = K_4 = Q_1Q_2Q_3$。

据上述分析的 *J*、*K* 端逻辑函数式，可以组成四位同步二进制计数器，如图 9-18 所示。

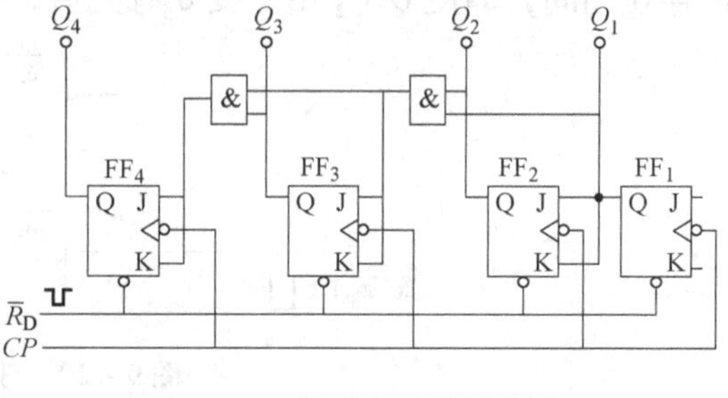

图 9-18　同步二进制计数器

9.4.2　十进制计数器

二进制计数器虽然结构简单，容易实现，但人们对二进制数是不习惯的，因此在一些场合下，特别是在数字装置的终端，都广泛采用十进制计数器计数并将结果加以显示。十进制计数器的计数方法是用一个四位的二进制计数器来表示一位十进制数。由于一个触发器具有两个状态，则四个触发器组成的一个四位二进制计数器具有 16 个状态，去掉其中的 6 个状态，用其余的 10 个状态表示十进制数中的 0 ~9 十个数字，于是一个四位二进制计数器可以用来表示一位十进制数。

十进制计数器的电路形式有很多种，但基本原理都是在四位二进制计数器的基础上，使其跳过六个无效状态以实现十进制计数。

（1）异步十进制加法计数器

在图 9－16a 所示的四位二进制加法计数器的基础上加以修改就可得到一个异步十进制加法计数器。要修改的主要问题是如何从第一个无效状态 1010 返回到 0000。为达到上述目的，可以在电路中加入一个与非门，如图 9－19 所示。当计数到第一个无效状态时，用这个与非门来检测这一状态，令其输出作为复位信号 $\overline{R}_D$，强制所有的触发器置 0。即当 $Q_1Q_2Q_3Q_4=1010$ 时，这个与非门的输入 Q_4Q_2 全为 1，则其输出为 0，用此低电平作为 $\overline{R}_D$，使计数器复位到 0000。这种计数器叫反馈型十进制计数器。

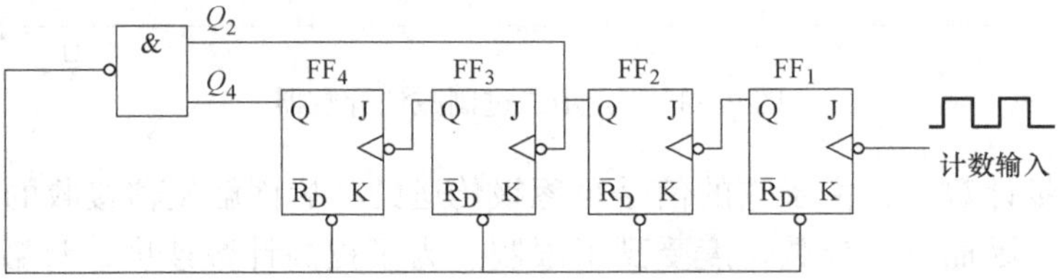

图 9－19　十进制异步加法计数器（反馈型）

该计数器的优点是电路简单，但工作速度较低。因为当检测到第一个无效状态时，还要经过一个与非门的传输延迟时间之后，才发出强制复位脉冲，使各个触发器复位，计数器返回到 0000。这一点就要求计数脉冲的频率不能太高，否则将出现逻辑错误。如果各触发器的传送延迟时间不同，则置 0 脉冲由与非门送出后，触发器输出由 1 变 0 有先有后，先变 0 的输出将使置 0 脉冲结束，这就可能会有来不及变 0 的，从而出现差错。为克服这个缺点，可采用一个锁存器，如图 9－20 所示，用来锁存与非门输出的 0 态。这样，在本次计数脉冲 *CP* 存在期间，即使 Q_4Q_2 由 1 变 0 有先后，置 0 脉冲也不会结束，从而使全部触发器清零。

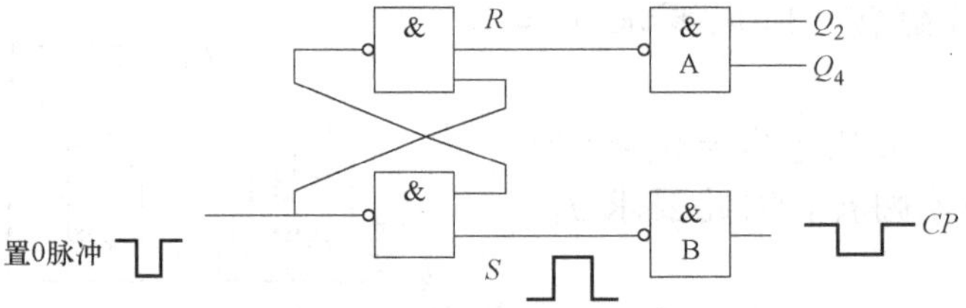

图 9－20　改进后的复位电路

图 9－21a 所示为逻辑型十进制异步加法计数器，由四个主从型触发器组成，其工作原理分析如下：

计数从 0 到 7，触发器 FF_4 一直为 0 态，使 $J_2=\overline{Q}_4=1$，因此，各触发器的翻转情况和异步二进制加法计数器（见图 9－16）相同。

在第七个计数脉冲过后，$Q_4Q_3Q_2Q_1=0111$，此时 $J_4=Q_2Q_3=1$（见图 9－21b），为触发器 FF_4 由 0 翻转到 1 准备了条件。当第八个 *CP* 过后，触发器 FF_1、FF_2、FF_3 相继由 1 态变为 0 态，触发器 FF_4 由 0 态变为 1 态，即 $Q_4Q_3Q_2Q_1=1000$。此时，$Q_4=1$，$\overline{Q}_4=0=J_2$。第九个 *CP* 作用后，电路状态为 1001。第十个 *CP* 过后，由于 $J_2=\overline{Q}_4=0$ 的阻塞作用，即使 FF_1 由 1 态变为 0 态，也不能使 FF_2 翻转，仍维持 0 态。但是，FF_1 的 Q_1 输出脉冲下降沿却能直接去触发 FF_4，使 FF_4 的 Q_4 由 1 变为 0。这样，计数器就从 1001 状态返回到 0000 状态，从而跳过了 1010～1111 六个无效状态。

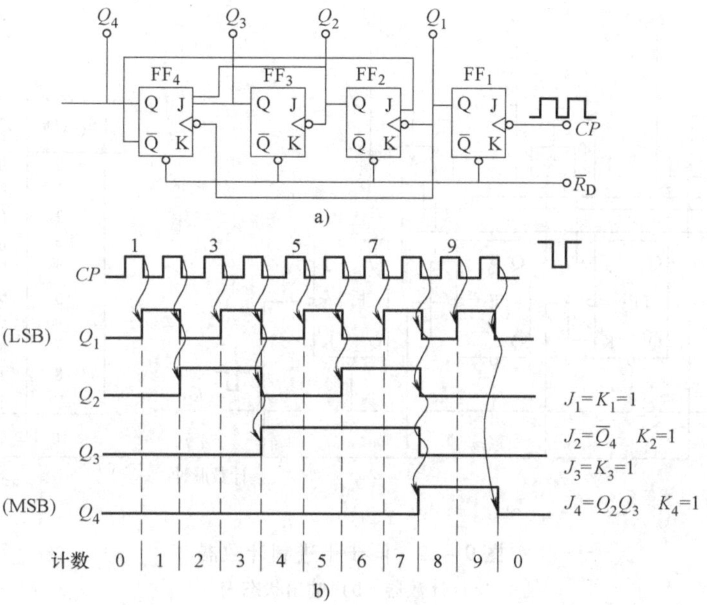

图 9－21　十进制异步加法计数器（逻辑型）

（2）同步十进制加法计数器

同步十进制加法计数器也是能从 0000 到 1001 计数。在第十个计数脉冲到来时，计数器返回到 0000。

采用 JK 触发器来构成的同步十进制计数器，必须满足下列条件和要求：

1）$J_1=K_1=1$，即触发器 FF_1 每输入一个 CP 脉冲翻转一次。

2）$J_2=K_2=Q_1\overline{Q}_4$，即每当 $Q_1=1$ 和 $Q_4=0$ 时，再来一个 CP 脉冲 FF_2 才翻转。

3）$J_3=K_3=Q_1Q_2\overline{Q}_4$，即每当 $Q_1=Q_2=1$ 和 $Q_4=0$ 时，再来一个 CP 脉冲 FF_3 就翻转。

4）$J_4=Q_1Q_2Q_3\overline{Q}_4$，$K_4=Q_1$，即当 $Q_4Q_3Q_2Q_1=0111$ 时，$J_4=1$，再来一个 CP 脉冲可使 FF_4 翻转一次（由 0 变 1）；当 $Q_4Q_3Q_2Q_1=1001$，$J_4=0$，$K_4=Q_1=1$ 时，再来一个 CP 脉冲，触发器 FF_4 又翻转一次（由 1 变 0）。由此得到的同步十进制计数器如图 9－22a 所示，图 9－22b为输出状态转换表。

从图 9－22 还可以看出，计数为 1001 时，$\overline{Q}_4=0$，它封锁了 FF_2 和 FF_3。当第十个计数脉冲到来，触发器 FF_1 和 FF_4 由 1 态翻转为 0，而 FF_2 和 FF_3 仍保持 0 态不变，这就实现了计数到 1001 后，下一个计数脉冲可使计数器输出从 1001 返回到 0000。

常用的二－五－十进制集成计数器——7490，其基本内部结构如图 9－23 所示。集成电路 7490 有四个触发器，都是下降沿触发的。FF_A 是一个模 2 计数器；FF_B、FF_C 和 FF_D 构成模 5 计数器（FF_D 是最高位）。模 2 计数器和模 5 计数器既可独立工作，也可结合起来工作。

7490 可实现以下各种计数：

1）一位二进制（Q_A）计数：仅用 Q_A，计数脉冲输入 CP_1 端（CP_2、Q_D、Q_C、Q_B 无用）。

2）五进制（$Q_DQ_CQ_B$）数：仅用 Q_D、Q_C、Q_B，计数脉冲输入 CP_2 端（CP_1、Q_A 无用）。

3）8421 码（$Q_DQ_CQ_BQ_A$）十进制计数：计数脉冲输入 CP_1 端，Q_A 接 CP_2。

4）5421 码（$Q_AQ_DQ_CQ_B$）十进制计数：计数脉冲输入 CP_2 端，Q_D 接 CP_1。

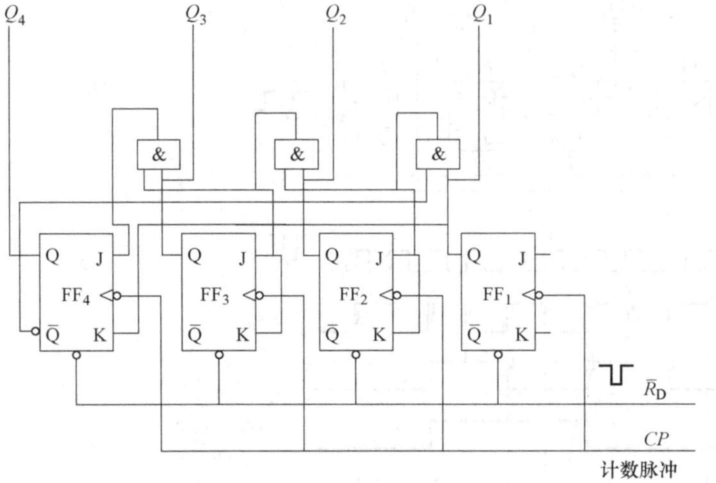

a)

计数脉冲	Q_4	Q_3	Q_2	Q_1
0	0	0	0	0
1	0	0	0	1
2	0	0	1	0
3	0	0	1	1
4	0	1	0	0
5	0	1	0	1
6	0	1	1	0
7	0	1	1	1
8	1	0	0	0
9	1	0	0	1
10	0	0	0	0

b)

图 9－22 同步十进制计数器

a）计数器 b）输出状态表

7490 中有两个复位输入端 R_1 和 R_2。当 R_1 和 R_2 都输入 1 时，所有四个触发器均被置 0，还有两个置位输入端 S_1 和 S_2，当 S_1 和 S_2 都输入 1 时，四个触发器被置成 $Q_DQ_CQ_BQ_A=1001$。

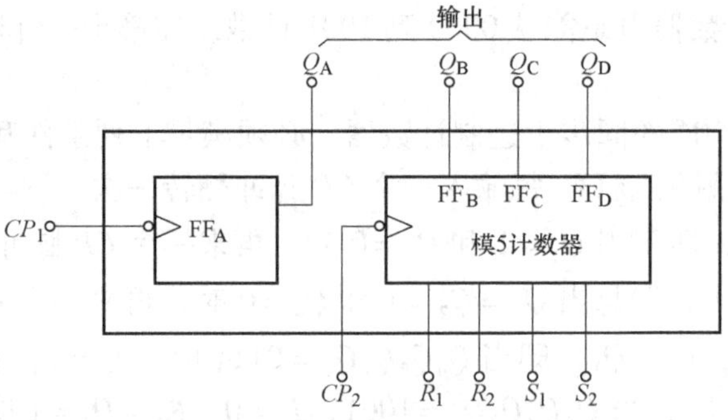

图 9－23 7490 计数器内部结构

7490 的功能表见表 9－2。当作为十进制计数器时，其计数状态表见表 9－3。

表 9－2 功能表

输入					输出			
CP	R_1	R_2	S_1	S_2	Q_A	Q_B	Q_C	Q_D
×	1	1	0	×	0	0	0	0
	1	1	×	0	0	0	0	0
	×	×	1	1	1	0	0	1
↓	×	0	×	0	计数			
	0	×	0	×				
	0	×	×	0				
	×	0	0	×				

表 9－3　状态表

计数 N	8421BCD 码				5421BCD 码			
	Q_D	Q_C	Q_B	Q_A	Q_A	Q_D	Q_C	Q_B
0	0	0	0	0	0	0	0	0
1	0	0	0	1	0	0	0	1
2	0	0	1	0	0	0	1	0
3	0	0	1	1	0	0	1	1
4	0	1	0	0	0	1	0	0
5	0	1	0	1	1	0	0	0
6	0	1	1	0	1	0	0	1
7	0	1	1	1	1	0	1	0
8	1	0	0	0	1	0	1	1
9	1	0	0	1	1	1	0	0

例 9－1　一计数器的逻辑图如图9－24所示，设其初始状态为 000，试说明其逻辑功能，并画出时序图。

解：由图 9－24 所示的逻辑图可知，输入的计数脉冲不是同时加在各触发器的输入端，故该计数器为异步计数器。

写出各触发器的逻辑方程（驱动方程）：

$J_0 = \overline{Q}_2$　　$K_0 = 1$　　$CP_0 = CP$

$J_1 = 1$　　$K_1 = 1$　　$CP_1 = Q_0$

$J_2 = Q_0 Q_1$　　$K_2 = 1$　　$CP_2 = CP$

列出逻辑状态表（见表 9－4）：

表 9－4　逻辑状态表

CP	$J_2 = Q_0 Q_1$	$K_2 = 1$	$J_1 = K_1 = 1$		$J_0 = \overline{Q}_2$	$K_0 = 1$	Q_2	Q_1	Q_0
0	0	1	1	1	1	1	0	0	0
1	0	1	1	1	1	1	0	0	1
2	0	1	1	1	1	1	0	1	0
3	1	1	1	1	1	1	0	1	1
4	0	1	1	1	0	1	1	0	0
5	1	1	1	1	1	1	0	0	0

由表 9－4 可知，经 5 个脉冲循环一次，该计数器为五进制异步计数器，其时序图（波形图）如图 9－25 所示。

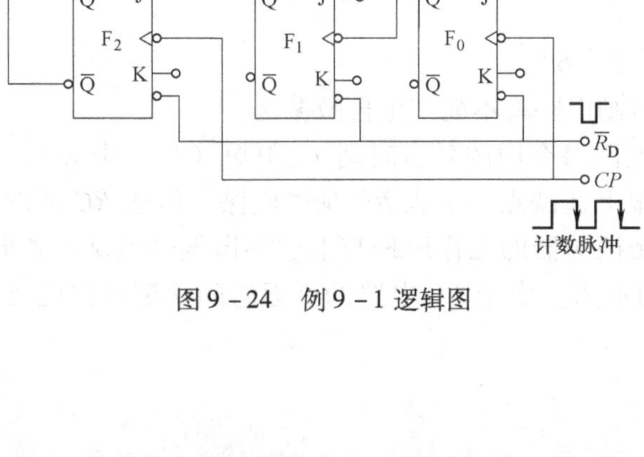

图 9－24　例 9－1 逻辑图

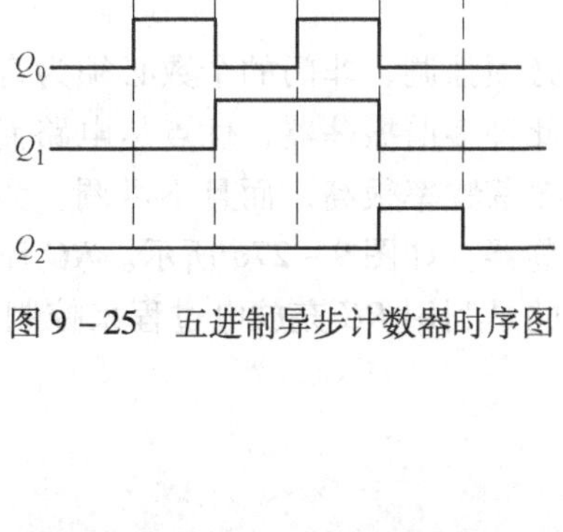

图 9－25　五进制异步计数器时序图

9.5 数字电路应用

9.5.1 脉冲波形的产生和整形

在数字系统中，有时需要解决脉冲信号的产生、整形、延时等问题，解决这些问题的单元电路有：多谐振荡器、单稳态触发器、施密特触发器等。

(1) 多谐振荡器

多谐振荡器是一种能产生方波的电路，它没有稳态，所以又叫做无稳态触发器。

利用逻辑门传输延迟时间，将非门1、2、3首尾相接，组成闭环电路，就构成多谐振荡器，又称为环形多谐振荡器，如图9-26a所示。

下面结合图9-26b所示的波形图，说明多谐振荡器的工作原理。

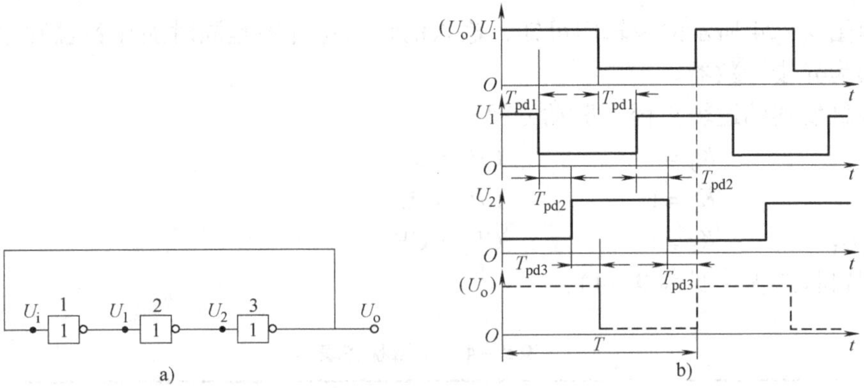

图9-26 多谐振荡器

a) 电路 b) 波形图

假设在时间 $t=0$ 时，输入电压 U_i 突然跳变为高电平，经过门1的传输延迟时间 T_{pd1}，门1输出低电平，然后再经过门2的延迟 T_{pd2}，门2输出高电平，再经门3的延迟 T_{pd3}，门3输出低电平 U_o，即 U_i 经过三个非门的传输延迟后变成低电平，经过三个非门延迟后，U_i 又变成高电平了。从图9-26b中可见，反馈信号 U_o 与原来假设的输入信号 U_i 一致，如此周而复始地进行下去，就形成了多谐振荡器，它常被用作时钟脉冲发生器，其振荡周期为

$$T=2\ (T_{pd1}+T_{pd2}+T_{pd3})$$

如各门的延迟时间相等，即 $T_{pd1}=T_{pd2}=T_{pd3}=T_{pd}$，则振荡周期和频率为

$$T=2\times 3T_{pd}=6T_{pd}$$

$$f=\frac{1}{T}=\frac{1}{6T_{pd}}$$

必须强调，非门的个数必须为奇数，否则电路将不能产生自激振荡。

此种多谐振荡器，优点是电路简单，但因每个门的延迟时间 T_{pd} 很短（只几十 ns），所以，振荡频率很高，而且不可调。为了克服上述缺点，引入 RC 延时电路，组成 RC 环形多谐振荡器，如图9-27a所示。RC 环形多谐振荡器的工作原理与上述多谐振荡器基本相同。不同的是利用 RC 充放电过程来控制门3的输入。由于 RC 电路的延迟时间比逻辑门的延迟

时间 T_{pd} 大得多，因此，在分析其工作原理时，可将 T_{pd} 忽略。

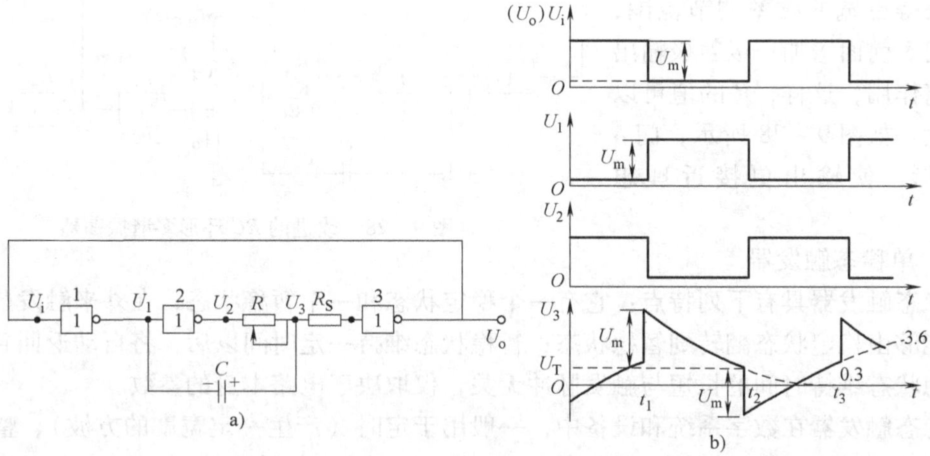

图 9－27 *RC* 环形多谐振荡器

a）电路 b）波形图

参看图 9－27b，分析其工作原理。

1）$t_1 \sim t_2$ 为第一种暂稳状态。

当 $t<t_1$ 时，U_i 为高电平，门 1 开启，所以 U_1 为低电平，门 2 关闭，输出 U_2 为高电平；此时，电容 C 处于充电状态。充电路径是门 2 的输出端→R→C→门 1 的输出端，电容 C 上电压（$=U_3$）按指数规律上升，极性如图 9－27 所示。

当 $t=t_1$ 时，U_3 上升到门 3 的门限电压 U_T（因为 R_S 很小，U_3 近似等于门 3 的输入电压），门 3 开启，输出低电平，使 $U_o=U_i$。门 1 关闭，U_1 上跳变 U_m。因为电容 C 上电压不能突变，所以，电压 U_3 跟着上跳变 U_m。这时，门 1 输出高电平，门 2 输出低电平。电路处于第一种暂稳状态。

当 $t>t_1$ 时，U_1 为高电平，U_2 为低电平，电容 C 通过门 1 的输出端→C→R→门 2 的输出端放电。U_3 随着电容 C 的放电而逐渐降低，但 U_3 未降到门 3 的门限电压 U_T 以前，仍为第一种暂稳状态。

2）$t_2 \sim t_3$ 为第二种暂稳状态。

当 $t=t_2$ 时，U_3 下降到门 3 的门限电压 U_T，门 3 关闭，输出电压 U_o 跳变为高电平，门 1 开启，输出 U_1 变为低电平，下跳变 U_m；门 2 关闭，U_2 为高电平，因为电容 C 上电压不能突变，所以 U_3 也随 U_1 下跳 U_m。电路翻转一次，门 1 输出低电平，门 2 输出高电平。电路进入第二种暂稳状态。

当 $t>t_2$ 之后，和 $t<t_1$ 状态相同，电容 C 又开始充电，U_3 按指数曲线上升。

当 $t=t_3$ 时，又重复 $t=t_1$ 的过程。上述过程周而复始地进行下去，就形成多谐振荡器。

R、C 为定时元件，改变 R、C 的值，可以改变振荡器频率 f。对于 TTL 与非门，R 值一般应小于 1000Ω，否则，电路将不能正常工作。R_S 为隔离电阻（比开门电阻小得多，通常取 100Ω 左右），在 *RC* 充放电回路和门 3 的输入端起隔离作用，若没有 R_S，门 3 的输入端与电容 C 相连，由于电容 C 的充放电，可能使门 3 的输入端变为负电位，这样就使通过门 3 中 VT_1 管基极串联的限流电阻 R_1 的电流大大增加，功耗可能过大。加入 R_S 之后，限制了上述电流，从而保护了门 3 中 VT_1 管的限流电阻 R_1。

为获得更宽的频率调节范围，可以在门 3 前面增加一级射极输出器起隔离作用，这样，R 的值可以取得较大。如图 9－28 所示，门 4 用来整形，使输出更接近理想方波。

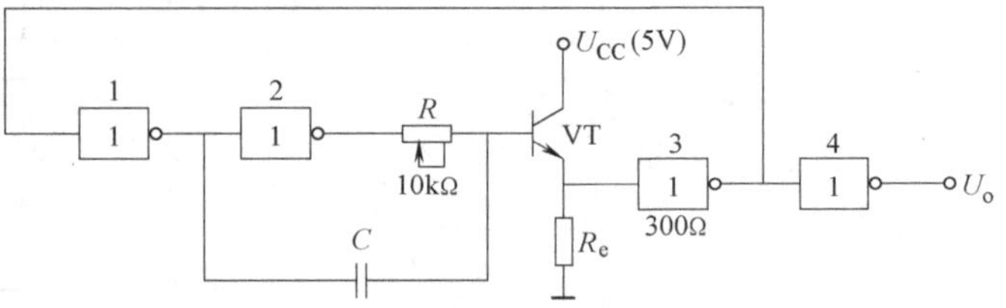

图 9－28　改进的 RC 环形多谐振荡器

（2）单稳态触发器

单稳态触发器具有下列特点：它有一个稳定状态和一个暂稳状态；在外来触发脉冲的作用下，能够由稳定状态翻转到暂稳状态；暂稳状态维持一定时间以后，将自动返回到稳定状态。暂稳状态维持时间的长短与触发脉冲无关，仅取决于电路本身的参数。

单稳态触发器在数字系统和设备中，一般用于定时（产生一定宽度的方波）、整形（把不规则的波形转换成宽度、幅度都相等的脉冲）和延时（使输入信号延迟一定时间之后输出）等。

图 9－29 所示为 TTL 微分型单稳态触发器电路。图中门 1 和门 2 起开关作用，R、C 是定时元件，R_i、C_i 组成输入微分电路，门 1 和门 2 之间采用 RC 微分电路耦合。从门 2 输出到门 1 输入之间采用直接耦合。

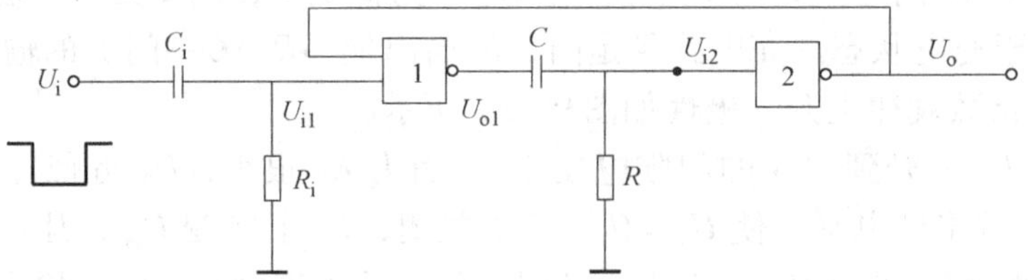

图 9－29　TTL 微分型单稳态触发电路

初始状态，门 1 开启，门 2 关闭。要求 R_i 值选得较大，使 $U_{i1} > U_T$，门 1 开启；R 值选得较小，使 $U_{i2} < U_T$，门 2 关闭。通常取 $U_{i2} \approx 0.5$。

门 1 开启，U_{o1} 为低电平；门 2 关闭，U_o 为高电平，电路处于稳定状态。

当外来触发信号 U_i 的负跳变到来时，经 R_iC_i 的微分，产生一个负的尖脉冲 U_{i1}，使门 1 关闭，U_{o1} 为高电平。因为电容 C 两端电压不能突变，所以，U_{i2} 也跳变为高电平，使门 2 开启，U_o 为低电平。U_o 反馈到门 1 的输入端，此时即使外加触发信号 U_i 消失，也能维持门 1 输出为高电平。这是一个强烈的正反馈过程，即

$$U_i\downarrow \rightarrow U_{i1}\downarrow \rightarrow U_{o1}\uparrow \; U_{i2}\uparrow \rightarrow U_o\downarrow$$

（$U_o\downarrow$ 反馈回 $U_{i1}\downarrow$）

这个过程很快结束，电路进入暂稳状态。

在暂稳态期间，门 1 的输出端经 R 对电容 C 充电，随着电容 C 两端电压不断升高，充电电流不断减小，U_{i2} 按指数规律下降。当 U_{i2} 降低到门限电压 U_T 之后，门 2 输出高电平，又产生一个正反馈的连锁反应过程，即

$$U_{i2}\downarrow \longrightarrow U_o\uparrow \longrightarrow U_{o1}\downarrow$$

使门 2 迅速关闭，U_o 为高电平；门 1 迅速开启，U_{o1} 为低电平，暂稳态结束，电路又返回到稳定状态。

这样，在输出端可以得到一定宽度的输出脉冲，改变 R 和 C 值，即可改变脉冲宽度 T_W，各点电压波形如图 9－30 所示。

暂稳态结束后，U_{o1} 为低电平，U_{i2} 也跟着 U_{o1} 下跳同样的幅度，电容 C 开始放电到稳态值。T_W 为输出脉冲宽度。

此种单稳电路，U_{i2} 必须小于 U_T，R 取值只能在较小的范围内变化，所以脉宽的可调范围小。图 9－31 所示是一种改进电路，通过增加一级射极跟随器将 R 和门 2 的输入端隔离，从而使 R 的取值范围得到扩大。

当外加触发信号的脉冲宽度小于单稳态输出脉冲宽度时，由 R_i 和 C_i 组成的输入微分电路可以省略。

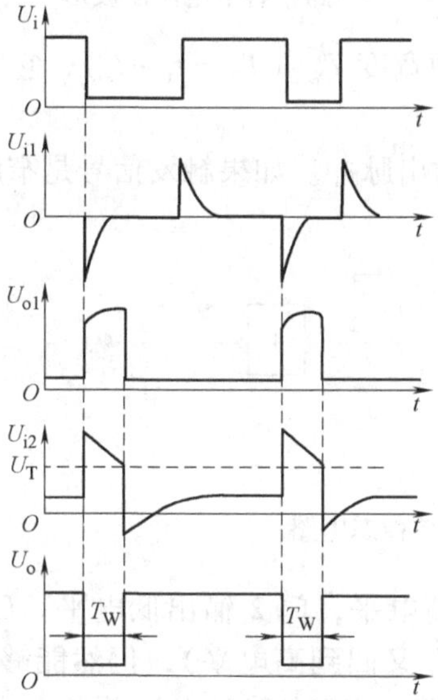

图 9－30　微分型单稳态电路中各点电压的波形

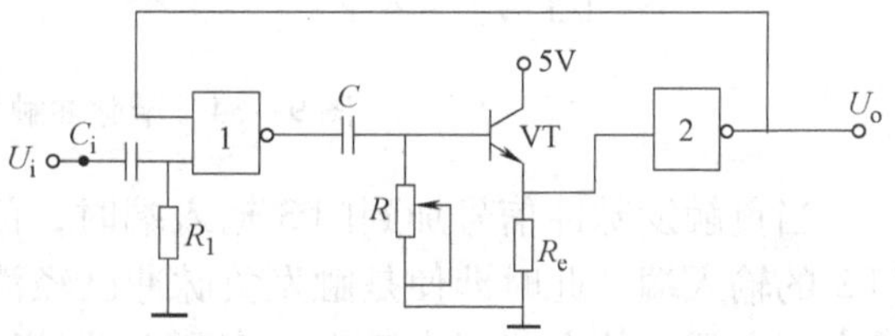

图 9－31　带射极跟随器的微分型单稳电路

图 9－32 所示为积分型单稳态触发器电路，图中门 1 和门 2 之间接有 R、C 积分延时环节，输入的触发信号 U_i 同时加到门 1 和门 2 的输入端。

图 9－33 所示为积分型单稳态触发器电路中各点电压的波形。

初始状态：$U_i=0$，门 1 和门 2 都关闭，输出均为高电平。此时，电容 C 被充电到高电平，U_{o1}、U_{i2} 和 U_o 均为高电平，这是触发器的稳定状态。

当 $t=t_1$ 时，输入触发信号 U_i 上跳变为高电平，门 1 开启，U_{o1} 为低电平。因为 U_{i2} 是电容 C 上电压不能突变，所以仍保持高电平，这样门 2 的两输入端都是高电平，门 2 开启输出低电平，电路进入暂稳状态。

在暂稳状态期间，电容 C 通过 R 经门 1 的输出端开始放电，U_{i2} 按指数曲线下降。当 U_{i2} 下降到 U_T 时（$t=t_2$），门 2 开始关闭，U_o 为高电平。待触发信号 U_i 下跳为低电平以后，门

1 又关闭。电容 C 从门 1 输出的高电平，经 R 开始充电，使 U_{i2} 恢复到稳态值（高电平），电路回到稳定状态。

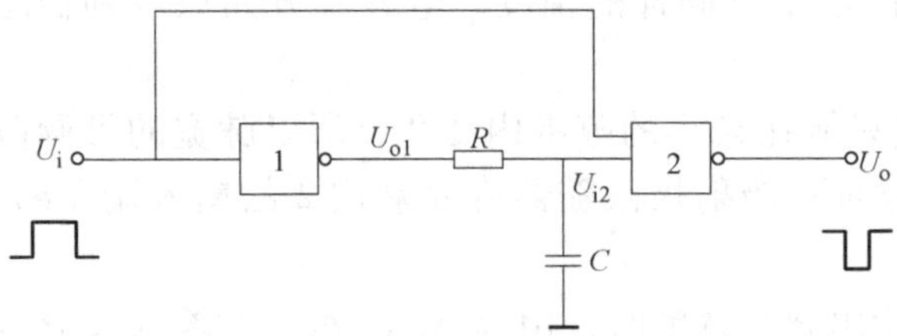

图 9－32　积分型单稳态触发器

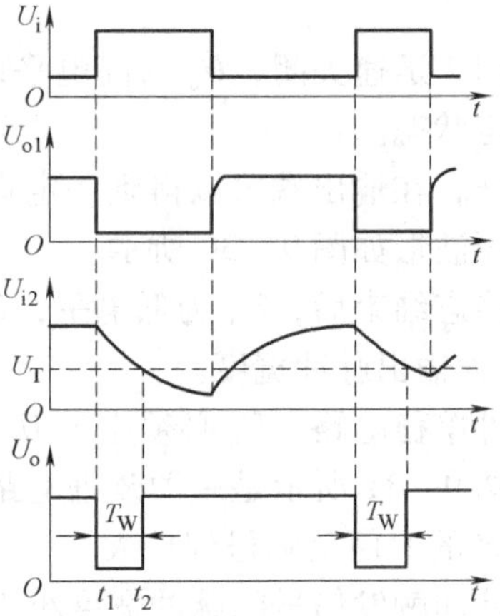

图 9－33　积分型单稳态触发器电路中各点电压的波形

显然，暂稳态持续时间就是单稳态触发器输出脉冲宽度 T_W（$T_W = t_1 \sim t_2$），它将取决于电容 C 的放电时间。

上述积分型单稳态电路触发脉冲的宽度必须大于输出脉冲。如果触发信号是窄脉冲，则应采用图 9－34 所示的改进电路。

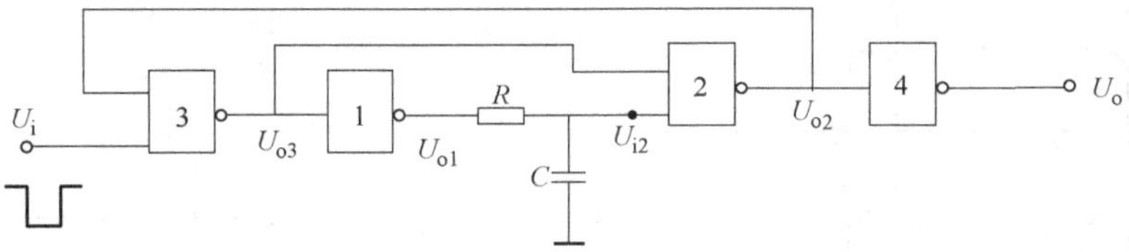

图 9－34　窄脉冲触发的积分型单稳态电路

当负触发脉冲信号加到门 3 输入端时，门 3 输出高电平，门 2 输出低电平。U_{o2} 反馈到门 3 的输入端，此时即使是触发负脉冲已经消失了（U_i 又回到高电平），仍然能够维持门 3 输出高电平，使电路正常工作，直到 U_{i2} 按指数曲线下降（RC 电路放电）为 U_T，门 2 才关闭，输出高电平。

由上述可见，此种单稳态触发器的输出脉冲宽度与输入脉冲宽度无关，只取决于 RC 电路的放电时间常数。图 9－34 中门 4 为整形用。

（3）施密特双稳态触发器

施密特触发器可用来整形，做脉冲鉴幅器和电平比较器等。由 TTL 与非门组成的施密特触发器如图 9－35a 所示。

当输入电压 U_i 为负或零时（设 U_i 为正弦波），门 1 输出为高电平，门 2 输出电压 U_o 为低电平，这是一个稳定状态。

U_i 增加到一定值时，二极管 VD 导通，此时加到门 1 输入端有两个电压：U_i 和 $U_i' \approx \frac{R_2}{R_1 + R_2}(U_i - U_D)$，$U_D$ 为二极管 VD 导通管压降。

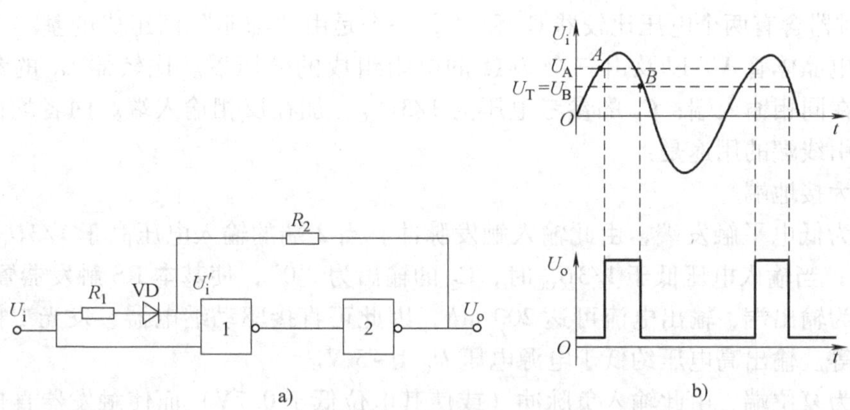

图9－35 施密特触发器

a）电路 b）波形图

当输入电压 U_i 增加到门限电压 U_T 时，由于 $U_i' < U_T$，所以，门1仍然关闭，输出高电平；门2开启，输出低电平，第一个稳定状态不变。

当 U_i 继续升高到图9－35b中 A 点电位 U_A 时，$U_i' = U_T$，门1开启，输出低电平。门2关闭，输出高电平，此时，电路翻转进入第二个稳定状态。

当 U_i 超过峰值又回降时，由于门2输出高电平，二极管VD截止，这时门1输入端只有1个电压 U_i 起作用。当 U_i 下降到 U_T 之后，门1输出高电平，门2输出低电平。电路翻转，又返回到第一个稳定状态。在如图9－35b中的B点位置，$U_B = U_T$（门限电压）。

改变 R_1 和 R_2 的值，即可改变 A 点位置。所以可以非常方便地调节电路的回差电压（$U_A - U_B$）。R_1 愈大，R_2 愈小，回差电压愈小。

9.5.2 555集成定时器

555集成定时器是一种模拟电路和数字电路相结合的中规模集成电路，其电路和外引线排列图如图9－36所示。

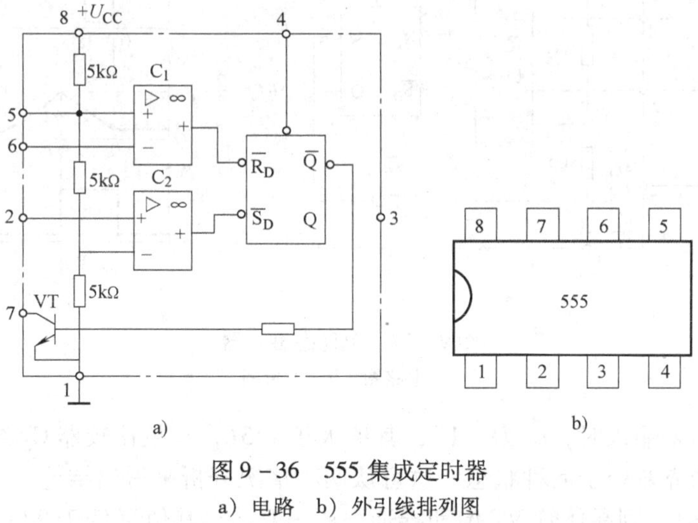

图9－36 555集成定时器

a）电路 b）外引线排列图

555 定时器含有两个电压比较器 C_1 和 C_2，一个是由“与非”门组成的基本 RS 触发器，另一个是放电晶体管 VT 以及由三个 5kΩ 的电阻组成的分压器。比较器 C_1 的参考电压为 $2/3U_{CC}$，加在同相输入端；C_2 的参考电压为 $1/3U_{CC}$，加在反相输入端。两者均由分压器上取得。各外引线端的用途是：

引脚 1 为接地端。

引脚 2 为低电平触发端，由此输入触发脉冲。当 2 端的输入电压高于 $1/3U_{CC}$时，C_2 的输出为“1”；当输入电压低于 $1/3U_{CC}$时，C_2 的输出为“0”，使基本 RS 触发器置“1”。

引脚 3 为输出端，输出电流可达 200 mA，因此可直接驱动继电器、发光二极管、扬声器、指示灯等。输出高电压约低于电源电压 U_{CC}1 ~3 V。

引脚 4 为复位端，由此输入负脉冲（或使其电位低于 0.7V）而使触发器直接复位（置“0”）。

引脚 5 为电压控制端。在此端可外加一电压以改变比较器的参考电压。不用时，经 0.01μF 的电容接“地”，以防止干扰的引入。

引脚 6 为高电平触发端，由此输入触发器脉冲。当输入电压低于 $2/3U_{CC}$时，C_1 的输出为“1”；当输入电压高于 $2/3U_{CC}$时，C_1 的输出为“0”，使触发器置“0”。

引脚 7 为放电端。当触发器的 $\overline{Q}$ 端为“1”时，放电晶体管 VT 导通，外接电容元件通过 VT 放电。

引脚 8 为电源端，可在 5 ~18V 范围内使用。

555 定时器应用广泛，举例如下：

（1）由 555 定时器组成的单稳态触发器

图 9 -37 所示是由 555 定时器组成的单稳态触发器。R 和 C 是外接元件，触发脉冲由 2 端输入。下面说明它的工作原理。

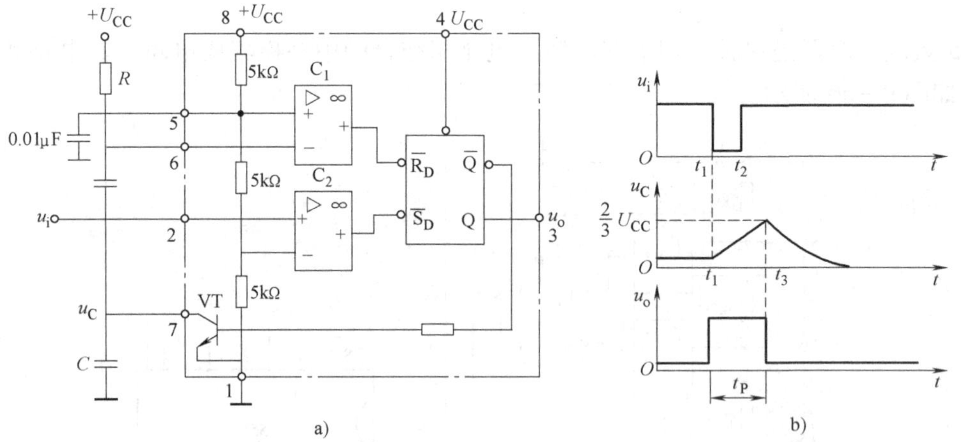

图 9 -37 单稳态触发器

a）电路图 b）波形图

当触发脉冲尚未输入时，u_i 为“1”，其值大于 $1/3U_{CC}$，故比较器 C_2 约输出为“1”。在稳定状态时触发器究竟处于何种状态？这可从两种情况分析来得出结论。

若 $Q=0$，$\overline{Q}=1$，则晶体管 VT 饱和导通，$u_C=U_{CES}$，其值远低于 $2/3U_{CC}$，故比较器 C_1

的输出也为“1”，触发器的状态保持不变。

若 $Q=1$，$\overline{Q}=0$，则晶体管 VT 截止，U_{CC}通过 R 对电容 C 充电，当 u_C 上升略高于 $2/3U_{CC}$时，比较器 C_1 的输出为“0”，将触发器置“0”，翻转为 $Q=0$，$\overline{Q}=1$。

可见，在稳定状态时 $Q=0$，即输出电压 u_o 为“0”。

在 t_1 时刻，输入触发负脉冲，其幅度低于 $1/3U_{CC}$，故 C_2 的输出为“0”，将触发器置“1”，u_o 由“0”变为“1”，电路进入暂稳状态。这时因 $\overline{Q}=0$，晶体管截止，电源对电容 C 充电。虽然在 t_2 时刻触发脉冲已消失，C_2 的输出变为“1”，但充电继续进行，直到 u_C 上升略高于 $2/3U_{CC}$时（在 t_3 时刻），C_1 的输出为“0”，从而使触发器自动翻转到 $Q=0$、$\overline{Q}=1$ 的稳定状态。此后电容 C 迅速放电。

输出的是矩形脉冲，其宽度（暂稳状态持续时间）

$$t_P = RC\ln 3 = 1.1RC$$

（2）由 555 集成定时器组成的多谐振荡器

图 9－38a 所示是由 555 定时器组成的多谐振荡器。R_1、R_2 和 C 是外接元件。

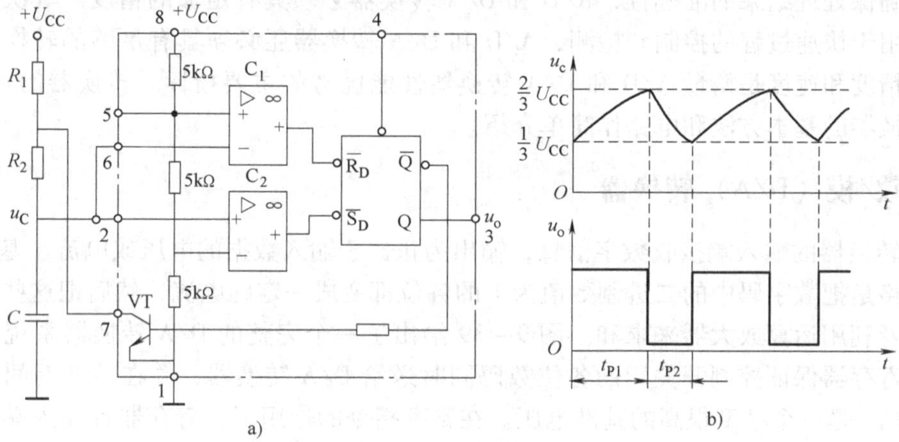

图 9－38　多谐振荡器

a）电路图　b）波形图

接通电源 U_{CC}后，它经电阻 R_1 和 R_2 对电容 C 充电，当 u_C 上升略高于 $2/3U_{CC}$时，比较器 C_1 的输出为“0”，将触发器置“0”，u_o 为“0”。这时 $\overline{Q}=1$，放电管 VT 导通，电容 C 通过 R_2 和 VT 放电，u_C 下降。当 u_C 下降到略低于 $1/3U_{CC}$时，比较器 C_2 的输出为“0”，将触发器置“1”。u_o 由“0”变为“1”。由于 $\overline{Q}=0$，放电管 VT 截止，U_{CC}又经 R_1 和 R_2 对电容 C 充电。如此重复上述过程，u_o 为连续的矩形波，如图 9－38b 所示。

第一个暂稳状态的脉冲宽度 t_{P1}，即 u_C 从 $1/3U_{CC}$充电上升到 $2/3U_{CC}$所需的时间为

$$t_{P1} \approx (R_1+R_2)C\ln 2 = 0.7(R_1+R_2)C$$

第二个暂稳状态的脉冲宽度 t_{P2}，即 u_C 从 $2/3U_{CC}$放电下降到 $1/3U_{CC}$所需的时间为

$$t_{P2} \approx R_2C\ln 2 = 0.7R_2C$$

振荡周期为

$$T = t_{P1} + t_{P2} \approx 0.7(R_1+2R_2)C$$

9.6 模拟量和数字量的转换

模拟量是随时间连续变化的量，如电压、电流、温度、压力等；而数字量是不连续变化的量，只有“1”和“0”两种状态。模、数之间的相互转换有着重要的意义。例如，要采用计算机对生产过程进行控制，必须首先将要求控制的模拟量转换为数字量，才能送到计算机中去进行运算和处理，然后将得到的数字量转换为模拟量，才能实现对被控制参数的控制。再如，在数字测量仪表中，也需要数字化。用数字电压表去测电压时，必须将模拟量电压转换为数字量，然后才能通过数字显示电路把电压的值显示出来。另外现代通信中，若把模拟信号数字化，具有不易受干扰的优点。还可以实现分时多路通信。

模拟量和数字量之间可以通过专门的装置进行相互转换。数字量转换为模拟量的装置，通常称为数/模转换器（简称 D/A 转换器）；将模拟量转换为数字量的装置，称为模/数转换器（简称 A/D 转换器）。

为了确保处理结果的准确性，A/D 和 D/A 转换器必须具有足够的精度。其次，为了将数字系统用于快速过程的控制和检测，A/D 和 D/A 转换器还必须具有足够的转换速度。因此，转换精度和速度是衡量 A/D 和 D/A 转换器性能优劣的主要指标。转换器的种类很多，本节对转换器的基本方法和电路作简单介绍。

9.6.1 数/模（D/A）转换器

D/A 转换器的输入端接收数字信息，输出为正比于输入数据的电压或电流。基本的D/A 转换器电路是把数字码中的二进制数值为 1 的各位都变成一定的电流，然后把这些电流直接求和，或者利用运算放大器来求和。图 9－39 给出了一个完整的 D/A 转换器系统的简化框图。数据寄存器保证控制开关用的各位数码同时送给 D/A 转换器，并在转换期间内保证数码不变。U_{REF}是一个精度很高的基准电压。在寄存指令的作用下，寄存器各输入端同时接收数码，并由寄存器的输出加到 D/A 转换部分，利用运算放大器求和，最后输出一个正比于输入数字数据的电压 U_o，从而实现数模转换。

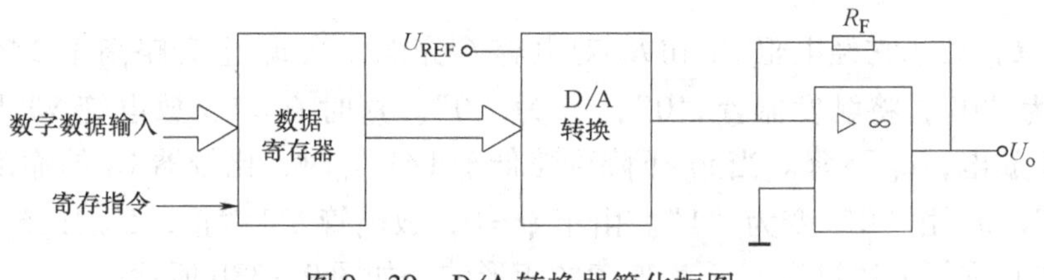

图 9－39 D/A 转换器简化框图

图 9－40 所示为 T 型电阻 D/A 转换器。当二进制代码为 1 时，开关 S 与基准电压 U_{REF}（U_R）相接；代码为 0 时，开关 S 与地连接。

当二进制数最高位为 1（S_1 接 U_{REF}），其他各位为 0（其他 S 均接地）时，它的等效电路如图 9－41a 所示。从节点（1）向左向右看过去的电阻均为 $2R$，若注意到运算放大器的虚地，则节点（1）的电位为 $U_R/3$。

图 9－41b 给出了 S_2 接 U_R、其他 S 均接地的等效电路。从节点（2）向左向右看过去的等效电阻仍为2R，节点（2）的电位仍为 $U_R/3$，经过分压传输到节点（1）的电位为 $U_R/6$。同理，当

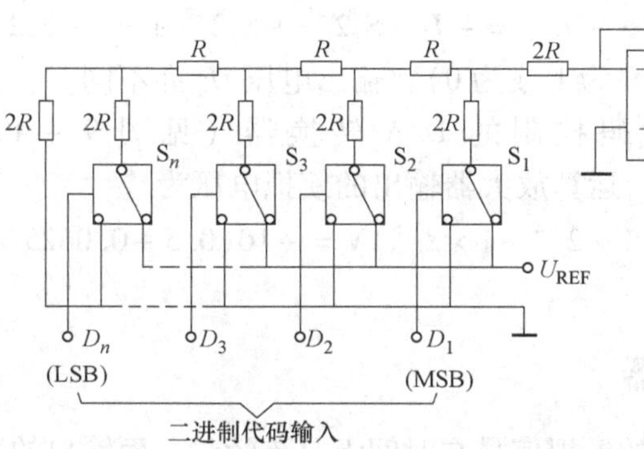

图9-40　T型D/A转换器

S_3 接 U_R，其他S都接地时，节点（3）的电位为 $U_R/3$，传输到节点（1）的电位将成为 $U_R/12$。如果有 n 位，在节点（n）的电位同样是 $U_R/3$，传输到节点（1）的电位将成$\frac{U_R}{3}\times 2^{-(n-1)}$。

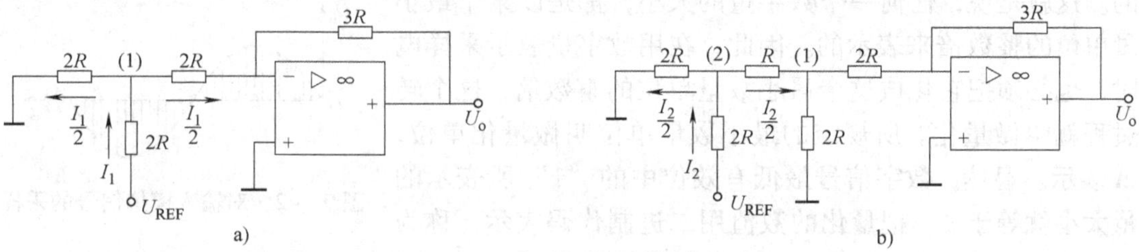

图9-41　图9-40中不同代码时的等效电路

在图9-40中，运算放大器闭环增益为$\frac{3R}{2R}=\frac{3}{2}$，如果 $U_R=10V$，二进制各代码相对输出电压如下。

S_1 接 U_R，其他S接地，输出电压为

$$U_{o1}=-\frac{3}{2}\frac{U_R}{3}=-\frac{3}{2}\frac{U_R}{3}2^0=-\frac{U}{2^1}=-\frac{10}{2}V=-5V$$

S_2 接 U_R，其他S接地，输出电压为

$$U_{o2}=-\frac{3}{2}\frac{U_R}{6}=-\frac{3}{2}\frac{U_R}{3}2^{-1}=-\frac{U_R}{2^2}=-\frac{10}{2^2}V=-2.5V$$

S_3 接 U_R，其他S接地，输出电压为

$$U_{o3}=-\frac{3}{2}\frac{U_R}{12}=-\frac{3}{2}\frac{U_R}{3}2^{-2}=-\frac{U_R}{2^3}=-\frac{10}{2^3}V=-1.25V$$

S_4 接 U_R，其他S接地，输出电压为

$$U_{o4}=-\frac{3}{2}\frac{U_R}{24}=-\frac{3}{2}\frac{U_R}{3}2^{-3}=-\frac{U_R}{2^4}=-\frac{10}{2^4}V=-0.625V$$

同理，S_n 接 U_R，其他S接地，输出电压为

$$U_{on}=-\frac{3}{2}\frac{U_R}{3}2^{-(n-1)}=-\frac{U_R}{2^n}$$

运用叠加原理，即可求出 n 位在不同代码控制下的输出电压为

$$U_o = U_{o1} + U_{o2} + \cdots + U_{on} = -U_R(S_1 2^{-1} + S_2 2^{-2} + \cdots + S_n 2^{-n})$$

不同的数字代码（即不同的 S 为 1 或为 0），输出电压 U_o 亦不同。

例如，由五位二进制数代码控制的 D/A 转换器（见图 9－40），它的代码为 $D_1D_2D_3D_4D_5 = 10011$，$U_R = 10$ V，运算放大器输出的模拟电压为

$$U_o = -10(1\times 2^{-1} + 0 + 0 + 1\times 2^{-4} + 1\times 2^{-5})\text{V} = -10(0.5 + 0.0625 + 0.03125)\text{V} = -5.9375\text{V}$$

9.6.2 模/数（A/D）转换器

在 A/D 转换器中，因为输入的模拟信号在时间上是连续量，而输出的数字信号代码是离散量，所以进行转换时必须在一系列选定的瞬间（即时间坐标轴上的一些规定点上）对输入的模拟信号采样，如图9－42所示。然后再把这些采样值转换为输出的数字量。因为数字信号不仅在时间上是离散的，而且在数值上的变化也是不连续的。这就是说，任何一个数字量的大小，都是以某个最小数量单位的整数倍来表示的。因此，在用数字量表示采样电压时，也必须把它化成这个最小数量单位的整数倍，这个转化过程就叫做量化。所规定的最小数量单位叫做量化单位，用 Δ 表示。显然，数字信号最低有效位中的“1”所表示的数量大小就等于 Δ。把量化的数值用二进制代码表示，称为编码。这个二进制代码就是 A/D 转换的输出信号。

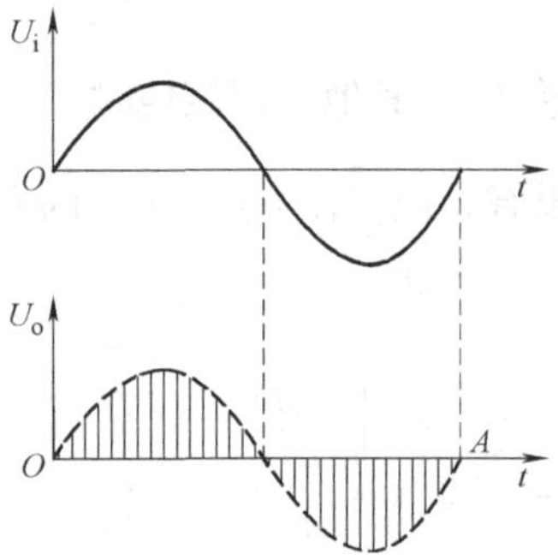

图 9－42　对输入模拟信号的采样

既然模拟电压是连续的，那么它就不一定能被 Δ 整除，因而不可避免地会引入误差，我们把这种误差称为量化误差。把模拟信号划分为不同的量化等级时，用不同的划分方法可以得到不同的量化误差。

假定需要把 0～+1V 的模拟电压信号转换成三位二进制代码，这时可取量化单位 Δ＝1/8V，并规定凡数值在 0～1/8V 之间的模拟电压都当做 0×Δ 看待，用二进制代码 000 表示；凡数值在 1/8～2/8V 之间的模拟电压都当做 1×Δ 看待，用二进制代码 001 表示；等等，见表 9－5。

表 9－5　量化电平分配方法之一

模拟电压/V	二进制表示形式	代表的模拟电压/V
1		
	111	$7\Delta = \frac{7}{8}$
$\frac{7}{8}$		
	110	$6\Delta = \frac{6}{8}$
$\frac{6}{8}$		
	101	$5\Delta = \frac{5}{8}$
$\frac{5}{8}$		
	100	$4\Delta = \frac{4}{8}$
$\frac{4}{8}$		
	011	$3\Delta = \frac{3}{8}$
$\frac{3}{8}$		
	010	$2\Delta = \frac{2}{8}$
$\frac{2}{8}$		
	001	$1\Delta = \frac{1}{8}$
$\frac{1}{8}$		
	000	$0\Delta = 0$
0		

不难看出，最大的量化误差可达 Δ，即 1/8V。为了减小最大量化误差，可以改用表 9－6 所示的划分方法，取量化单位 $\Delta = 2/15\text{V}$，并将 000 代码所对应的模拟电压规定为 0～1/15 V，即 $0 \sim \Delta/2$。这时，最大量化误差将减小为 $\Delta/2 = 1/15\text{V}$。

表 9－6　量化电平分配方法之二

模拟电压/V	二进制表示形式	代表的模拟电压/V
$\frac{13}{15} \sim 1$	111	$7\Delta = \frac{14}{15}$
$\frac{11}{15} \sim \frac{13}{15}$	110	$6\Delta = \frac{12}{15}$
$\frac{9}{15} \sim \frac{11}{15}$	101	$5\Delta = \frac{10}{15}$
$\frac{7}{15} \sim \frac{9}{15}$	100	$4\Delta = \frac{8}{15}$
$\frac{5}{15} \sim \frac{7}{15}$	011	$3\Delta = \frac{6}{15}$
$\frac{3}{15} \sim \frac{5}{15}$	010	$2\Delta = \frac{4}{15}$
$\frac{1}{15} \sim \frac{3}{15}$	001	$1\Delta = \frac{2}{15}$
$0 \sim \frac{1}{15}$	000	$0\Delta = 0$

图 9－43 所示为并行式 A/D 转换器。它由电阻分压器、比较器、寄存器、译码器和基准电压 U_R 等组成。输入模拟电压 U_i 的取值在 $0 \sim U_R$ 之间，经过译码器输出三位二进制数字信号。

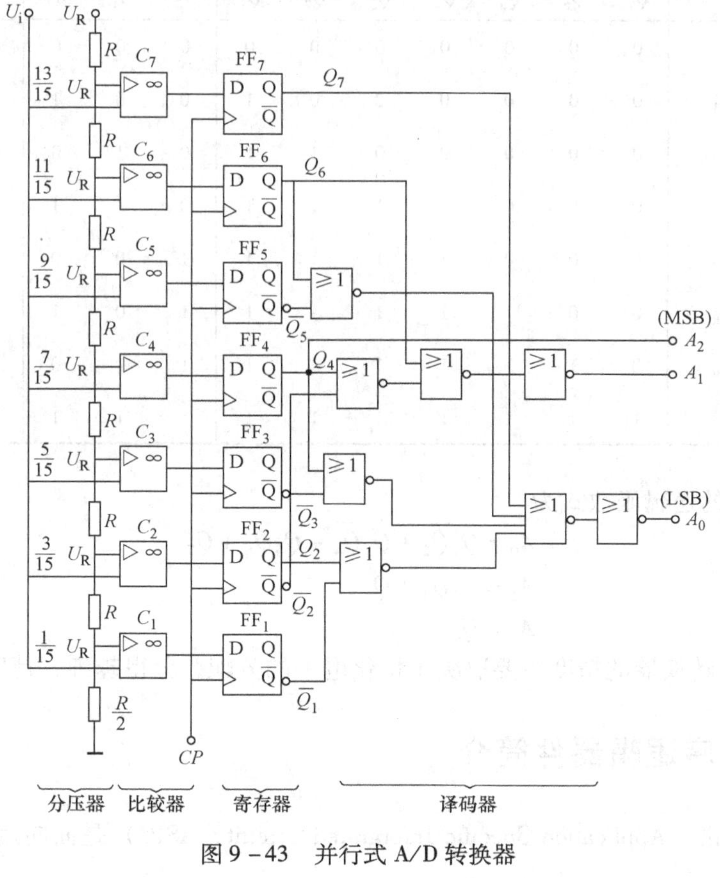

图 9－43　并行式 A/D 转换器

各部分作用简述如下：

分压器：由八个电阻串联而成，通过它将基准电压 U_R 分压。量化电平的分配方法采用表 9－6 中的形式，量化单位为 $2U_R/15$，从而得到从 $U_R/15$ 到 $13U_R/15$ 之间共七个比较电压。然后，把这七个比较电压分别接到由运算放大器构成的七个电压比较器 $C_1 \sim C_7$ 的一个输入端，输入模拟信号加到每一个电压比较器的另一个输入端。

比较器：比较基准电压和输入电压 U_i 的大小。当输入电压 U_i 大于某量化部分的比较电压时，相应的比较器输出为 1；当输入电压 U_i 小于比较电压时，输出为 0。

寄存器：由七个 D 触发器构成，受时钟脉冲 CP 的控制。将比较器输出的数字量存储在寄存器中，以便供译码器译码。

当 $U_i < U_R/15$ 时，所有比较器的输出全是低电平，当 CP 到来后，寄存器中全部触发器输出为 0。当 $U_R/15 \leqslant U_i < 3U_R/15$ 时，只有 C_1 输出为高电平，当 CP 到来后，FF_1 置 1，其余触发器仍为 0 态。当 $3U_R/15 \leqslant U_i < 5U_R/15$ 时，只有 C_1、C_2 输出为高电平，当 CP 到来后，触发器 FF1 和 FF2 置 1，其余为 0 态。依此类推，便可得到 U_i 为不同值时寄存器中各触发器的状态。寄存器的输出送到译码器。

译码器：由八个或非门组成，其作用是将比较器输出的代表模拟电压的数字量译成相应的三位二进制数。图 9－43 所示的并行式 A/D 转换器的转换对应关系见表 9－7。

表 9－7　并行式 A/D 转换器转换对应关系表

输入模拟电压 U_i	寄存器输出							数字输出			表示的模拟电压
	Q_7	Q_6	Q_5	Q_4	Q_3	Q_2	Q_1	A_2	A_1	A_0	
$0 \leqslant U_i < \frac{1}{15}U_R$	0	0	0	0	0	0	0	0	0	0	0
$\frac{1}{15}U_R \leqslant U_i < \frac{3}{15}U_R$	0	0	0	0	0	0	1	0	0	1	$\frac{2}{15}U_R$
$\frac{3}{15}U_R \leqslant U_i < \frac{5}{15}U_R$	0	0	0	0	0	1	1	0	1	0	$\frac{4}{15}U_R$
$\frac{5}{15}U_R \leqslant U_i < \frac{7}{15}U_R$	0	0	0	0	1	1	1	0	1	1	$\frac{6}{15}U_R$
$\frac{7}{15}U_R \leqslant U_i < \frac{9}{15}U_R$	0	0	0	1	1	1	1	1	0	0	$\frac{8}{15}U_R$
$\frac{9}{15}U_R \leqslant U_i < \frac{11}{15}U_R$	0	0	1	1	1	1	1	1	0	1	$\frac{10}{15}U_R$
$\frac{11}{15}U_R \leqslant U_i < \frac{13}{15}U_R$	0	1	1	1	1	1	1	1	1	0	$\frac{12}{15}U_R$
$\frac{13}{15}U_R \leqslant U_i < U_R$	1	1	1	1	1	1	1	1	1	1	$\frac{14}{15}U_R$

译码器输出的逻辑函数式为

$$A_0 = Q_1\overline{Q}_2 + Q_3\overline{Q}_4 + Q_5\overline{Q}_6 + Q_7$$

$$A_1 = Q_2\overline{Q}_4 + Q_6$$

$$A_2 = Q_4$$

并行式 A/D 转换器的精度主要取决于量化电平的分配，分得越细，精度越高。

9.7　可编程序逻辑器件简介

专用集成电路（Application Specific Intergrated Circuit，ASIC）是面向用户特定用途或特

定功能的大规模或超大规模集成电路。ASIC 有数字的、模拟的、数字与模拟混合的。按制造方式分为全定制 ASIC、半定制 ASIC、可编程 ASIC。可编程 ASIC 包括可编程序逻辑器件（Programmable Logic Device，PLD）和现场可编程序门阵列（Field Programmable Gate Array，FPGA）。它们是通过对器件编程的方法来实现 ASIC 的要求，达到数字系统集成化的目的。可编程序逻辑器件是20世纪80年代中期以来推出的大规模和超大规模集成电路。用户可借助 EDA 软件对 PLD 进行配置和编程来实现 ASIC 的要求。

9.7.1　可编程序逻辑器件的发展

可编程序逻辑器件按集成度来区分可分为简单 PLD（SPLD）和复杂 PLD（CPLD）。最早的可编程序逻辑器件是熔丝编程的只读存储器 PROM，由于结构的限制，只能完成简单的数字逻辑功能。其后，出现了一类结构上稍复杂的可编程序芯片，即可编程序逻辑器件（PLD），它能够完成各种数字逻辑功能。典型的 PLD 由一个“与”门和一个“或”门阵列组成，由于任意一个组合逻辑都可以用“与-或”表达式来描述，所以 PLD 能以乘积和的形式完成大量的组合逻辑功能。可编程序逻辑阵列 PLA 是这一阶段中的最早产品，它由一个“与”平面和一个“或”平面构成，但这两个平面的连接关系是可编程序的（在结构图中常用×表示）。PLA 器件既有现场可编程序的，也有掩膜可编程序的，虽然利用率高，但运行速度较慢，仅适用于小规模逻辑。随后出现了可编程序阵列逻辑 PAL。PAL 由一个可编程序的“与”平面和一个固定的“或”平面（在结构图中常用·表示）构成，或门的输出可以通过触发器有选择地被置为寄存状态。PAL 器件是现场可编程序的，但由于不便于用户使用和修改，目前已被淘汰。

然而，在 PAL 的基础上，随后发展出了一种通用阵列逻辑（Generic Array Logic，GAL）。它采用 EEPROM 工艺，彻底解决了熔丝型可编程序器件的一次可编程问题，实现了电可擦除、电可改写，其输出结构是可编程序的逻辑宏单元。由于 GAL 的设计具有很强的灵活性，所以至今仍被许多人使用。

上述 PLD 器件的一个共同特点是可以实现速度特性较好的逻辑功能、可实现紫外线可擦除和电可擦除。但由于阵列规模较小、片内寄存器资源不足、I/O 不够灵活以及编程不便等缺点，目前已被复杂 PLD 代替。

复杂 PLD 可分为复杂可编程序逻辑器件（Complex Programmable Logic Device，CPLD）和现场可编程序门阵列（FPGA）。同以往的 PAL 和 GAL 等相比较，FPGA/CPLD 的规模比较大，它可以替代几十甚至几千块通用 IC 芯片。这样的 FPGA/CPLD 实际上就是一个子系统部件。这两种器件兼容了简单 PLD 和通用门阵列的优点，它们都具有体系结构和逻辑单元灵活、集成度高以及适用范围宽的特点。可实现较大规模的电路，编程也很灵活。与 ASIC（Application Specific IC）相比，具有设计开发周期短、设计制造成本低、开发工具先进、标准产品无需测试、质量稳定以及可实时在线检验等优点，因此被广泛应用于产品的原型设计和产品生产（一般在10000件以下）之中。

9.7.2　PLD 的逻辑表示

随着半导体制造技术的进步，可编程序逻辑器件的种类日益增多。PLD 得到广泛应用。

9.7.2.1 PLD 中阵列交叉点的逻辑表示

PLD 逻辑阵列中交叉点的连接方式采用图 9－44 所示的几种逻辑表示。图 9－44a 表示实体连接，也就是行线和列线在这个交叉点处实在的连接上，这个交叉点是不可编程点，并在交叉点处打上黑实点。图 9－44b 表示可编程连接方式。无论 × 或⊗都表示该符号所在行线和列线交叉处是个可编程点，具有一个可编程单元。在采用熔丝工艺的 PLD 器件中，器件出厂后用户编程之前，所有可编程点处的熔丝都处于接通状态，习惯上都用 × 表示熔丝接通，因此可编程点处都打有 × 或⊗。然而，PLD 器件被用户编程后，可编程点上的熔丝有的烧断，有的接通。编程后在可编程点上仍打有 ×，这时的 × 表示可编程点被编程后熔丝接通。熔丝烧断的可编程点上的 × 消失，行线和列线不相接，这种情况用图 9－44c 表示。

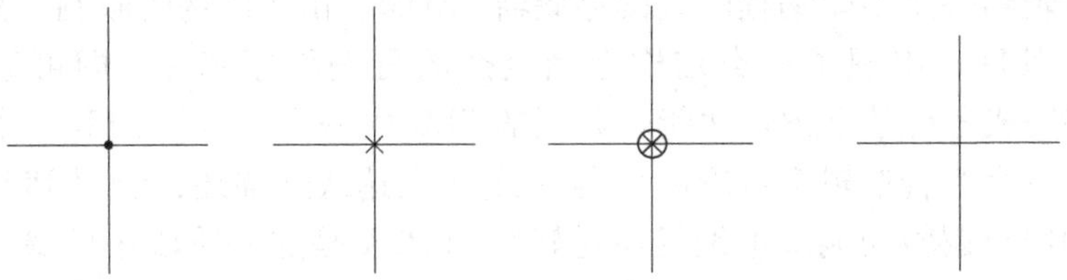

a)　　b)　　c)

图 9－44　阵列交叉点的 PLD 表示法

a）实体连接　b）可编程连接　c）编程后熔丝烧断

实际上对于无实体熔丝的 PLD 器件，编程后带 × 的行线和列线交叉点同一对 CMOS 管的导通相对应，无 × 的行线和列线交叉点同一对 CMOS 管的截止相对应。

9.7.2.2 PLD 中与阵列和或阵列的逻辑表示

一个可编程序的与阵列如图 9－45a 所示。由图可以看出，为实现用户现场编程，在二极管与门的各支路与输出之间接入熔丝。编程者可以有选择地将某支路施加大电流将熔丝烧断。熔丝烧断的支路其输入与输出断开；相反，熔丝保留的各支路的输入才成为有效输入。输出是熔丝保留各支路输入的与逻辑函数，若熔丝烧断，则各支路的输入在与函数中消失，实现可编程序的目的。图 9－45b 所示是图 9－45a 中的与阵列的 PLD 表示。图 9－45b 中有一条行线六条列线，有六个交叉点，所以画有六个叉。图 9－45a 和 b 是未编程之前或编程后熔丝全部保留的与阵列表示情况。输出可实现六条列线上的六个输入逻辑变量的与逻辑函数，$F(A, B, C) = A\overline{A}B\overline{B}C\overline{C} = 0$。图 9－45c 给出了烧断三个熔丝的情况，编程后实现的与逻辑函数是 $F(A, B, C) = \overline{A}B\overline{C}$。图 9－45d 所示是图 9－45c 给出的与阵列的 PLD 表示。

图 9－46a 是一个可编程的或阵列，其构成原理与可编程的与阵列相同。图 9－46b 所示是图 9－46a 给出的或阵列的 PLD 表示。或阵列的输入常常是与阵列的乘积项输出，或阵列的输出是编程后保留熔丝各支路输入乘积项之逻辑或。图 9－46c、d 给出实现 $F(P_1, P_2, P_3) = P_1 + P_3$ 的可编程序或阵列及其 PLD 表示。

一般说来，从阵列中选择熔丝加以摧毁的过程称为编程。编程一般借助 CAD 或 EDA 软件程序将要求的逻辑函数影射成熔丝图，然后再将熔丝图数据传送到专用编程器，由编程器选择并提供大电流来摧毁熔丝图中所指定的熔丝，进而完成编程。

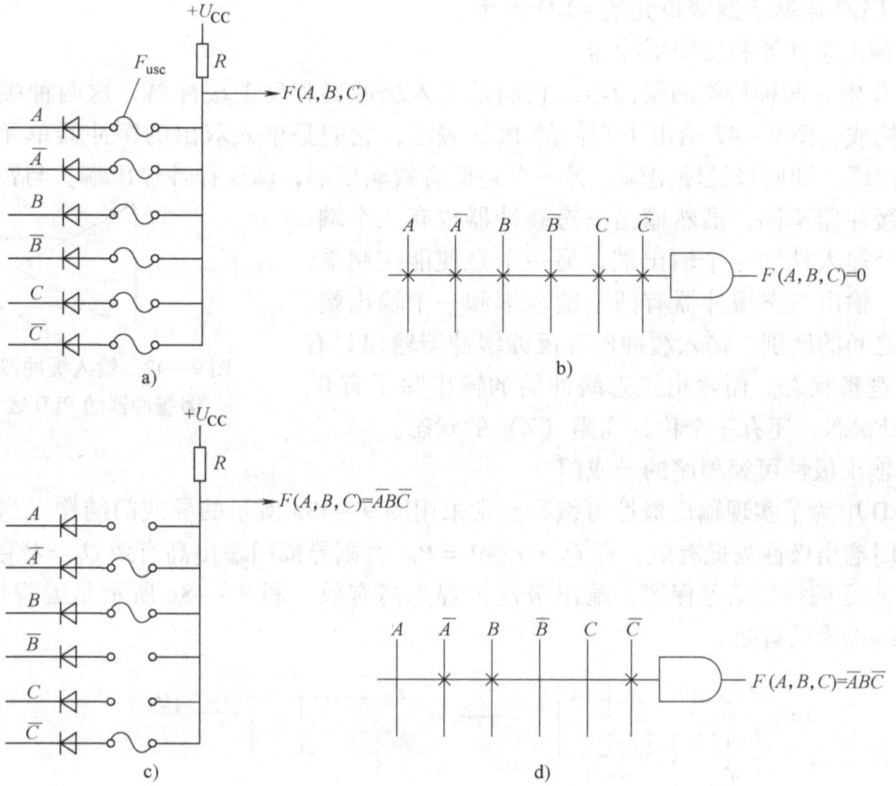

图 9－45　与阵列的 PLD 表示

a）可编程序的与阵列　b）未编程或编程后熔丝全保留与阵列的 PLD 表示

c）编程后的与阵列　d）实现 $F=\overline{A}B\ \overline{C}$ 的与阵列的 PLD 表示

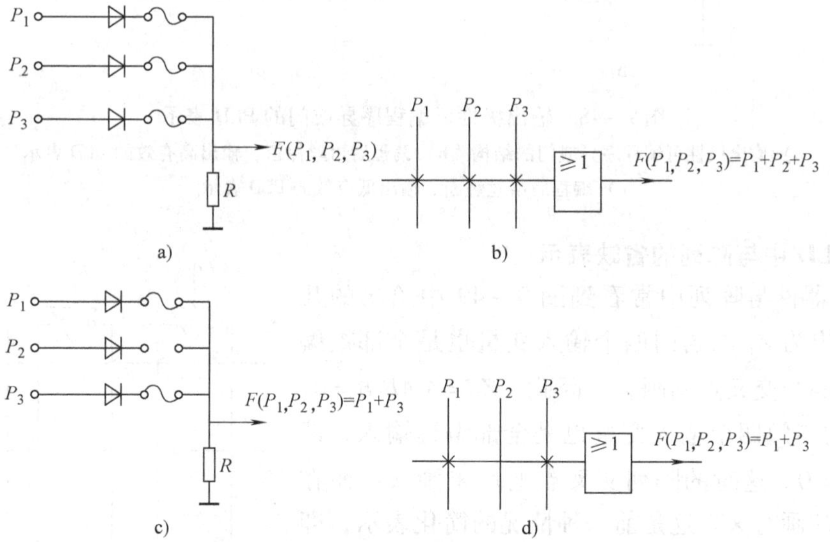

图 9－46　可编程序或阵列的 PLD 表示

a）可编程序的或阵列　b）未编程或编程后熔丝全保留或阵列的 PLD 表示

c）实现 P_1+P_3 的可编程序或阵列　d）实现 P_1+P_3 的可编程或阵列的 PLD 表示

9.7.2.3 PLD 中基本逻辑单元的 PLD 表示

（1）输入缓冲器和反馈缓冲器

在 PLD 中有两种特殊的缓冲器，它们是输入缓冲器和反馈缓冲器，这两种缓冲器有相同的电路构成，图 9－47 给出了它们的 PLD 表示，它们是单入双出的缓冲器单元，一个是高有效输出端，即同极性输出端；另一个是低有效输出端，即反极性输出端。与曾经学过的输出三态缓冲器不同，虽然输出三态缓冲器也有三个端，但只有一个输入端和一个输出端，另一个是使能控制端。原则上说，输出三态缓冲器有两个输入端和一个输出端。注意二者之间的区别。输入缓冲器和反馈缓冲器输出只有 0、1 两个逻辑状态。而输出三态缓冲器的输出除了有 0、1 两个逻辑状态，还有一个称为高阻（Z）的状态。

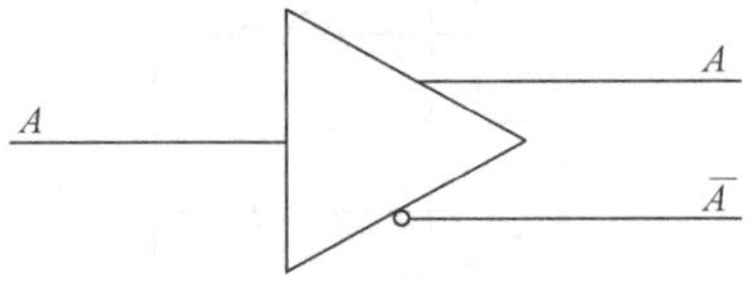

图 9－47　输入缓冲器和反馈缓冲器的 PLD 表示

（2）输出极性可编程序的异或门

在 PLD 中为了实现输出极性可编程，常采用图 9－48a 所示的异或门结构。当熔丝烧断时，异或门输出极性为低有效，即 $Q_0 = P \oplus 1 = \overline{P}$。否则异或门输出高有效 $Q_0 = P \oplus 1 = P$。图 9－48b 所示是编程后熔丝保留，输出极性编程为高有效。图 9－48c 所示是编程熔丝烧断，输出极性编程为低有效。

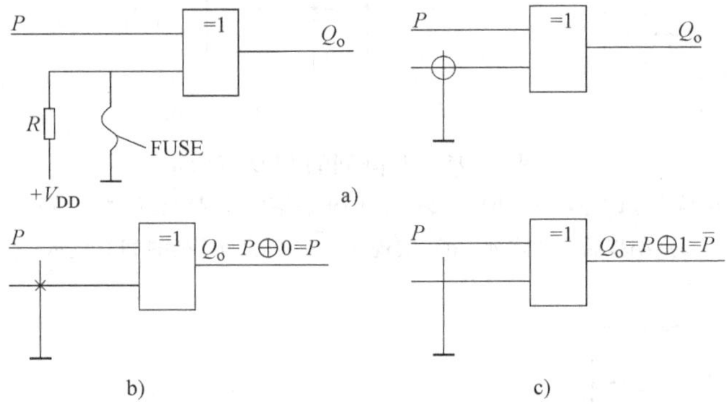

图 9－48　输出极性可编程序异或门的 PLD 表示

a）输出极性可编程序异或门的结构　b）编程后熔丝保留、输出高有效的 PLD 表示

c）编程后熔丝烧断、输出低有效的 PLD 表示

9.7.2.4 PLD 中与阵列的省缺表示

在 PLD 器件与阵列中常看到图 9－49 中给出的几种表示。输出为 Z_1 的与门四个输入变量也是全部被编程后输入，四个交叉点均画 ×。因此，$Z_1 = A\,\overline{A}B\,\overline{B} = 0$。输出为 Z_2 的与门四个输入变量也是全部编程输入，即 $Z_2 = A\,\overline{A}B\,\overline{B} = 0$。这时的阵列交叉点上均未画 ×，而在与门符号内却画有 ×。这是前一种情况的简化表示，即省缺表示。输出为 Z_3 的与门输入阵列交叉点上无 ×，与门符号内也无 ×，这是浮动状态的逻辑表示。浮动输入状态代表与阵列编程后熔丝全部熔断，四个输入全都

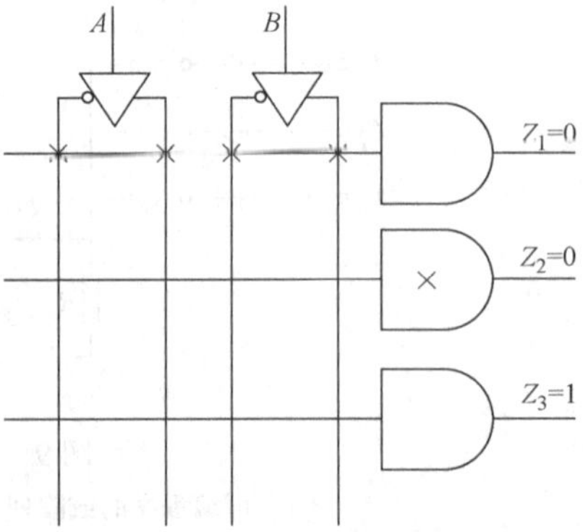

图 9－49　与阵列的省缺 PLD 表示

不同与门相接，相当与门输入悬空，与门输出为高电平，即输出高阻“Z”。

9.7.2.5　逻辑阵列的 PLD 表示法应用举例

实现两位串行进位加法器的原理框图如图9－50a所示。图中设定A_1、B_1、A_0、A_0、C_{-1}是输入，其相应引脚号设定为3、4、1、2、5。C_1、S_1、C_0、S_0设定为输出，其中C_0是第一级加法器的进位输出，也作为第二级加法器的级联输入。相应引脚号设定为7、9、6、8。图中C_{-1}是第一级加法器的级联输入。每一级加法器的标准方程式为

$$S_i=\overline{A}_i\overline{B}_iC_{i-1}+\overline{A}_iB_i\overline{C}_{i-1}+A_i\overline{B}_i\overline{C}_{i-1}+A_iB_iC_{i-1}$$

$$C_i=A_iB_i+A_iC_{i-1}+B_iC_{i-1}$$

实现这个两位串行进位加法器的阵列表示如图9－50b所示。由图9－50a可以看出，该加法器共有五个输入，而图9－50b中作为阵列的专用输入引脚只有四个。所以，将C_{-1}输入安排在5号引脚上。5号引脚表面上看是输出引脚，实际上由于5号引脚上的三态缓冲器受16号与门输出的逻辑“0”驱动而输出高阻，或阵列同5号引脚断开，5号引脚上的C_{-1}信号借助反馈缓冲器加入到与阵列作为输入。16号与门输出逻辑“0”是由于其可编程点编程后熔丝全部保留。6号引脚上的三态缓冲器受15号与门输出逻辑“1”驱动而使能，或阵列输出C_0信号加到6号引脚。同时，6号引脚的C_0信号又借助反馈缓冲器加入到与阵列，同A_1和B_1信号逻辑操作后形成S_1和C_1。6号引脚成为带反馈的输出引脚。

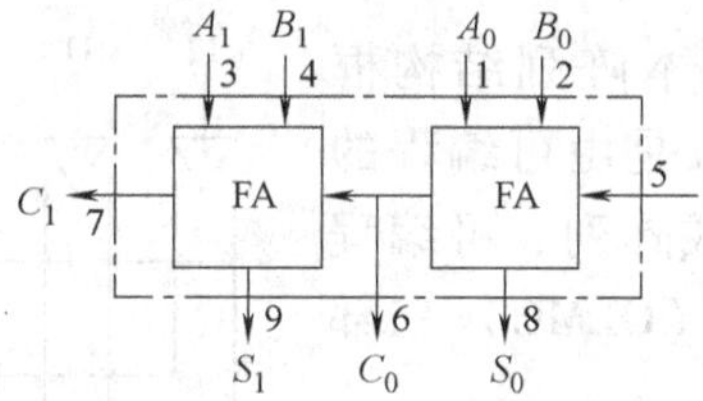

a)

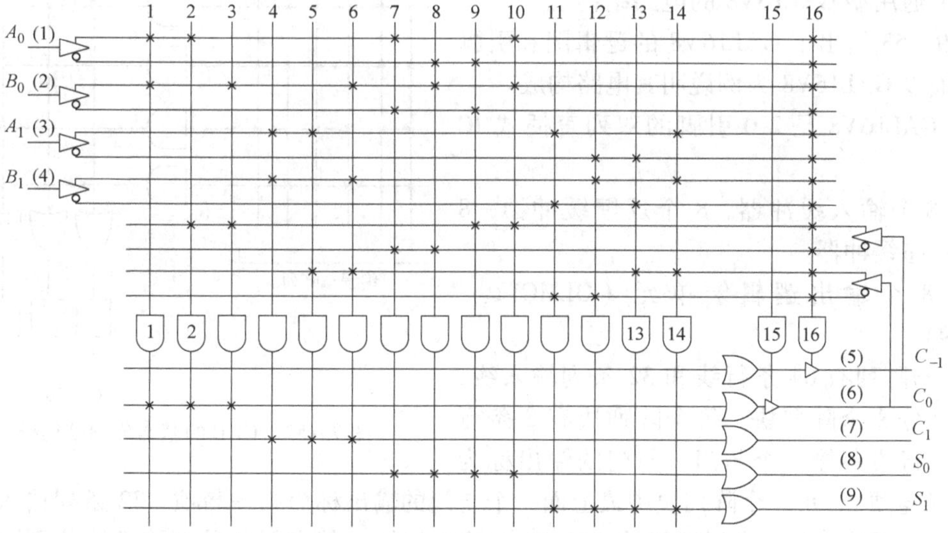

b)

图9－50　实现两位串行进位加法器阵列的 PLD 表示

a）加法器框图　b）阵列的 PLD 表示

9.7.3 简单 PLD 器件

在 PAL 的基础上发展的通用阵列逻辑（Generic Array Logic，GAL），如 GAL16V8，GAL22V10 等，它采用了 EEPROM 工艺，实现了电可擦除、电可改写，其输出结构是可编程的逻辑宏单元，因而它的设计具有很强的灵活性，至今仍被使用。另外，了解一些简单 PLD 的基本结构，也有助于学习和理解复杂 PLD 器件。

大部分简单 PLD 器件的主体是“与”阵列和“或”阵列，其基本结构如图 9－51 所示，下面以 GAL 器件为例简要说明。

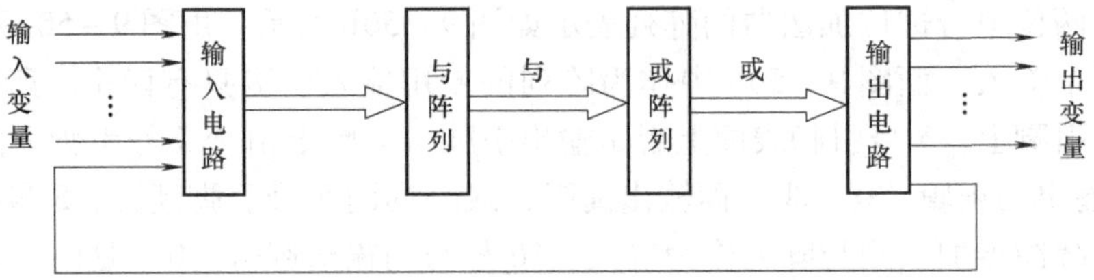

图 9－51 PLD 的基本结构框图

9.7.3.1 GAL 的结构及其工作原理

（1）GAL 的基本阵列结构

图 9－52 给出了 GAL 的基本阵列结构框图。由图 9－52 可以看出，GAL 是由可编程的与阵列、固定（不可编程）的或阵列、可编程的输出电路－输出逻辑宏单元（OLMC）三部分主要电路构成。

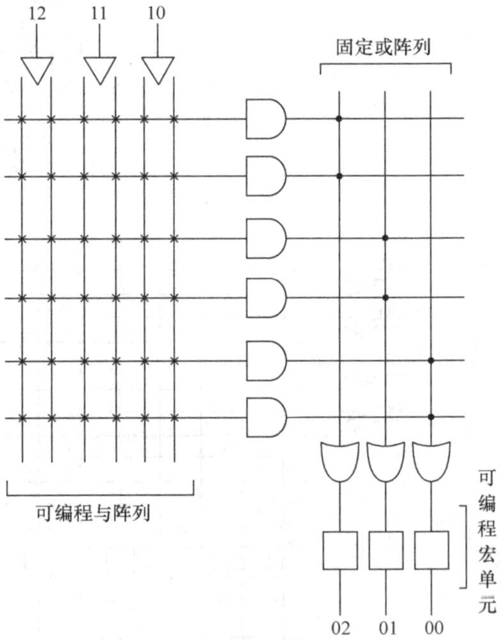

图 9－52 GAL 的基本阵列结构框图

（2）通用型 GAL16V8 的电路结构

图 9－53 给出了 GAL16V8 的逻辑图和引脚图。下面以 GAL16V8 为例说明其电路构成。

1）GAL16V8 是 2 0 引脚的双列直插式 IC 芯片。

2）8 个输入缓冲器，8 个反馈缓冲器，8 个输出三态缓冲器。

3）8 个输出逻辑宏单元（OLMC12 ~ OLMC19）。

4）与阵列有 64 条行线和 32 条列输入线，与阵列共分 8 个阵列块。每个阵列块有 8 条行线，每条行线各接一个与门。与门的输出称为乘积项（与项）。每一个阵列块中最上面一个与门的输出称为第一与项。32 条列输入线分别同 8 个输入缓冲器和 8 个反馈缓冲器的 32 个输出相接，其中偶数号列输入线分别同各缓冲器的原变量输出端相接，而奇数号列输入线分别同各缓冲器的反变量输出端相接。或阵列由 8 个或门组成，8 个或门分别画在 8 个输出逻辑宏单元（OLMC）中。

5）1 号引脚（I/*CK*）经一级缓冲器引至 OLMC 的 *CK* 端和 OLMC19 的 *m* 端。

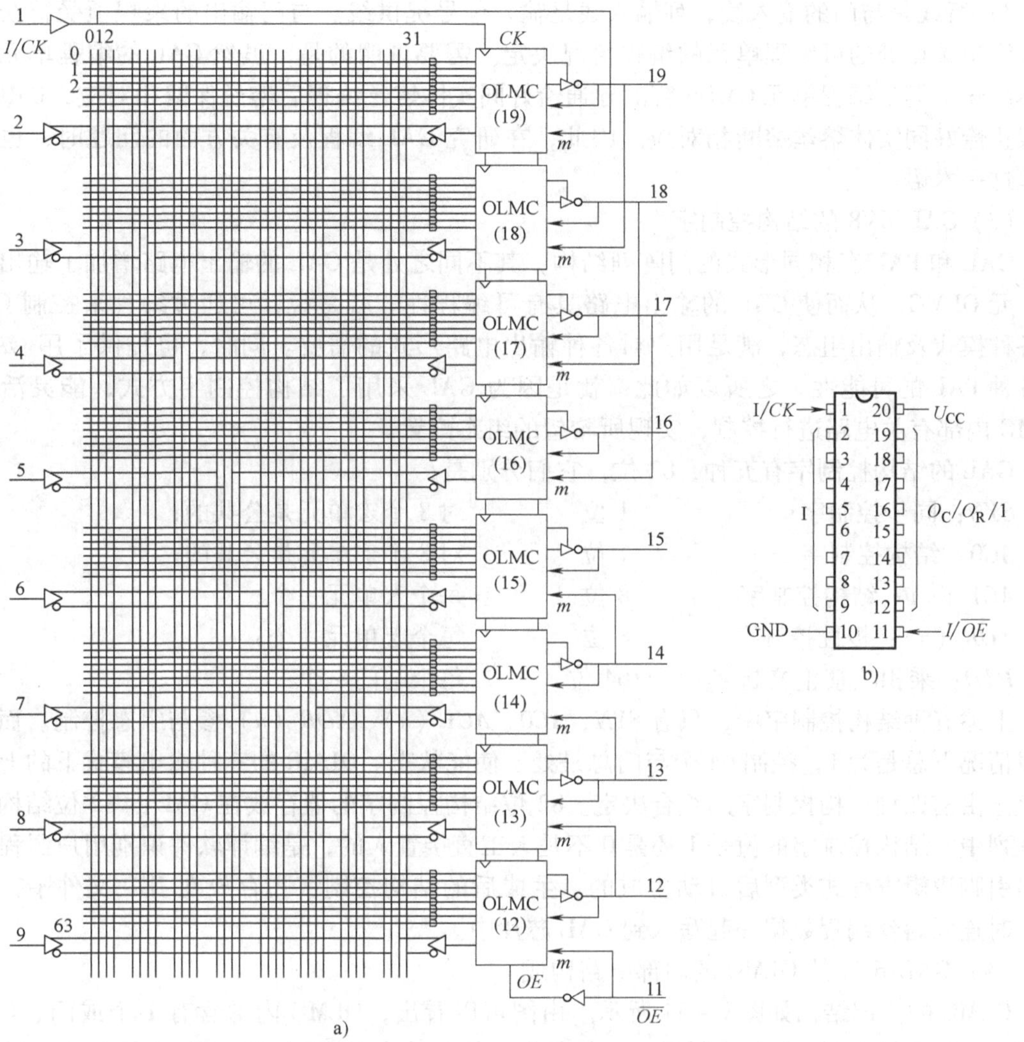

图9－53　GAL16V8的逻辑图和引脚图

a）GAL16V8的逻辑图　b）GAL16V8的引脚图

6）8个OLMC的内部电路结构完全相同，外部引线稍有不同，每个OLMC都有一个标有m（邻级号）的端子。此端子同邻级OLMC输出端的引线相接，若用n表示本级号，用m表示邻级号，则OLMC13～OLMC15的邻级号$m=n-1$，OLMC16～OLMC18的邻级号$m=n+1$。然而OLMC12的m端与11号引脚相连，OLMC19的m端与1号引脚（经一级缓冲器）相接。OLMC15和OLMC16没有去邻级引线，这是这两个输出逻辑宏单元与其他6个宏单元的不同之处。也就决定与OLMC15和OLMC16相接的两个引脚（15、16）只能做输出引脚而不能做输入引脚。综上可看出2、3、4、5、6、7、8、9各引脚是专用输入引脚，1、11、12、13、14、17、18、19各引脚可通过编程组态为输入引脚，也就是说共有16个引脚可设置为输入。这时，只有15号和16号引脚可做输出引脚。其中的12、13、14、17、18、19这6个引脚可通过组态设置为输出引脚，加上15和16两个专用输出引脚，共有8个引脚可做输出引脚。这也是GAL16V8命名的由来。

7）行线是与门的输入线，列输入线是输入信号提供线。与门输出的乘积项受行线和列输入线交叉点处的可编程单元的编程情况决定。需要说明的是，虽然GAL的编程单元不是实体熔丝，但是编程单元CMOS管的导通恰好同实体熔丝编程后熔丝保留相对应，CMOS管的截止恰好同实体熔丝熔断相对应。因此，在研究GAL编程及有关方面的问题时，也借用熔丝这一术语。

（3）GAL16V8的结构控制字

GAL和PAL有相同形式的门阵列结构，其不同之处是GAL的输出电路增加了输出逻辑宏单元OLMC。从而使GAL的输出电路具有可编程性。就是说，可通过编程来控制OLMC的各种模式及输出组态，满足用户对各种输出电路形式的需要。同时，也提供了用GAL仿制各种PAL的可能性。之所以如此，就是因为GAL采用了结构控制字方式，能灵活地对OLMC内部有关电路进行控制，实现所希望的组态配置。

GAL的结构控制字有五种，82位，它们分别是：

SYN：同步控制字	1位	对8个宏单元是公共的；
*AC*0：结构控制字	1位	对8个宏单元是公共的；
*AC*1（*n*）：结构控制字	8位	每个宏单元一个；
XOR（*n*）：极性控制字	8位	每个宏单元一个；
PTD：乘积项禁止控制字	64位	每个与门一个；

上述五种结构控制字中，只有*SYN*、*AC*0、*AC*1（*n*）、*XOR*（*n*）参与组态控制。而PTD一般情况下总是为1，控制64个与门总是处于使能状态。OLMC的三种输出模式下的七种逻辑组态由前四种结构控制字的组合决定。82位结构控制字的值存放在GAL的82位结构控制字阵列中。结构控制字的值是1还是0不是人工直接置入的，是编译软件识别用户源程序的输出引脚逻辑方程式类型后自动生成的。生成后的结构控制字先存放在JED文件中，编程写入时连同熔丝编程数据一起写入到GAL芯片中。

（4）GAL16V8的OLMC的内部电路构成

OLMC的内部结构如图9－54所示。由图可以看出，OLMC内部含有1个或门、1个异或门、1个D触发器、2个控制门、4个多路开关。其中PTMUX和OMUX是二选一数据选择器，TSMUX和FMUX是四选一数据选择器。对于FMUX而言，形式上有三个控制端，分别受*AC*0、*AC*1（*n*）、*AC*1（*m*）控制。当*AC*0＝0时，*AC*1（*n*）不起作用，仅有*AC*0和*AC*1（*m*）起作用。当*AC*0＝1时，*AC*1（*m*）不起作用。FMUX的数据输入端上的"—"就表示相对应的结构控制字不起作用。实际上，起作用的控制信号只有两个，因此，FMUX是四选一数据选择器。

（5）GAL16V8的OLMC工作原理

1）D触发器：D触发器用来存储异或门的输出信号，进而满足构成各种时序电路的要求。8个OLMC中的D触发器受来自1号引脚的时钟信号*CK*同步控制。这就决定了8个OLMC中只要有一个D触发器工作那就一定要用到1号引脚的*CK*信号，只有8个OLMC全都为组合电路时，1号引脚方可用来作组合电路的一个输入。

2）PTMUX：PTMUX称为乘积项多路开关。PTMUX数据端信号分别来自地电平和本组与阵列的第一与项（第一乘积项），这两个数据信号中哪个能成为或门的输入要由与非门G_1的输出决定。当$AC0AC1(n)=11$时，$\overline{AC0AC1(n)}=0$，地电平被选中成为或门的输入。

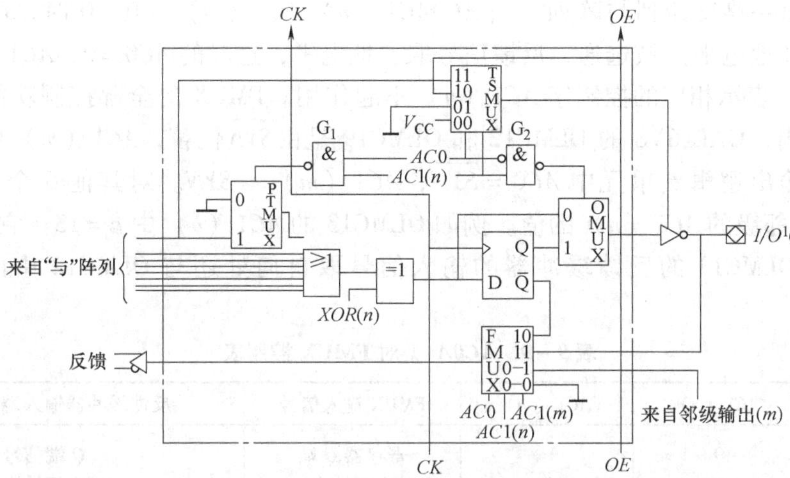

图9-54 OLMC的内部结构

$AC0$、$AC1$（n）中只要有一个为0时，$AC0AC1$（n）=1，第一与项被选中成为或门的输入。不难看出，PTMUX主要功能是在$AC0$和$AC1$（n）控制下，用来决定第一与项是否成为或门的一个输入信号。

3）OMUX：OMUX称为输出多路开关。OMUX的数据输入信号分别来自D触发器的Q端和异或门的输出。当$AC0AC1$（n）=10时，混合逻辑门G_2的输出为1，OMUX将D触发器的输出和输出三态缓冲器输入接通，这时该输出逻辑宏单元成为时序电路。在$AC0$和$AC1$（n）为其他值时，G_2输出为0，OMUX将异或门输出和三态缓冲器的输入接通，这时宏单元成为组合电路。可见OMUX的功能是在$AC0$和$AC1$（n）控制下能决定输出逻辑宏单元是时序电路还是组合电路。

4）TSMUX：TSMUX称为三态多路开关。它用于从V_{CC}、地电平、OE、第一与项这四路信号中选出一路作为输出三态缓冲器使能端的控制信号。例如，TSMUX的地址控制信号$AC0AC1$（n）=11时，TSMUX将标记11的一路输入端信号（第一与项信号）送到它的输出端。此时，第一与项信号成为输出三态缓冲器的使能端的控制信号。可见，在这个条件下，对第一与项进行编程写入后，若第一与项输出为1，输出三态缓冲器导通。编程写入后，若第一与项输出为0，输出三态缓冲器禁止。$AC0AC1$（n）对TSMUX的全部控制作用见表9-8。

5）FMUX

表9-8 $AC0AC1$（n）对TSMUX控制表

$AC0$	$AC1$（n）	TSMUX输入信号	输出三态缓冲器状态
0	0	U_{CC}	导通
0	1	地电平	高阻
1	0	OE	OE=1，导通 OE=0，高阻
1	1	第一项	用户编程定义

FMUX称为反馈多路开关。FMUX用于从寄存器$\overline{Q}$端、本级输出、邻级输出、地电平这

四路信号中选出一路反馈到与阵列。当 $AC0AC1(n)AC1(m)=0-0$ 时，FMUX 上标为 0-0的输入端（地电平）被选通，反馈信号取自地电平，这时的 $AC0=0$，$AC1(n)$ 不起作用，即画“—”表示相应的控制字 $AC1(n)$ 不起作用。FMUX 的全部控制功能见表 9-9。这里需强调指出，GAL16V8 的 OLMC12 和 OLMC19 是由 $\overline{SYN}$ 代替，$AC1(m)$ 由 SYN 代替，也就是这两个输出逻辑宏单元中 $AC0=\overline{SYN}$，$AC1(m)=SYN$。对其他 6 个 OLMC 来说，$AC1(m)$ 等于邻级的 $AC1(n)$ 的值。例如 OLMC13 的 $AC1(n)$ 中 $n=13$，它的 $AC1(m)$ 中 $m=12$，即 OLMC13 的反馈缓冲器的输入信号取自何处还与 OLMC12 中的 $AC1(12)$ 有关。

表 9-9 $AC0AC1$ 对 FMUX 控制表

$AC0$	$AC1(n)$	$AC1(m)$	FMUX 输入信号	反馈缓冲器输入端信号来源
1	0	—	寄存器 $\overline{Q}$ 端	$\overline{Q}$ 端信号
1	1	—	本级输出	本级输出
0	—	1	邻级输出	邻级输出
0	—	0	地电平	地电平

9.7.3.2 GAL 的工作模式和逻辑组态

若想发挥 GAL 器件的优点，实现理想的逻辑设计，掌握 GAL 的输出宏单元的工作模式及其逻辑组态是至关重要的。

GAL16 系列器件的 OLMC 共有三种工作模式，它们是寄存器模式、复杂模式、简单模式。编译软件根据用户源文件中输出引脚定义方程式的类型，自动设置 SYN 和 $AC0$ 的结构控制字的值。从而设定 OLMC 工作在哪一工作模式。因此，三种工作模式的设定对用户而言是透明的。换句话说，OLMC 工作模式的设定是用户由输出引脚定义方程来决定的。用户源文件中输出引脚定义方程有三种类型：A 型、B 型、C 型。图 9-55a 给出了输出引脚定义方程的类型同三种工作模式的关系。

编译软件见到用户源文件中引脚定义方程式中只要有 A 型，就将 SYN 和 $AC0$ 自动设置为 $SYNAC0=01$，各 OLMC 设定为寄存器模式。若源文件中引脚定义方程全是 B 型，编译软件将 SYN 和 $AC0$ 自动设置为 $SYNAC0=11$，各 OLMC 设定为复杂模式。若输出引脚定义方程全是 C 型，或者部分是 C 型，而另一部分输出引脚定义为输入，SYN 和 $AC0$ 被自动设置为 $SYNAC0=10$，各 OLMC 设定为简单模式。输出逻辑宏单元三种模式又细分成七种逻辑组态，其隶属关系如图 9-55b 所示。这里仅介绍其中两种组态。

（1）寄存器模式下寄存器输出组态

当用户源文件中输出引脚定义方程全都是 A 型时，编译软件除了设定 $SYNAC0=01$ 外，还将 $AC1(n)$ 全部设置为 0，即 $SYNAC0AC1(n)=010$，这时各 OLMC 都是寄存器输出。由于 OLMC 内部 FMUX 可将 D 触发器的 $\overline{Q}$ 端信号返回到与阵列，所以用户可以在一个 OLMC 输出引脚定义方程中将另一寄存器输出引脚的信号作为输入使用。这种组态下，每个输出引脚的逻辑方程中乘积项个数可达到 8 个。GAL 芯片在这种组态工作时，1 号引脚只能做 D 触发器的同步脉冲 CK 的输入端，11 号引脚 $\overline{OE}$ 必须接低电平。

（2）简单模式无反馈组合输出组态

在简单模式下，输出引脚定义方程全是 C 型，编译软件将相应各宏单元的结构控制字

输出引脚方程类型	输出引脚定义方程式	工作模式
A型	引脚名:=逻辑方程式	*SYN*=0 *AC*0=1寄存器模式
B型	引脚名=逻辑方程式 引脚名 .*OE*=逻辑方程式	*SYN*=1 *AC*0=1复杂模式
C型	引脚名=逻辑方程式	*SYN*=1 *AC*0=0简单模式

a)

寄存器模式:	① 寄存器输出组态	② 组合输出组态	
复杂模式:	③ 有反馈组合输出	④ 无反馈组合输出	
简单模式:	⑤ 无反馈组合输出组态	⑥ 本级组合输出邻级输入组态	⑦相邻输入组态

b)

图　9－55

a）OLMC 的工作量模式同引脚定义方程的关系　b）三种模式和七种组态的关系

置成 *SYNAC0AC*1（*n*）：100。输出引脚定义方程是 C 型的各宏单元均为组合输出组态。可是，这时的 15 号和 16 号宏单元的 FMUX 只将“地”信号反馈到与阵列，又不能借助专门输入的邻级构成有效反馈，这种输出组态不具有反馈功能，这也是 OLMC15 和 OLMC16 两个输出逻辑宏单元对应的两个引脚只能做输出引脚的原因。15 和 16 号输出逻辑宏单元工作在这一组态下，其等效电路如图 9－56 所示。

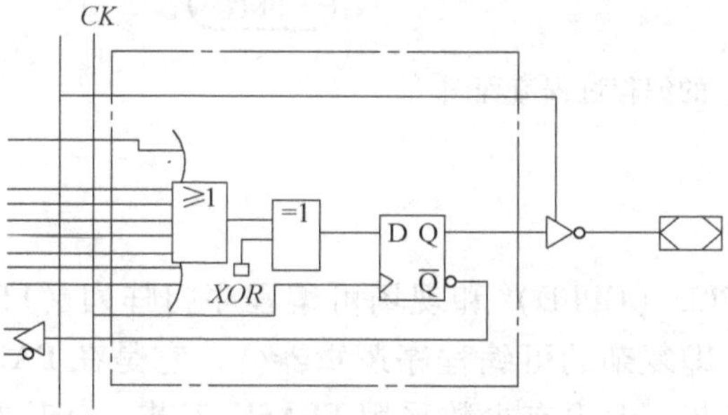

a)

寄存器模式寄存器输出组态

- *SYN*=0
- *AC*0=1
- *XOR*=0决定低有效
- *XOR*=1决定高有效
- *AC*1=0决定此宏单元为寄存器输出组态
- 1脚作为寄存器输出级公共时钟端
- 11脚作为寄存器输出级的公共使能端
- 1和11号引脚总是用来作为公共时钟和使能端

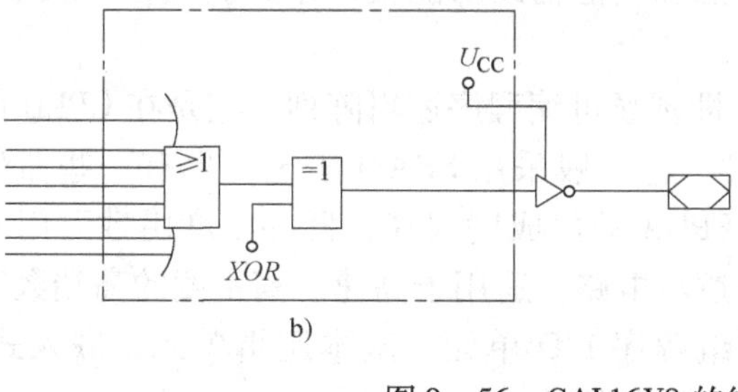

b)

简单模式无反馈组合输出组态

- *SYN*=1
- *AC*0=0
- *XOR*=0决定低有效
- *XOR*=1决定高有效
- *AC*1=0决定此宏单元为组合输出
- 15、16号宏单元可构成这种组态

图 9－56　GAL16V8 的组态下的等效电路

a）寄存器模式下寄存器输出组态　b）简单模式无反馈组合输出组态

9.7.3.3 GAL的编程

从市场买来的GAL芯片不具备任何逻辑功能，必须借助GAL的开发软件和硬件（编程写入器，通常称为编程器）以及计算机，对GAL的与阵列、结构控制字阵列、用户标签阵列、整体擦除位、加密位等进行编程，在计算机/编程器操作下一步步完成后，才能使空白的GAL芯片具有预期的逻辑功能。软件部分需要使用专用的编程语言和相应的编程软件。GAL的编程过程流程图如图9-57所示。

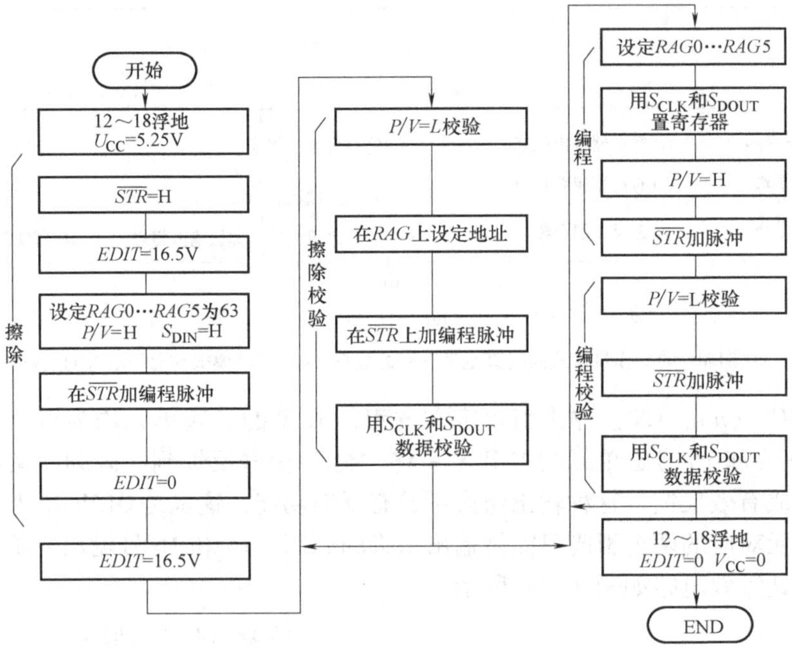

图9-57 GAL的编程过程流程图

9.7.4 复杂PLD器件

高密度可编程序逻辑器件主要有复杂PLD（CPLD）和现场可编程序门阵列（FPGA）。CPLD（Complex Programmable Logic Device）即复杂的可编程序逻辑器件，它是在PAL/GAL的基础上发展起来的，一般采用EECMOS工艺，但也有少数采用FLASH工艺，其基本结构由可编程序I/O单元、基本逻辑单元、布线池和其他辅助功能模块组成。CPLD可以实现较复杂的逻辑功能，如总线控制、接口转换等。

FPGA（Field Programmable Gate Array）即现场可编程序逻辑阵列，它是在CPLD的基础上发展起来的新型高性能可编程序逻辑器件，它一般采用SRAM工艺，也有一些器件采用FLASH工艺或反熔丝（Anti-Fuse）工艺。FPGA的集成度很高，器件密度由数万门到数千万门不等，可以完成极其复杂的时序和组合逻辑电路，适用于高速、高密度的高端数字逻辑电路设计领域。FPGA的基本组成部分有可编程序I/O单元、基本逻辑单元、嵌入式RAM块、布线资源、底层嵌入功能单元和嵌入式专用硬核等。

CPLD/FPGA的设计开发采用功能强大的EDA工具，通过符合国际标准的硬件描述语言（如VHDL或VERILOG-HDL）来进行电子系统设计和产品开发，有很好的兼容性和可移植性。同时它们的编程方式灵活，可轻易地实现红外线编程、超声编程或无线编程，或通过电话线远程编程，编程方式简便、先进。

随着超大规模集成电路（Very Large Scale IC，VLSI）工艺的不断提高，单一芯片内部可以容纳上百万个晶体管，FPGA/CPLD 芯片的规模也越来越大，其单片逻辑门数目前已达到上百万门，它所能实现的功能也越来越强，同时也可以实现系统集成。比较典型的是 Xilinx 公司的 FPGA 器件系列（如 XC4000）和 Altera 公司的 CPLD 器件系列（如 MAX7000）。

以下以 MAX7000 系列器件为例，对 CPLD 的结构与性能作简单介绍。

MAX7000 系列是一种高性能的采用先进的 0.8μm CMOS EPROM 技术制造的器件。它可以通过用户编程来容纳各种各样的、独立的组合逻辑和时序逻辑函数，它也可以集成多种可编程序逻辑器件，其范围从 PAL、GAL 一直到 FPGA 器件。在设计开发和调整阶段，MAX7000 器件可以快速而有效地重新编程，可编程和擦除次数可达 100 次。

MAX7000 系列器件的特点如下：

➢ 引脚到引脚的逻辑延时为 5ns，计数器工作频率达 178.6MHz。
➢ 采用可编程节省功率模式，使每个宏单元的功耗降低到 50% 或更低。
➢ 遵守 PCI 规定。
➢ 可配置的扩展乘积项分配，允许向每个宏单元提供多达 32 个乘积项。
➢ 44 ~ 208 个引脚的各式封装：J 形引线塑料片式载体（PLCC）、针栅阵列（PGA）、四边有引线扁平封装（QFP）和 1mm 薄的四边的引线扁平封装（TQFP）。
➢ 采用 3.3V 或 5.0V 供电电源。
➢ EPM7032V 全为 3.3V。
➢ 所有器件（除 44 个引脚的器件外）为 3.3V 或 5.0VI/O 电平。

MAX7000E 是高密度的 MAX7000 系列，它们增加了如下特性：

➢ 6 个由引脚或是逻辑驱动的输出使能信号。
➢ 2 个可选为反相工作的全局时钟信号。
➢ 为改善布线性能，增加连线资源。
➢ 从 I/O 引脚到宏单元寄存器的专用路径，提供很短的建立时间。
➢ 输出电压摆率可以编程控制。
➢ 可编程保密位，全面保护专利设计。
➢ 可编程触发器具有单独的清除、置位、时钟和时钟使能控制。

MAX7000 包含 32 ~ 256 个宏单元。每 16 个宏单元组成一个称为逻辑阵列块（LAB）的小组。宏单元能够单独地配置为时序逻辑和组合逻辑工作方式。每个宏单元有一个可编程的“与”阵和固定的“或”阵，以及一个具有独立可编程时钟、时钟使能、清除和置位功能的可配置触发器。为了能构成复杂的逻辑函数，每个宏单元可使用共享扩展乘积项和高速并联扩展乘项积，它们可向每个宏单元提供多达 32 个乘积项。

因此，宏单元由三个功能块组成，即逻辑阵列、乘积项选择矩阵和可编程序触发器。逻辑阵列实现组合逻辑，给每个宏单元提供 5 个乘积项。“乘积项选择矩阵”分配这些乘积项作为到“或”门或“异或”门的主要逻辑输入，以实现组合函数；或者把这些乘积项作为宏单元中触发器的辅助输入，包括清除（Clear）、置位（Preset）、时钟（Clock）和时钟使能控制（Clock Enable）。每个宏单元的一个乘积项可以反相后回送到逻辑阵列。所有

MAX7000 器件（除 44 脚器件外）的输出驱动能设置在 3.3V 或 5.0V 下工作。允许 MAX7000 器件用在混合电压的系统中。

每一个可编程序触发器实现钟控的方式有以下三种：

1）全局时钟信号。这种方式能实现最快的时钟速度（从全局时钟端到输出端）。

2）触发器使能。由高电平有效的时钟信号所使能；提供每个触发器的使能信号，并仍然达到全局时钟的快速工作性能。

3）用乘积项实现阵列的时钟。在这种方式下，触发器由来自隐埋的宏单元或 I/O 引脚的信号进行钟控。

每个触发器也支持异步清除和异步置位功能。乘积项选择矩阵分配乘积项来控制这些操作。虽然乘积项驱动触发器的置位和复位信号是高电平有效，但在逻辑阵列中将信号反相可得到低电平有效的控制。此外，每一个触发器的复位功能可以由低电平有效的、专用的全局复位引脚 GCLRn 信号来驱动。

多个逻辑阵列块（LAB）通过可编程序连线阵（PIA）和全局总线连在一起。通过可编程序连线阵列（PIA）布线，将各 LAB 相互连接构成所需的逻辑。这个全局总线是可编程序的通道，它把器件中任何信号源连到其目的地。所有 MAX7000 的专用输入、I/O 引脚和宏单元输出均馈送到 PIA，PIA 可把这些信号送到整个器件内的各个地方。

I/O 控制块允许每个 I/O 引脚单独地配置为输入、输出和双向工作方式。所有 I/O 引脚都有一个三态缓冲器，它能由全局输出使能信号中的一个控制，或者把使能端直接连到地（GND）和电源（U_{CC}）上。

习　题

9－1　当同步 RS 触发器的 CP、S 和 R 端加上图 9－58 所示的波形时，试画出输出端 Q 的波形图。设初始状态分别为 0 和 1 两种情况。

9－2　图 9－59c 为计数脉冲 CP 的波形图，试分别画出图 9－59a 和图 9－59b 输出端 Q 的波形图。

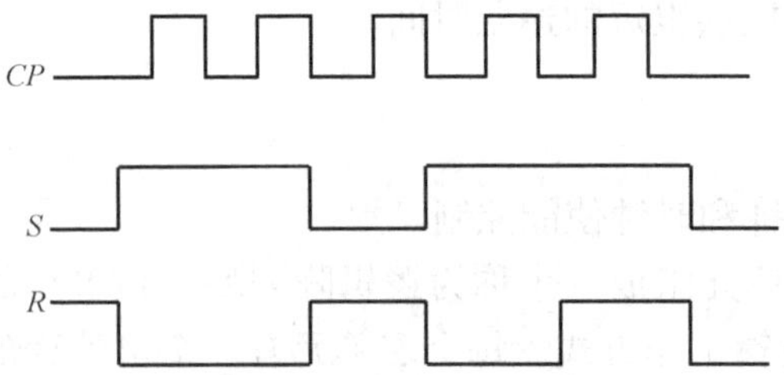

图 9－58　习题 9－1 的波形

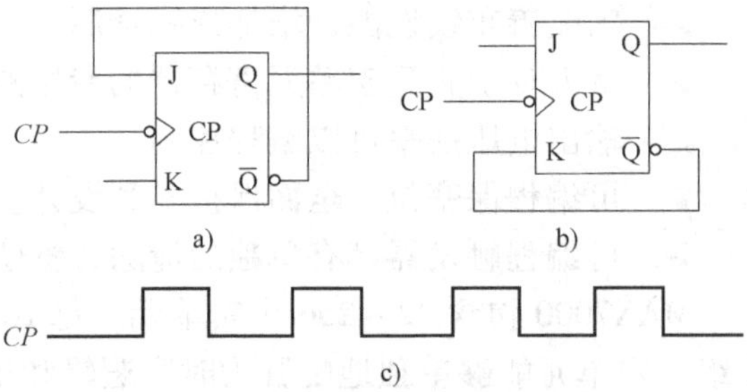

图 9－59　习题 9－2 的图

9－3　同步 RS 触发器、JK 触发器和 D 触发器，在不直接置位或复位时，$\overline{S}_D$ 和 $\overline{R}_D$ 端应该处于什么状态？同步 RS 触发器、JK 触发器和 D 触发器，如果 $\overline{S}_D=\overline{R}_D=1$，并且没有 CP 脉冲，触发器的状态能否改变？

9－4　已知下降沿触发的 JK 触发器和上升沿触发的 D 触发器的输入端波形图如图 9－60 所示，试分别画出它们的输出端 Q 的波形。

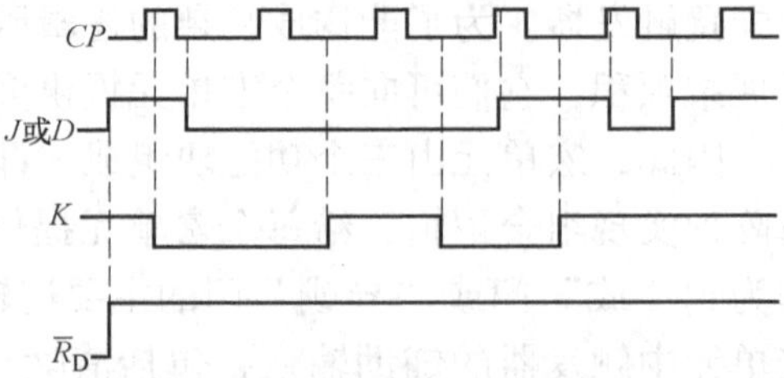

图 9－60　习题 9－4 的图

9-5　将图 9-61a 所示的波形图加到图 9-61b 的输入端，试画出 Q_1 和 Q_2 的波形。

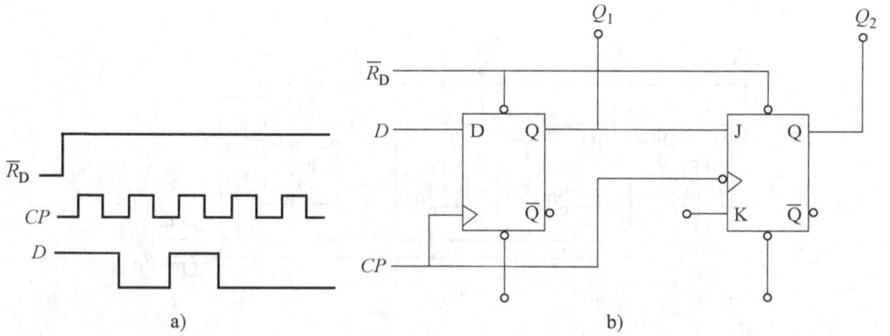

图 9-61　习题 9-5 的图

9-6　图 9-62 所示的逻辑电路中，各触发器的初始状态均为零，试画出输出端 Q_1 和 Q_2 的波形图。

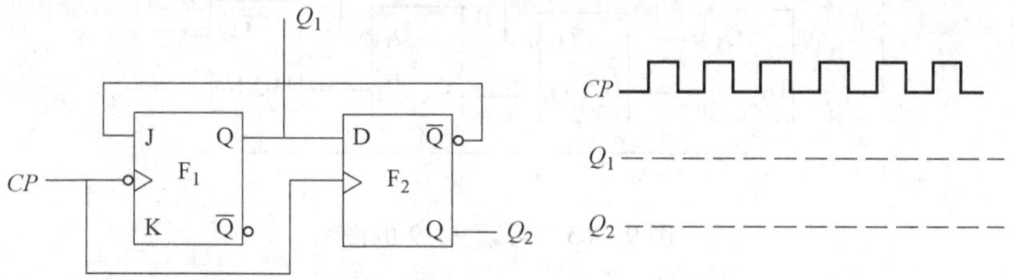

图 9-62　习题 9-6 的图

9-7　列出图 9-63a、b 所示电路的输出状态表，并说明电路的逻辑功能。

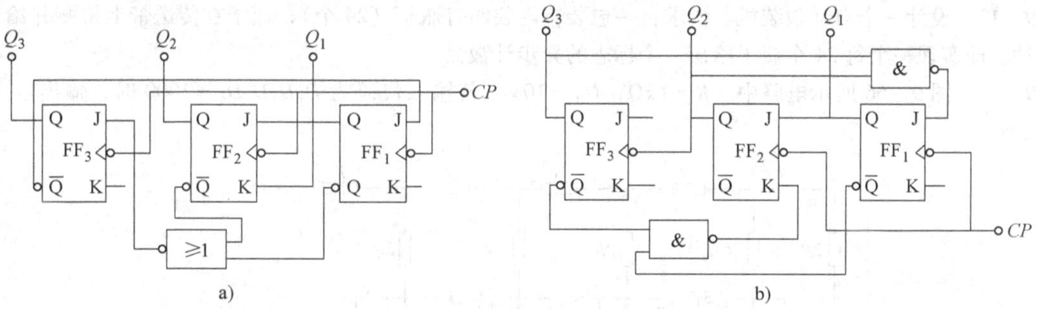

图 9-63　习题 9-7 的图

9-8　时序逻辑电路如图 9-64 所示，设触发器初态均为零。列出输出状态表，并确定该电路的逻辑功能；试画出 Q_1、Q_2、Q_3 的波形图。

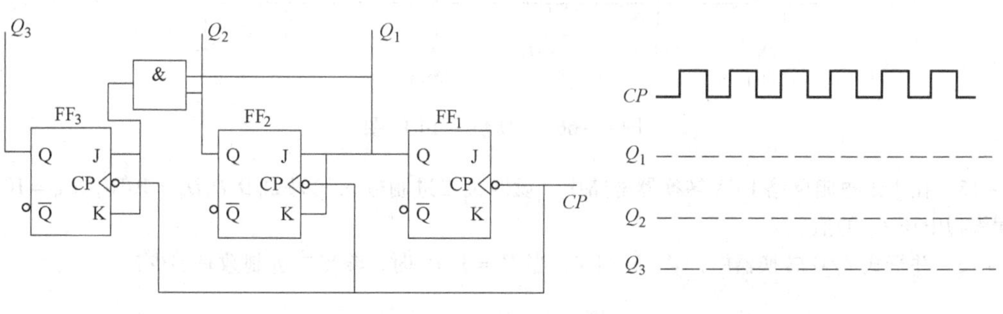

图 9-64　习题 9-8 的图

9-9 画出图9-65所示电路的输出波形图。图9-65a的初始状态如图所示；图9-65b的初始状态为0000。

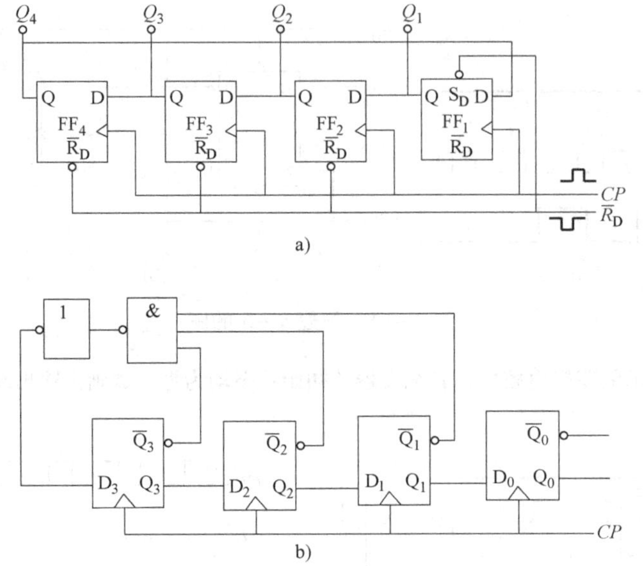

a)
b)

图9-65 习题9-9的图

9-10 试用主从型JK触发器设计一个自动停止的异步计数器。要求计数器在第七个脉冲停止计数。

9-11 试用主从型JK触发器设计一个四位异步二进制减法计数器。计数器的起始状态为1111。

9-12 试用D触发器组成一个四位异步二进制减法计数器，并列出计数状态表。

9-13 设计一个自动包装机。要求：一包装箱内装两打瓶子（24个），瓶子在传送带上检测并给出计数脉冲。即实现一个每24个瓶子给出一个标志的异步计数器。

9-14 图9-66所示电路中，$R=1\text{k}\Omega$，$U_R=10\text{V}$，若输入代码为$D_1D_2D_3D_4=1000$时，输出电压U_o为多少？

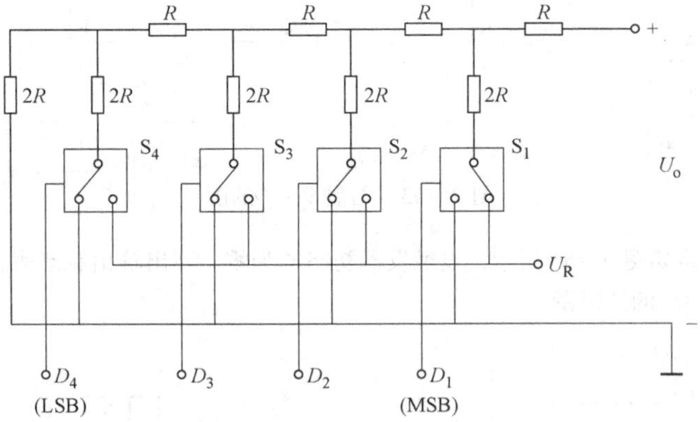

图9-66 习题9-14的图

9-15 在T形电阻网络D/A转换器电路中，设四位二进制输入代码$D_1D_2D_3D_4=1010$，$U_R=10\text{V}$。求输出端模拟电压U_o的值。

9-16 并行式A/D转换器中，若$U_R=8\text{V}$，当$U_i=3.6\text{V}$时，输出二进制数是多少？

参 考 文 献

［1］荣西林．电工与电子技术［M］．北京：冶金工业出版社，2008.
［2］董传岱．电工学（电子技术）［M］．北京：机械工业出版社，2007.
［3］秦曾煌．电工学（下册）——电子技术［M］．6 版．北京：高等教育出版社，2004.
［4］杨世彦．电工学（中册）——电子技术［M］．北京：机械工业出版社，2008.
［5］李春茂．电子技术基础（电工学Ⅱ）［M］．北京：机械工业出版社，2008.

参考文献

[1] [illegible]，2006.
[2] [illegible]，2007.
[3] [illegible]
[4] [illegible]
[5] [illegible]